全国电力行业"十四五"规划教材

职业教育电力技术类专业系列

中国电力教育协会职业院校
电力技术类专业精品教材

发电厂变电站
电气设备

（第三版）

主　编　余建华　谭绍琼

副主编　林创利　陈　群　汪　洋

编　写　张宏艳　何　续　刘诗涵

　　　　罗福玲　孔婧怡

主　审　杨金桃

中国电力出版社

CHINA ELECTRIC POWER PRESS

内 容 提 要

本书为全国电力行业"十四五"规划教材、中国电力教育协会职业院校电力技术类专业精品教材。

全书共分九个学习项目，主要内容包括发电厂变电站认知、低压电动机控制、交流电网绝缘监察、断路器运行与控制、隔离开关运行与控制、电气一次系统基本操作、直流系统运行、电气安装图识图、电气设备选择。

本书为一书一码新形态纸质教材，扫描书中二维码可获取免费资源。为帮助学生理解，本书针对重难知识点，配套有视频、动画及微课；为便于教师授课，本书配套有多媒体教学课件。为学习贯彻落实党的二十大精神，本书根据《党的二十大报告学习辅导百问》《二十大党章修正案学习问答》，在数字资源中设置了"二十大报告及党章修正案学习辅导"栏目，以方便师生学习。

本书可作为高等职业院校发电厂及电力系统、供用电技术等专业教材，也可作为广大发电企业电力职工技能培训教材和参考用书。

图书在版编目（CIP）数据

发电厂变电站电气设备 / 余建华，谭绍琼主编；林创利，陈群，汪洋副主编.
3 版. -- 北京：中国电力出版社，2025. 6. -- ISBN 978-7-5198-9579-2

Ⅰ. TM62；TM63

中国国家版本馆 CIP 数据核字第 20253JK327 号

出版发行：中国电力出版社
地　　址：北京市东城区北京站西街 19 号（邮政编码 100005）
网　　址：http://www.cepp.sgcc.com.cn
责任编辑：乔　莉（010-63412535）
责任校对：黄　蓓　王小鹏
装帧设计：赵姗姗
责任印制：吴　迪

印　　刷：北京雁林吉兆印刷有限公司
版　　次：2014 年 5 月第一版　　2019 年 8 月第二版　　2025 年 6 月第三版
印　　次：2025 年 6 月北京第一次印刷
开　　本：787 毫米×1092 毫米　16 开本
印　　张：14.75
字　　数：365 千字
定　　价：48.80 元

前　言

随着我国电力技术的飞速发展，发电厂、变电站电气设备及控制技术日新月异。全面掌握发电厂、变电站电气设备的知识和技能，已成为职业院校发电厂及电力系统专业、供用电技术专业学生和发电厂运行及建设工程技术人员的迫切需求。本书就是为了满足这一要求而编写的。

全书内容按照控制对象的不同，将与设备相关的一、二次电路知识与操作技能融为一体，综合了电气设备的结构、控制、运行维护知识。全书共分九个学习项目，与传统的教材形成鲜明的对比，弥补了传统电气设备教材内容繁杂、条块分割、逻辑性差的缺点。项目一介绍了"发电厂变电站认知"，学习后可熟悉电能的生产过程，建立电力系统的整体概念，特别突出了新能源发电技术基础的建立。项目二介绍了"低压电动机控制"，明确主电路和控制电路的概念，建立线圈、主触头和辅助触点的概念，编入行程控制和延时控制课题，目的是引入"继电器"的概念，为后续单元的学习打下基础。项目三介绍了"交流电网绝缘监察"，由于交流电网的绝缘监察装置的分析是与电力系统中性点运行及电压互感器密切相关的，电压互感器接线分析也与中性点运行密切相关，因此，将这几部分整合到一起非常有必要；本单元对智能变电站中新出现的电子式互感器进行了重点介绍。项目四"断路器运行与控制"介绍了日常生活中常见的低压断路器，读者可进一步明确断路器的作用，特别是对脱扣器的认识，为后续继电保护课程的学习打下坚实的基础；本项目还将高压断路器结构及工作过程、控制、运行归结到一起，并对同期操作、厂用电动机连锁进行了介绍，便于读者对高压断路器形成整体概念，具备高压断路器的操作技能；本项目还简要介绍了当前智能变电站中出现的智能型高压断路器的基本知识。项目五"隔离开关运行与控制"介绍了隔离开关的结构特点、作用、控制回路及运行维护，通过控制电路中闭锁条件的分析，使读者理解"五防"的实现手段。项目六"电气一次系统基本操作"将电气主接线和厂用电接线合并在一起，力求使读者获得发电厂"一次系统"的整体概念，本单元中断路器和隔离开关的实际位置在图中明确表示了出来，有利于读者建立真实现场的观念，从编者的教学经验看，这种方法读者更容易接受，能有效减小读者在工作中发生误操作的概率。项目七"直流系统运行"介绍了蓄电池组直流系统运行的基本知识、直流系统图、直流配电网络、直流系统绝缘监察等，读者学习后可获得直流系统的整体概念或相关技能。项目八"电气安装图识图"介绍了发电厂、变电站配电装置的基本知识，读者可获得从事电力建设所必需的识读发电厂、变电站配电装置配置图、平面图、断面图基本技能；本项目还介绍了二次接线图纸的类型及表示方法，以期获得从事变电检修所必需的识读二次安装接线屏面图、端子排图、屏背面接线图的基本技能。项目九"电气设备选择"介绍了电气设备选择的原则及方法，并以断路器及隔离开关的选择介绍了一般电气设备选择的基本方法，对读者加深对发电厂、变电站电气设备运行与维护工作的认识起到重要作用。

全书内容紧密联系发电厂、变电站现场实际，力求突出行动导向、能力本位的原则，有条件的学校可充分利用发电厂、变电站仿真机以及现场实际设备进行教学；本书特别强调一、二次接线图的阅读，有利于读者学习后形成整体的知识与技能体系。

本书项目一由武汉电力职业技术学院刘诗涵编写，项目二、项目七由武汉电力职业技术学院汪洋编写，项目三由西安电力高等专科学校林创利编写，项目四由武汉电力职业技术学院余建华编写，项目五由国网宜昌供电公司张威编写，项目六由山西电力职业技术学院谭绍琼编写，项目八由福建电力职业技术学院陈群编写，项目九由武汉电力职业技术学院何续编写。全书由余建华统稿。

本书由山西电力职业技术学院杨金桃担任主审，提出宝贵修改意见，在此表示衷心感谢。

限于编者水平，书中疏漏和不足之处在所难免，敬请广大读者批评指正。

编　者
2025 年 5 月

目　录

发电厂变电站认知

项目描述

认知火力、水力、核能、风力、太阳能等各类发电厂的生产过程；认知变电站在电力系统中的地位、作用，认知发电厂、变电站的一、二次电气设备；认知电气设备的电气额定参数。

教学目标

知识目标：掌握发电厂变电站的类型和作用。

能力目标：①能说出发电厂类型及生产过程；②能说出变电站类型及作用；③能说出发电厂、变电站常用电气设备的作用。

教学环境

在校外实训基地进行，也可以通过教学短片介绍发电厂、变电站的生产过程。

任务一　发电厂认知

教学目标

知识目标：掌握发电厂的类型和作用。

能力目标：能说出发电厂类型及生产过程。

任务描述

认知火力、水力、核能、风力、太阳能等各类发电厂的生产过程及发展应用。

任务准备

①阅读资料，各组制订实施方案；②进行安全教育；③联系发电厂或准备所要观看的发电厂录像片；④教师评价。

任务实施

参观发电厂或观看发电厂录像片。

相关知识

凝汽式发电厂、热电厂、抽水蓄能电厂、风力发电厂、太阳能发电厂、生物质能发电厂，发电机的并列、解列。

电能是一种的特殊的商品，广泛应用于现代工农业、交通运输、国防科技及人民生活中。电能是能量的一种形式，易于生产和输送，易于转变为其他形式的能量，并且对电能的控制易于实现自动化和远动化。电能已经成为现代社会使用最广、需求增长最快的能源，在社会经济发展、人民生活质量提高和技术进步中发挥着极其重要的作用。电力工业发展水平是衡量一个国家和地区经济发展的重要标志。我国能源开发利用以电力为中心，以大型煤电基地、大型水电基地、大型核电基地和大型可再生能源发电基地为重点，高效清洁开发利用煤炭，积极开发利用水能，安全开发利用核能，大力发展新能源、可再生能源。

电力系统由发电厂、变电站、输配电线路及电能用户构成。发电厂是将各种一次能源（化学能、水能、原子能、太阳能、风能等）转换为二次能源即电能的工厂。变电站是变换电压和传输电能的场所。在从发电厂向用户供电的过程中，为了提高供电的可靠性、经济性和安全性，广泛采用升压、降压变电站。

按使用的能源或转换能源的特点不同，发电厂主要有火力发电厂、水力发电厂、核电厂等类型。

一、火力发电厂

火力发电厂是将化石燃料（煤、油、天然气、油页岩等）的化学能转换成电能的发电厂。火力发电厂的原动机大多采用汽轮机，也有采用燃气轮机、柴油机等。根据燃烧介质的不同，火电厂又可分为凝汽式火电厂、热电厂和燃气轮机发电厂。

1. 凝汽式火电厂

凝汽式火电厂生产过程示意如图 1-1 所示。燃料在锅炉炉膛中燃烧，将燃料的化学能转换为热能，使锅炉中的水加热变为过热蒸汽，经管道送到汽轮机，冲动汽轮机旋转，将热能转换为机械能，汽轮机带动发电机转子旋转，将机械能转换为电

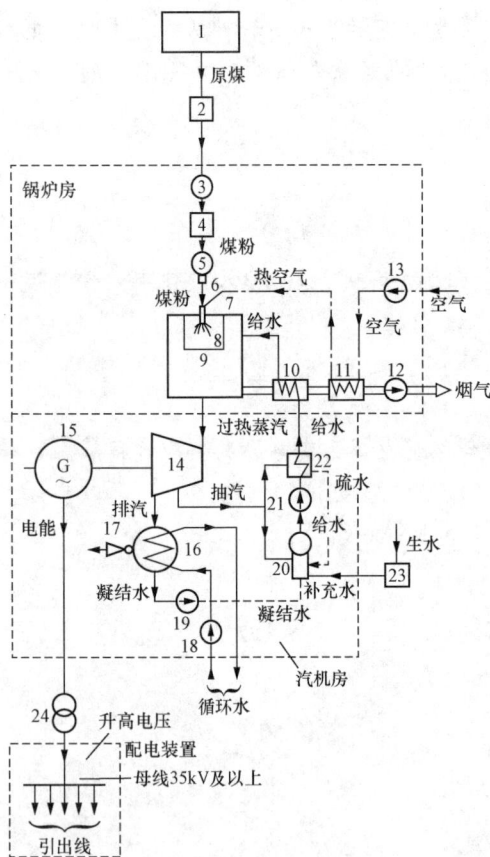

图 1-1　凝汽式火电厂生产过程

1—煤场；2—碎煤机；3—原煤仓；4—磨煤机；5—煤粉仓；
6—给粉机；7—燃烧器；8—炉膛；9—锅炉；10—省煤器；
11—空气预热器；12—引风机；13—送风机；14—汽轮机；
15—发电机；16—凝汽器；17—抽汽器；18—循环水泵；
19—凝结水泵；20—除氧器；21—给水泵；22—加热器；
23—水处理设备；24—升压变压器

能。当发电机转子绕组中通入励磁电流，产生旋转磁场，在定子绕组中感应出电动势，外电路接通后就有电能输出。在汽轮机中做过功的蒸汽排入凝汽器，被循环冷却水迅速冷却而凝结为水后重新送回锅炉。由于在凝汽器中大量的热量被循环冷却水带走，因此凝汽式火电厂的效率较低，只有30%～40%。

凝汽式火电厂一般建在能源基地附近，装机容量较大（单机容量一般300MW以上），发电机发出的电能，一小部分由厂用变压器降压后经厂用配电装置供给厂用机械（如给水泵、循环泵、风机等）和电厂照明用电；其余大部分电能经变压器升压后输入电力系统。

2. 热电厂

热电厂生产过程示意图如图1-2所示。热电厂与凝汽式火电厂的不同之处是将汽轮机中一部分做过功的蒸汽从中段抽出来直接供给热用户，或经加热器将水加热后给用户供热水。这样可减

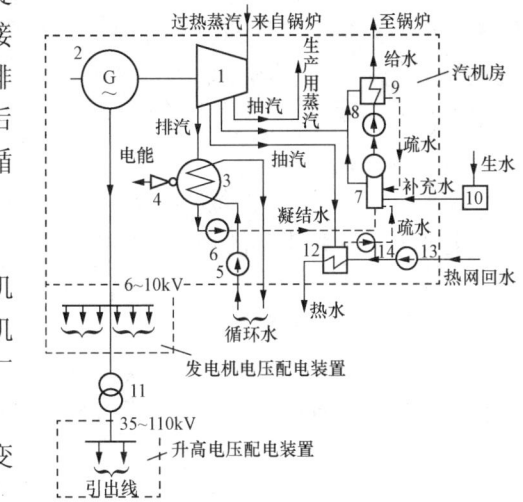

图1-2　热电厂生产过程示意图

1—汽轮机；2—发电机；3—凝汽器；4—抽汽器；
5—循环水泵；6—凝结水泵；7—除氧器；8—给水泵；
9—加热器；10—水处理设备；11—升压变压器；
12—加热器；13—回水泵；14—泵

少被循环水带走的热量，提高效率，热电厂的效率可达到60%～70%。由于供热网络范围不能太大，因此热电厂总是建在热用户附近。为了使热电厂维持较高的效率，一般采用"以热定电"的运行方式，即当热力负荷增加时，热电机组相应要多发电；当热力负荷减少时，机组相应要少发电。因此，热电厂运行方式不如凝汽式电厂灵活。

3. 燃气轮机发电厂

燃气轮机发电厂是用燃气轮机或燃气-蒸汽联合循环中的燃气轮机和汽轮机驱动发电机的发电厂。前者一般用作电力系统的调峰机组，后者一般用来带中间负荷和基本负荷。这类发电厂可燃用液体或气体燃料。以天然气为燃料的燃气轮机和联合循环发电，具有效率高、污染物排放低、初投资少、工期短、易于调节负荷等优点，近年来得到迅速发展。

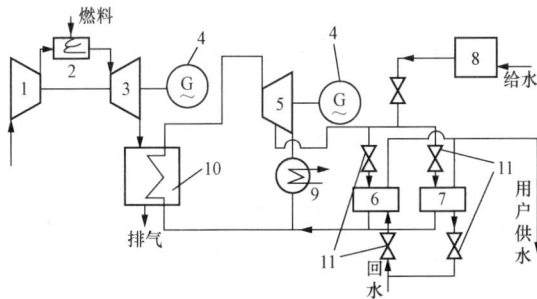

图1-3　燃气-蒸汽联合循环系统

1—压气机；2—燃烧室；3—燃气轮机；4—发电机；
5—汽轮机；6—蒸汽型溴冷机；7—汽-水热交换器；
8—备用燃气锅炉；9—凝汽器；10—余热锅炉；
11—制冷采暖切换阀

燃气轮机的工作原理与汽轮机相似，不同之处在于其工质不是蒸汽，而是高温高压气体。空气经压气机压缩增压后送入燃烧室，燃料经燃料泵打入燃烧室，燃烧产生的高温高压气体进入燃气机中膨胀做功，推动燃气轮机旋转，带动发电机发电，做过功的尾气经烟囱排出或分流用于制热、制冷。单纯用燃气轮机驱动发电机的发电厂热效率只有35%～40%。为提高热效率，常采用燃气-蒸汽联合循环系统，图1-3所示为该模式之一。燃气轮机的排气进入余热锅炉，加热其

中的给水并产生高温高压蒸汽，送到汽轮机中做功，带动发电机再次发电，从汽轮机中抽取低压蒸汽（发电机停止发电时启动备用燃气锅炉提供汽源），通过蒸汽型溴冷机（溴化锂作为吸收剂）或汽-水交换器制取冷、热水。这种电、冷、热三联供模式的联合循环系统的热效率可达 56%～85%。

二、水力发电厂

水力发电厂是将水的位能和动能转换成电能的发电厂，简称水电厂或水电站。2004 年，我国水电装机容量突破 1 亿 kW，超越美国跃居世界之一。2010 年，我国水电累计装机容量突破 2 亿 kW，稳居世界第一。截至 2024 年 9 月，我国水电累计装机容量达 4.3 亿 kW。水电厂通过水轮机将水能转换为机械能，再由水轮机带动发电机将机械能转换为电能。水电厂的装机容量与水流量及水头（上游与下游的落差）成正比，可以用人工方法造成较大的集中落差。按照是否建造拦河坝，水电厂可分为坝式水电厂、引水式水电厂和抽水蓄能水电厂。

1. 坝式水电厂

坝式水电厂是在河流上适当的地方建筑拦河坝，形成水库，抬高上游水位，使坝的上、下游形成较大的落差。坝式水电厂适宜建在河道坡降较缓且流量较大的河段，按厂房与坝的相对位置又可分为坝后式水电厂、溢流式水电厂、岸边式水电厂等。

（1）坝后式水电厂。图 1-4 所示为坝后式水电厂断面图，其厂房建在拦河坝非溢流坝段的后面（下游侧），不承受水的压力，压力管道通过坝体，适用于高、中水头。发电机与水轮机同轴相连，水由上游沿压力管进入水轮机蜗壳，冲动水轮机转子旋转，带动发电机转动发出电能，做过功的水通过尾水管流到下游，电能由变压器升压后沿架空输电线路经屋外配电装置送入电力系统。

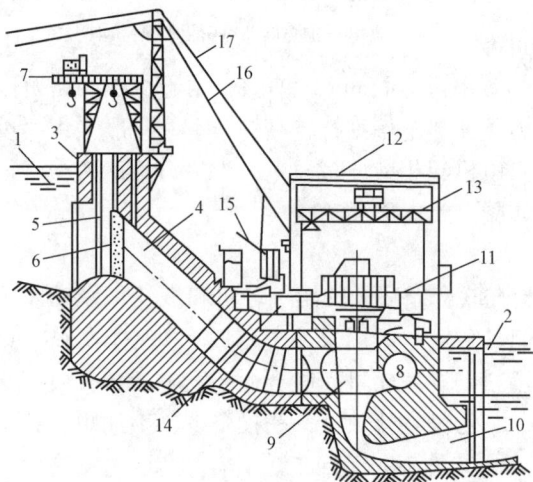

图 1-4　坝后式水电厂断面图

1—上游水位；2—下游水位；3—坝；4—压力进水管；5—检修闸门；6—闸门；7—吊车；8—水轮机蜗壳；9—水轮机转子；10—尾水管；11—发电机；12—发电机间；13—吊车；14—发电机电压配电装置；15—升压变压器；16—架空线；17—避雷线

（2）溢流式水电厂。溢流式水电厂的厂房建在溢流坝段的后面（下游侧），泄洪水流从厂房顶部越过泄入下游河道，适用于河谷狭窄、水库下泄洪水量大、溢洪与发电分区布置有一定困难的情况。

（3）岸边式水电厂。岸边式水电厂的厂房建在拦河坝下游河岸边的地面上，引水管道及压力管道铺于地面或埋设于地下。

（4）地下式水电厂。地下式水电厂的厂房和引水道都建在坝侧地下。

（5）坝内式水电厂。坝内式水电厂的厂房和压力管道都建在混凝土坝的空腔内，且常设在溢流坝段内，适用于河谷狭窄、下泄洪水流量大的情况。

（6）河床式水电厂。河床式水电厂的厂房与拦河坝相连接，成为坝的一部分，厂房承受水的压力，适用于水头小的电厂，如图 1-5 所示。溢洪坝、溢流洪道是为了宣泄洪水、保证大坝安全。

2. 引水式水电厂

由引水系统将天然河道的落差集中进行发电的水电厂，称为引水式电厂。如图 1-6 所示，在河流适当地段建低堰（挡水低坝），水经引水渠和压力水管引入厂房，从而获得较大的水位差。引水式水电厂适宜建在河道多弯曲或河道坡降较陡的河段，用较短的引水系统可集中较大的水头，也适用于高水头电厂，避免建设过高的挡水建筑物。

3. 抽水蓄能水电厂

抽水蓄能水电厂是利用电力系统低谷负荷时的剩余电能抽水到高处蓄

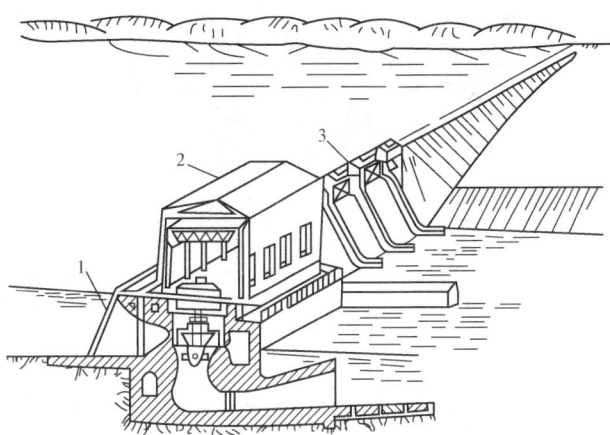

图 1-5　河床式水电厂
1—进水口；2—厂房；3—溢流坝

存，在电力高峰负荷时放水发电的水电厂，具有运行方式灵活和反应快速等特点，在电力系统中可以发挥削峰填谷、调频、调相、紧急事故备用和黑启动等多种功能。抽水蓄能水电厂如图 1-7 所示，当电力系统处于低谷负荷时，其机组以电动机-水泵方式工作，利用电力将下游的水抽至上游蓄存起来，把电能转换为位能，这时它是电力用户；当电力系统处于高峰负荷时，其机组按水轮机-发电机方式工作，将所蓄的水放出发电，满足电力系统调峰需要，这时它是发电厂。随着风能、太阳能等可再生能源的大规模高速发展，电力系统的波动性和间歇性问题日益凸显，调节电源的需求大幅增加。抽水蓄能在新型电力系统中兼具源、荷、储特性，调节性能优越，是当前技术最成熟、经济性最优、最具大规模开发条件的电力系统清洁低碳灵活调节电源。截至 2023 年底，我国抽水蓄能投产总装机容量达 5094 万 kW，居世界首位。考虑风电、光伏发电等不同发展规模情景，预计 2035 年服务电力系统抽水蓄能装机规模至少 4 亿至 5 亿 kW，服务大型风光基地、水风光一体化基地的抽水蓄能装机规模约 6000 万 kW。

抽水蓄能水电厂的优势具体表现在以下方面：

（1）在电网调峰填谷方面：国网新源河北丰宁抽水蓄能电站，总装机容量 360 万 kW，是当前世界上装机容量最大的抽水蓄能电站。在电网负荷低谷时将下水库的水抽至上水库，待负荷高峰时从上水库放水发电，显著提高电网削峰填谷能力。

（2）在新能源消纳方面：国网新源新疆阜康抽水蓄能电站作为西北地区唯一在运的抽水蓄能电站，2024 年迎峰度夏期间 4 台机组开足马力，累计运行时长 3365.34h，消纳清洁能源和低谷电量 5.64 亿 kWh。

（3）在多能互补方面：四川春厂坝变速抽水蓄能示范电站建成了世界首例梯级水光蓄互补电站联合运行发电系统示范工程，实现了梯级小水电、春厂坝常蓄结合电站和光伏的联合运行控制与智能调度。

（4）在提高电网稳定性方面：国网新源江苏句容抽水蓄能电站拥有世界最高的抽水蓄能电站大坝、世界最高的沥青混凝土面板堆石坝和世界规模最大的库盆填筑工程，为长三角用电负荷中心再添新动能，保障电网安全稳定运行。

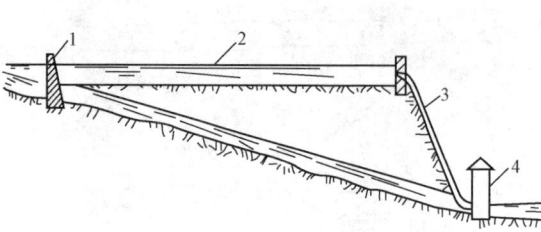

图 1-6　引水式水电厂

1—堰；2—引水渠；3—压力水管；4—厂房

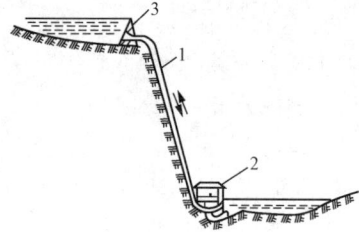

图 1-7　抽水蓄能水电厂

1—压力水管；2—厂房；3—坝

三、核电厂

核电厂是将原子核的裂变能转换为电能的发电厂。核电厂的生产过程与火电厂相似，用核反应堆和蒸汽发生器代替火电厂的锅炉，燃料主要是铀–235。铀–235 在慢中子的撞击下裂变，释放出巨大能量，同时释放出新的中子。按所用的慢化剂和冷却剂不同，核反应堆可分为轻水堆、重水堆、石墨气冷却堆等。

（1）轻水堆。以轻水（普通水）作慢化剂和冷却剂，又分为压水堆和沸水堆，分别以高压欠热轻水及沸腾轻水作慢化剂和冷却剂。核电厂中以轻水堆最多。

（2）重水堆。以重水作慢化剂，重水或沸腾水作冷却剂。重水中的氢为重氢，其原子核中多一个中子。

（3）石墨气冷却堆及石墨沸水堆。均以石墨作慢化剂，分别以二氧化碳（或氦气）及沸腾轻水作冷却剂。

（4）液态金属冷却快中子堆。无慢化剂，常以液态金属钠作冷却剂。

图 1-8 所示为压水堆核电厂示意图，整个系统分为两大部分，即一回路系统和二回路系统。一回路系统中压力为 15MPa 的高压水在主泵的作用下不断循环，经过反应堆时被加热后进入蒸汽发生器，并将自身的热量传递给二回路系统的水；二回路系统的水吸收一回路系统

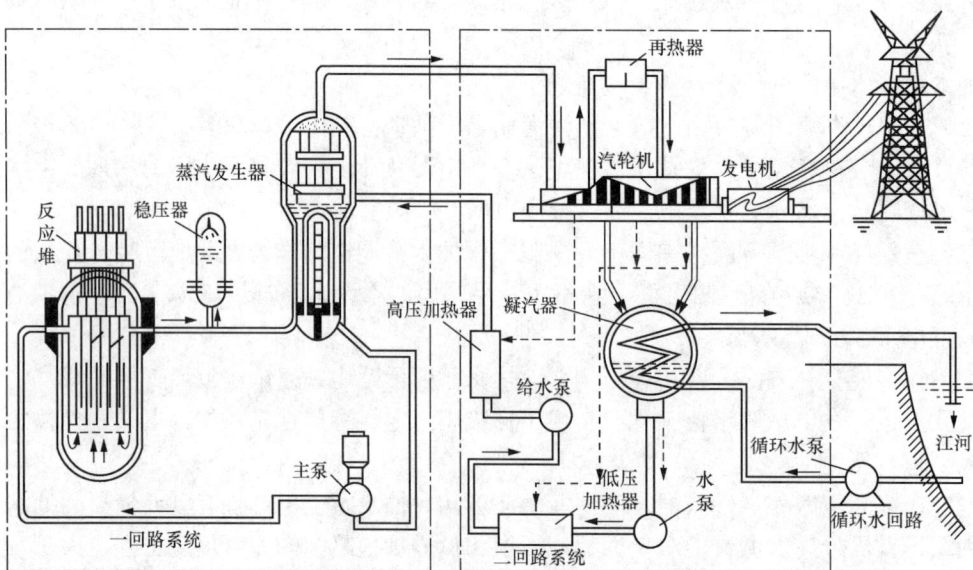

图 1-8　压水堆核电厂示意图

水的热量后沸腾，产生蒸汽进入汽轮机膨胀做功，推动汽轮机并带动发电机发电。二回路系统的工作过程与火电厂相似。压水堆核电厂反应堆体积小，建设周期短，造价较低，一回路系统和二回路系统彼此隔绝，大大增加了核电厂的安全性，需处理的放射性废气、废液、废物少，因此在核电厂中占主导地位。

图 1-9 所示为沸水堆核电厂示意图，堆芯产生的饱和蒸汽经分离器与干燥器除去水分后直接送入汽轮机做功。与压水堆相比，沸水堆省去了价格昂贵、体积又大的蒸汽发生器，但存在将放射性物质带入汽轮机的危险。

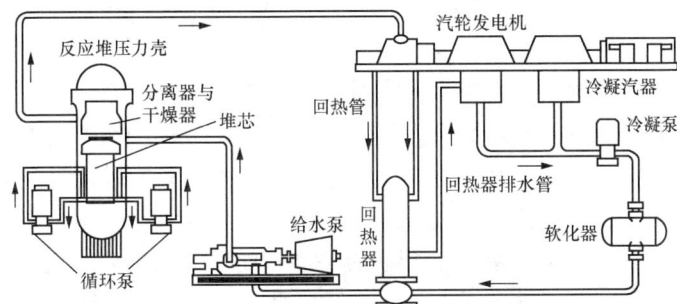

图 1-9 沸水堆核电厂示意图

核电厂是一个复杂的系统，集中了当代许多高新技术，核电厂的系统由核岛和常规岛组成。为了使核电厂安全、稳定、经济运行，核电厂还需设置各种辅助系统、控制系统和安全设施。

四、新能源发电

1. 风力发电

将风能转换为电能的发电方式，称为风力发电。全球可利用的风能约为 200 亿 kW，我国风能开发潜力逾 25 亿 kW，其中陆地 50m 高度、3 级以上的风能资源潜在开发量约为 23.8 亿 kW，近海 5～25m 深水区、50m 高度、3 级以上的风能资源潜在开发量约为 2 亿 kW，我国风能资源总的技术开发利用量可达 7 亿～12 亿 kW。风能属于可再生能源，是一种过程性能源，不能直接储存，而且具有随机性。在风能丰富的地区，按一定排列方式成群安装风力发电机组，组成集群，机组可达成百上千台，是大规模开发利用风能的有效形式。目前，我国是全球规模最大、增长最快的风电市场。截至 2023 年，我国新增风电装机容量超 7500 万 kW，我国累计风电并网装机容量 4.4 亿 kW，占全国发电总装机容量的 15%。

风力发电装置如图 1-10 所示，风力机将风能转换为机械能（属于低速旋转机

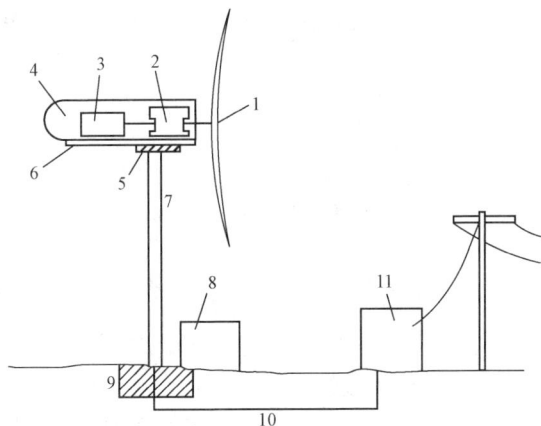

图 1-10 风力发电装置

1—风力机；2—升速齿轮箱；3—发电机；4—控制系统；
5—驱动装置；6—底板和外罩；7—塔架；8—控制和保护装置；
9—土建基础；10—电缆线路；11—配电装置

械），升速齿轮箱将风力机轴上的低速旋转变为高速旋转，带动发电机转动发出电能，经电缆送至配电装置再送入电网。风力发电机组的单机容量通常从几十千瓦至几兆瓦，100kW 以上的风力发电机为同步或异步发电机，大中型风力发电机组都配有微机或可编程控制器组成的控制系统，以实现控制、自检、显示等功能。

2. 太阳能发电

太阳能是从太阳向宇宙空间发射的电磁辐射能，到达地球表面的太阳能为 85 万亿 kW，能量密度为 $1kW/m^2$。据估算，我国陆地表面每年接受的太阳辐射能相当于 4.9 万亿 t 标准煤。截至 2023 年底，我国太阳能发电总装机容量达到 6.095 亿 kW，在总电力装机容量中占比达到 21%。太阳能发电有热发电和光伏发电两种方式，我国目前以光伏发电为主。

太阳能热发电是通过集热器收集太阳辐射热能，产生蒸汽或热空气，再推动传统的蒸汽发电机或涡轮发电机来产生电能，又分为集中式和分散式两种。集中式太阳能热发电又称塔式太阳能热发电，其热力系统流程如图 1-11 所示，在很大面积的场地上整齐布设大量定日镜（反射镜）阵列，且每台都配有跟踪系统，准确地将太阳光反射集中到一个高塔顶部的吸收器（又称接收器，相当于锅炉）上，将光能转换为热能，使吸热器内的水变为蒸汽，经管道送入汽轮机，驱动发电机组发电。分散式太阳能热发电是在大面积的场地上安装许多套相同的小型太阳能集热装置，通过管道将各套装置的热能汇集起来，进行热电转换而发电。

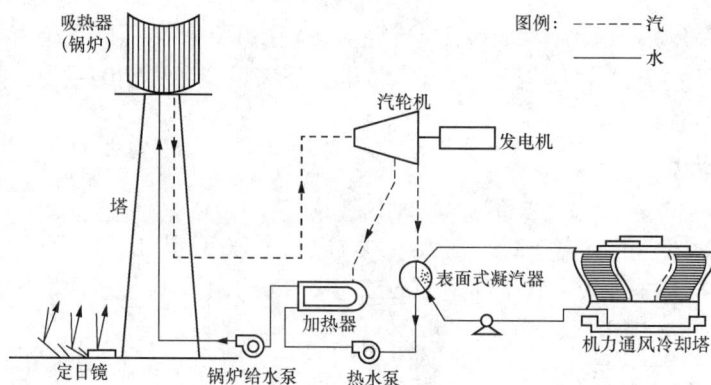

图 1-11　集中式太阳能热发电热力系统流程

太阳能光伏发电是不通过热过程而直接将太阳的光能转变成电能，把照射到太阳能电池（是一种半导体器件，受光照射会产生光电效应，也称光伏电池）上的光直接变换成电能输出。

太阳能光伏发电输出功率具有显著的间歇性和不稳定性，白天阴晴变化会引起输出功率大幅波动，阴雨天和夜间无法运行。太阳能热发电可以配置技术上相对成熟、成本较低的大容量储热装置，实现输出功率的平衡性和可控性，不但不需要额外配置调峰电源，而且可以作为调峰电源为风电、光伏发电等提供辅助服务。此外，太阳能热发电还具有机组的惯性，对电力系统的稳定运行有良好作用。因此，太阳能热发电是较有发展前景的太阳能大规模利用方式之一。目前，太阳能热发电由于在集成优化设计、高温部件制造维护等方面存在瓶颈，仅建设了一些试验示范项目。

3. 海洋能发电

海洋能是指海洋中的各种物理或化学过程中产生的能量，主要来源于太阳辐射及天体间的引力变化。海洋能可分为潮汐能、波浪能、海流能、温差能、盐差能等，具有可再生、资源量大和对环境的不利影响小等优点，同时也存在不够稳定、能量密度小、运行环境较为恶劣和开发利用经济性差等缺点。海洋能的主要利用形式为发电，我国海洋能可开发利用量约为 10 亿 kW。潮汐发电就是利用潮汐的位能来发电，即在潮差大的海湾入口或河口筑堤构成水库，在坝内或坝侧安装水轮发电机组，利用堤坝两侧的潮差驱动水轮发电机发电。通常分为单库单向式、单库双向式和双库式。

单库单向式潮汐电厂如图 1-12 所示，电厂只建一个水库，安装单向水轮发电机组（发电机安装于密封的灯泡体内），在落潮时发电。当涨潮至库内水位时，开闸向水库充水，至库内外在更高的水位齐平时关闸，待潮水逐渐下降至库内外水位差达到机组启动水头时开闸发电，直到库内外水位差小于机组发电所需的最低水头，再次关闸等待，转入下一周期。

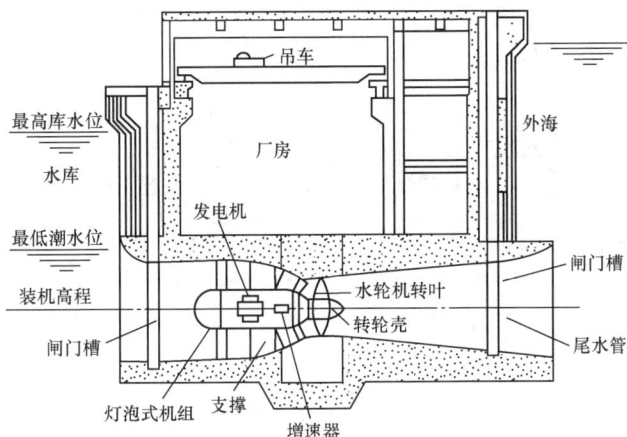

图 1-12 单库单向式潮汐电厂

单库双向式潮汐电厂如图 1-13 所示，电厂也只建一个水库，安装双向水轮发电机组，在潮涨潮落时都能发电。当潮涨到一定高度时，打开控制闸 A、B 将潮水引入冲动发电机组发电；当涨潮即将结束时，打开控制闸 E、F，使水库充满水后即关闸；当潮落至一定水位差时，打开控制闸 C、D 再次冲动发电机组发电。

双库式潮汐电厂是建两个毗连的水库，水轮发电机组装于两水库之间的隔坝内，高库设有进水闸，在潮位较库内水位高时进水（低库不进水）；低库设有泄水闸，在潮位较库内水位低时放水，两库之间终日有水位差，可连续发电。

4. 地热发电

地热发电是利用地下蒸汽或热水等地球内部热能资源发电。地球内部的总热能量约为全球煤炭储量的 1.7 亿倍。目前地热发电最大单机容量为 16MW。地热蒸汽发电的原理和设备与火力发电厂基本相同。利用地下热水发电的系统分为闪蒸地热发电系统和双循环地热发电系统。

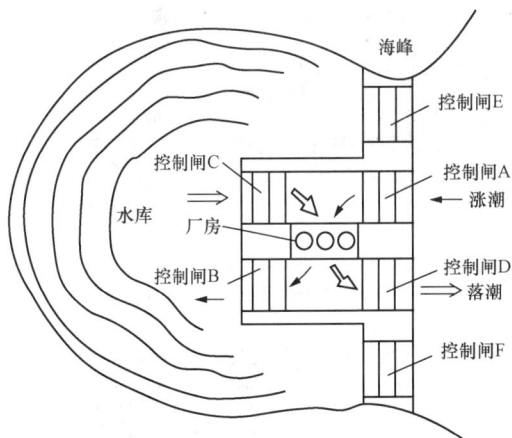

图 1-13 单库双向式潮汐电厂

　　闪蒸地热发电系统如图 1-14 所示，此方法是使地下热水变为低压蒸汽供汽轮机做功。当 100℃以下的地下热水送入一个密闭的容器中抽气降压，一部分地下热水会因气压降低而急速汽化为蒸汽，直到水和蒸汽都达到该压力下的饱和状态为止。由于地下热水降压蒸发的速度很快，是一种闪急蒸发过程，同时地下热水蒸发产生蒸汽时它的体积要迅速扩大，所以这个容器叫作"闪蒸器"或"扩容器"。地下热水经除氧器除氧后，进入第一级扩容器减压扩容，产生一次蒸汽（约占热水量的 10%），送入汽轮机的高压部分做功；余下的热水进入第二级扩容，再进行二次减压扩容，产生二次蒸汽（其压力低于一次蒸汽），送入汽轮机低压部分做功。当地热进口流体为湿蒸汽时，则先进入汽水分离器，分离出的蒸汽送入汽轮机，剩余的水再进入扩容器。一般采用的扩容级数不超过四级，我国羊八井地热电站为两级扩容。

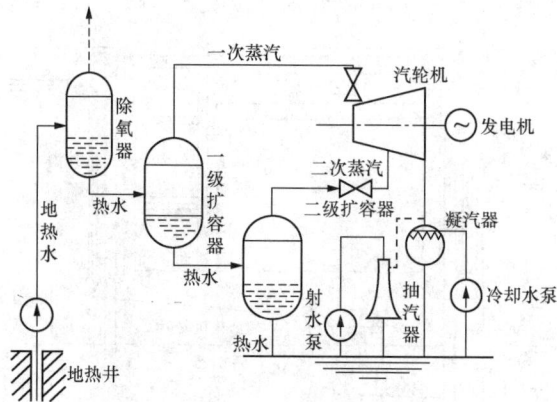

图 1-14　闪蒸地热发电系统

　　双循环地热发电系统如图 1-15 所示，其工作原理是基于中间介质法。地热水用深井泵抽到蒸发器内，加热某种低沸点工质（如氟利昂、异丁烷、正丁烷等），使其变成低沸点工质蒸汽，推动汽轮发电机发电；汽轮机的排汽经凝汽器冷却凝结为液体，用工质泵再打回蒸发器重新加热循环利用。为充分利用地热水的余热，从蒸发器排出的地热水经预热器先预热来自凝汽器的低沸点工质液体。这种系统的热水和工质各自构成独立的系统，故称为双循环系统。

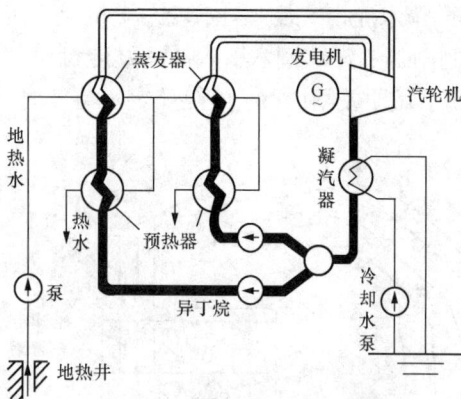

图 1-15　双循环地热发电系统

5. 生物质能发电

　　生物质是地球上存在最为广泛的物质，包括所有的动物、植物、微生物，以及由这些生命体排泄的所有有机物。生物质能源又称"绿色能源"，包括木本生物质能源（如能源林、树木的废弃枝叶、杂草等）、农业生物质能源（如各类农作物秸秆，农产品工业加工副产品如稻壳、玉米芯、甘蔗渣等），利用生物质再生能源发电是解决能源短缺的途径之一，开发"绿色能源"已成为当今世界上工业化国家开源节流、化害为利和保护环境的重要手段。

（1）生物质电厂燃烧方式。

1）直接燃烧秸秆方式。秸秆与空气在锅炉中燃烧，产生的热量通过锅炉的热交换部件换热，产生出高温高压的过热蒸汽在汽轮机内膨胀做功，汽轮机拖动同轴旋转的发电机旋转，发电机切割励磁机产生的磁场，产生电能，通过升压变压器送往电网。

直接燃烧是人类最早利用生物质能源的一种方式，我们的祖先，最先就是利用直接燃烧生物质能源进行捕猎、取暖。直接燃烧只需要对燃料进行简单处理，不需要复杂的燃料处理系统，设备简单，投资额较小，是目前最为常见的生物质发电的技术，后面将主要以直接燃烧秸秆方式发电流程进行介绍。

2）气化发电是通过热化学转换将生物质燃料转换为气体燃料，经过净化等流程处理，供应给内燃机或小型燃气轮机使用，燃气机拖动发电机旋转，产生电能，这种发电方式一般装机容量较小，应用不太广泛，故在此不进行介绍。

（2）直接燃烧生物质秸秆发电的工作流程。直接燃烧生物质秸秆发电的工作流程图如图 1-16 所示。

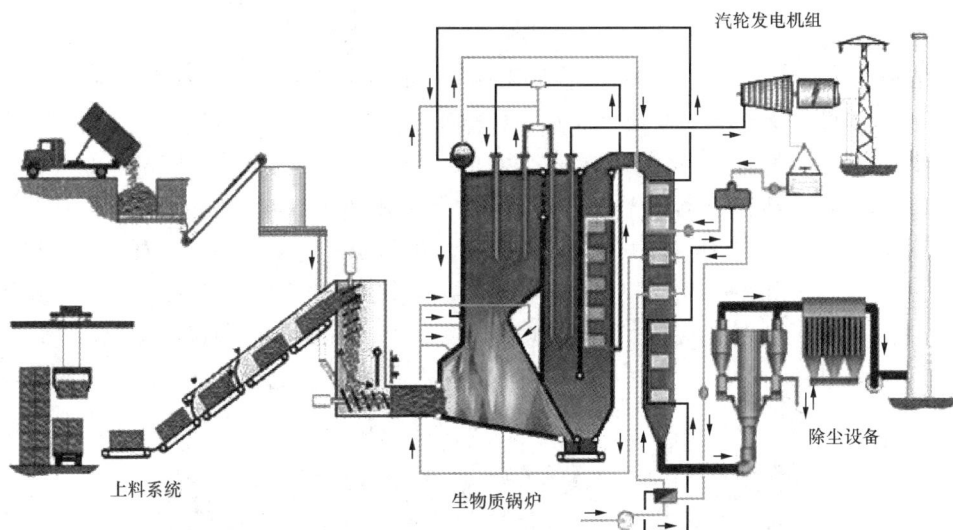

图 1-16　直接燃烧生物质秸秆发电的工作流程图

生物质原料从附近各个收购点送往电厂燃料存储中心，经过分类等处理后通过上料系统送入生物质锅炉燃烧，通过锅炉换热，将生物质能源燃烧后的热能转换为蒸汽，为汽轮机提供气源。汽轮机经高温高压蒸汽驱动后，拖动发电机，发电机定子切割转子磁场，从而产生电能，发电机产生的电能通过输变电设备送往电网。生物质燃料燃烧后的灰渣进入排渣除灰系统，烟气经过除尘设备处理后由烟囱送往大气。

6．磁流体发电

磁流体发电也称等离子体发电，是利用有极高温度并高度电离的气体高速（1000m/s）流经强磁场而直接发电。这时气体中的电子受磁力作用和气体中活化金属粒子（钾、铯）相互碰撞，沿着与磁力线成垂直的方位流向电极而发出直流电。

五、分布式电站

分布式电站是一种将小型发电设备布置在用户或负荷附近的发电系统，直接接入配电网或用户侧，以满足局部或特定用户的电力需求。分布式电站与集中式电站从规模、能源来源、接入方式等方面对比见表1-1。

表 1-1　　　　　　　　　　　　　　分布式电站与集中式电站对比表

对比项目	分布式电站	集中式电站
规模	装机容量较小，通常在几千瓦至几十兆瓦之间	装机容量大，通常在几十兆瓦甚至上百兆瓦
能源来源	多采用太阳能、风能、生物质能等可再生能源	以太阳能、风能等可再生能源为主，也有部分化石能源
接入方式	接入配电网，实现"自发自用、余电上网"，并网电压通常低于35kV	接入高压输电系统，通过高压电网远距离输送电能
供电方式	布置在用户附近（如住宅屋顶、商业建筑、工业园区等），就近供电，减少输电损耗，适合小规模、分散式供电	通常建在远离用户的荒漠、戈壁等开阔地区，大规模集中供电，适合远距离、大范围用电需求
灵活性	布局灵活，可根据用户需求和场地条件灵活配置	布局集中，需要较大的土地面积，灵活性较低
应用场景	适用于城市住宅、商业建筑、工业园区、偏远地区等	适用于光照资源丰富、土地成本低的地区，如西北地区的沙漠和戈壁

近年来，随着能源转型加速和"双碳"目标推动下，分布式电站作为一种灵活、高效且环境友好的能源解决方案，受到了越来越多的关注和应用。例如，工业园区分布式光伏电站（见图1-17）利用工业园区的屋顶资源，为企业提供清洁能源，降低用电成本；屋顶分布式光伏电站广泛应用于城市和农村的住宅、商业建筑，满足用户的用电需求；农光互补与渔光互补电站结合农业生产和渔业养殖，实现了土地的高效利用和能源的可持续供应；风光储充一体化基地项目则通过整合风能、太阳能等可再生能源，并配备储能和充电设施，解决了新能源发电的间歇性和不稳定性问题，为电动汽车等提供了稳定的充电服务。这些项目的实施，不仅推动了可再生能源的广泛应用，也为实现能源结构优化和可持续发展提供了有力支持。

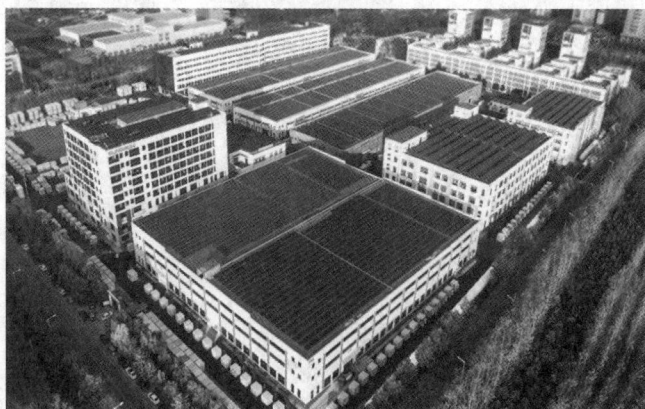

图 1-17　工业园区分布式光伏电站

自同期并列操作简单、迅速，便于自动化和实现重合闸，但并列合闸时会产生较大的冲击电流和冲击转矩，只用于紧急状态下。

将发电机从系统中退出运行的操作，称为发电机解列。正常解列时，先把发电机负荷转移或退出，然后再分闸退出发电机。事故时则由继电保护或自动装置动作，自动将发电机跳闸解列。

任务二 变 电 站 认 知

教学目标

知识目标：掌握变电站的类型和作用。
能力目标：①能说出变电站作用；②能说出变电站常用电气设备的作用。

任务描述

认知变电站的类型及在电力系统中的地位和作用；认知发电厂、变电站一次设备和二次设备的概念和作用；理解电气设备额定参数。

任务准备

①阅读资料，各组制订实施方案；②进行安全教育；③联系变电站或准备所要观看的变电站录像片；④教师评价。

任务实施

参观变电站或观看变电站录像片。

相关知识

电网、电力系统；一次设备、二次设备。

一、变电站的类型

变电站是联系发电厂和用户的中间环节，起着变换电压和分配电能的作用。变电站有多种分类方法，可以根据电压等级、升压、降压及在电力系统中的地位和作用分类。图1-18所示是某电力系统各类变电站原理接线示意图。图中系统接有大容量的火电厂和水电厂，其中水电厂发出的电能经500kV超高压输电线路送到枢纽变电站，220kV电网构成三角环网，可提高供电可靠性。根据变电站在电力系统中的地位和作用可将其分为枢纽变电站、中间变电站、地区变电站。

1. 枢纽变电站

枢纽变电站位于电力系统枢纽点，连接电力系统高、中压的几个部分，汇集多个电源的多回大容量联络线，变电容量大，电压（指高压侧）为330～500kV。全站停电时将引起系统解列，大面积停电。

2. 中间变电站

中间变电站一般位于电力系统的主要环路线路中或主要干线的接口处，汇集有2～3个电源，高压侧以交换潮流为主，同时又降压供给当地用户，主要起中间环节作用。电压等级为220～330kV。全站停电时将引起区域电网解列。

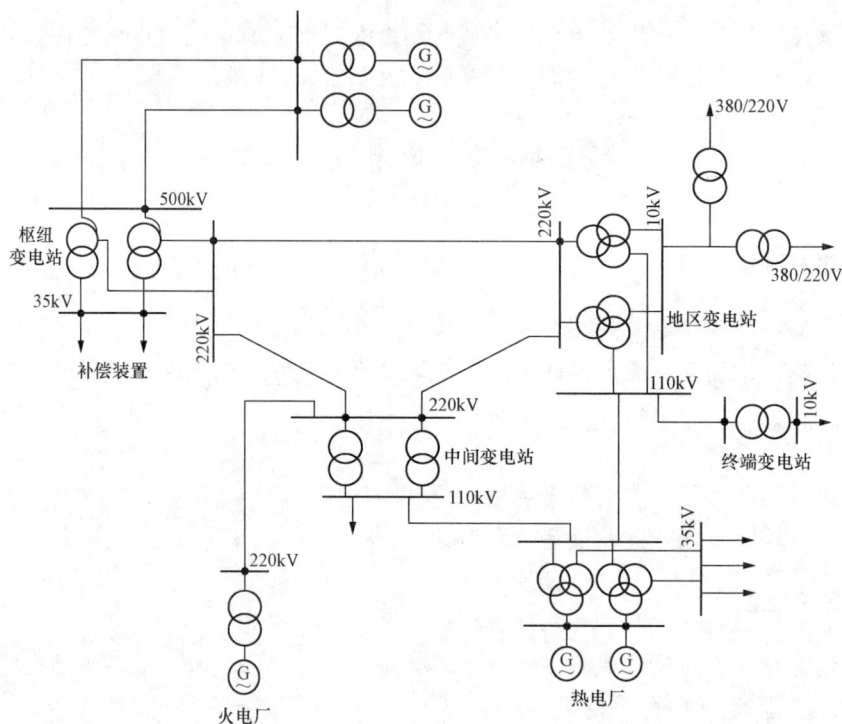

图 1-18 电力系统各类变电站原理接线示意图

3．地区变电站

地区变电站以对地区供电为主，是一个地区或城市的主要变电站，电压等级一般为 110～220kV。全站停电时将使该地区停电。

4．终端变电站

终端变电站位于输电线路终端，接近负荷点，经降压后直接向用户供电，不承担功率转送任务，电压等级为 110kV 及以下。全站停电时仅使其所供的用户停电。

5．企业变电站

企业变电站是供大中型企业专用的终端变电站，电压等级一般为 35～110kV，进线 1～2 回。全站停电时将引起该企业停电。

二、智能变电站

智能变电站是采用先进、可靠、集成、低碳、环保的智能设备，以全站信息数字化、通信平台网络化、信息共享标准化为基本要求，自动完成信息采集、测量、控制、保护、计量和监测等基本功能，并可根据需要支持电网实时自动控制、智能调节、在线分析决策、协同互动等高级功能的变电站。其与综自变电站框架对比如图 1-19 所示。

智能变电站系统分为过程层、间隔层和站控层三层。过程层由一次设备和智能组件构成，包括智能设备、合并单元和智能终端，完成电能分配、变换、传输及其测量、控制、保护、计量、状态监测等功能。间隔层由继电保护装置、测控装置、故障录波等二次设备构成，实现使用一个间隔的数据并作用于该间隔一次设备的功能。站控层包含自动化系统、站域控制系统、通信系统、对时系统等子系统，实现面向全站或一个以上一次设备的测量和控制功能。

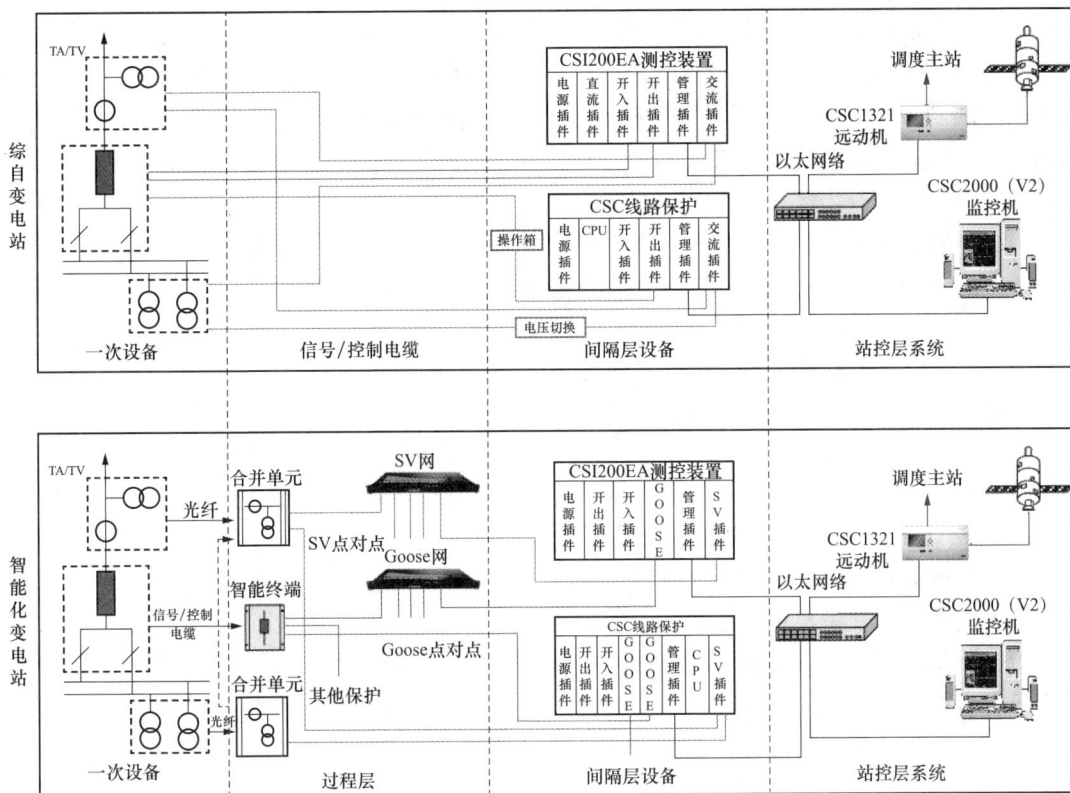

图 1-19 智能变电站和综自变电站框架对比图

智能变电站的技术特点：①全站信息数字化：变电站内的所有信息采集、传输、处理、输出过程由过去的模拟信息全部转换为数字信息；②通信平台网络化：基于 IEC 61850 标准，实现变电站内智能电气设备间的信息共享和互操作；③信息共享标准化：建立标准化的信息模型，满足基础数据的完整性及一致性要求；④高级功能支持：具备设备状态监测、综合故障诊断、防误功能扩展应用、智能告警及事故信息综合分析决策等高级功能。

三、发电厂变电站电气设备

为了满足电能的生产、传输和分配的需要，发电厂、变电站中安装有各种电气设备。电气设备按电压等级可分为高压设备（1kV 以上的设备）和低压设备；按其作用可分为一次设备和二次设备。

1. 一次设备

直接生产、传输、分配、交换、使用电能的设备称为一次设备。

（1）生产和转换电能的设备：包括发电机、变压器和电动机，它们都是按电磁感应原理工作的，统称电机。

（2）开关电器：包括断路器、隔离开关、负荷开关、熔断器、重合器、分段器、组合开关和刀开关，它们是用来接通或断开电路的电器。

（3）限流电器：包括普通电抗器和分裂电抗器，作用是限制短路电流，使发电厂和变电站能选择轻型开关电器和选用小截面的导体，提高经济性。

（4）载流导体：包括母线、架空线和电力电缆。母线用来汇集、传输和分配电能或将发电机、变压器与配电装置相连；架空线路和电力电缆用来传输电能。

（5）补偿设备：包括调相机、电力电容器、消弧线圈和并联电抗器。调相机是一种不带机械负荷的同步电动机，是电力系统的无功电源，用来向系统输出无功功率，以调节电力系统的电压；电力电容器有并联补偿和串联补偿两种，并联补偿是将电容器与用电设备并联，也是无功电源，它发出无功功率，供给就地无功负荷需要，避免长距离输送无功功率，减少线路电能损耗和电压损耗，提高电力系统供电能力；串联补偿是将电容器与架空线路串联，抵消系统的部分感抗，提高系统的电压水平，同时减少系统的功率损失；消弧线圈是用来补偿小接地电流系统的单相接地电容电流，以利于熄灭电弧；并联电抗器一般装在某些 330kV 及以上超高压线路上，主要是吸收过剩的无功功率，改善沿线路的电压分布和无功功率分布，降低有功功率损耗，提高输电效率。

（6）互感器：包括电流互感器和电压互感器。电流互感器是将一次侧的大电流变成二次侧标准的小电流（5A 或 1A），供电给测量仪表和继电保护的电流线圈；电压互感器是将一次高电压变成二次标准低电压（100V 或 $100/\sqrt{3}$ V），供电给测量仪表和继电保护的电压线圈。它们使测量仪表和保护装置标准化和小型化，使二次设备与一次高压部分隔离，且互感器二次侧可靠接地，保证了设备和工作人员的安全。

（7）防御过电压设备：包括避雷线（架空地线）、避雷器、避雷针、避雷带和避雷网等。避雷线可将雷电流引入大地，保护输电线路免受雷击；避雷器可防止雷电过电压及内部过电压对电气设备的危害；避雷针、避雷带和避雷网可防止雷电直接击中配电装置的电气设备或建筑物。

（8）绝缘子：包括线路绝缘子、电站绝缘子和电器绝缘子。用来支持和固定载流导体，并使载流导体与地绝缘或使装置中不同电位的载流导体间绝缘。

（9）接地装置：包括接地体和接地线。用来保证电力系统正常工作或保护人身安全。

常用一次设备的图形符号和文字符号见表 1-2。

表 1-2　　　　　　　　　　常用一次设备的图形符号和文字符号

名　称	图形符号	文字符号	名　称	图形符号	文字符号
交流发电机		G	电容器		C
双绕组变压器		T	三绕组自耦变压器		T
三绕组变压器		T	电动机		M
隔离开关		QS	断路器		QF
熔断器		FU	调相机		G
普通电抗器		L	消弧线圈		L

续表

名　称	图形符号	文字符号	名　称	图形符号	文字符号
分裂电抗器		L	双绕组、三绕组电压互感器		TV
负荷开关		QL	具有两个铁芯和两个二次绕组、一个铁芯两个二次绕组的电流互感器		TA
接触器的主动合、主动断触头		KM	避雷器		F
母线、导线和电缆		W	火花间隙		F
电缆终端头			接地		E、GND

2. 二次设备

对一次设备进行监视、测量、控制、调节、保护以及为运行、维护人员提供运行工况或产生指挥信号所需要的辅助设备，称为二次设备。

（1）测量表计：包括电流表、电压表、功率表、电能表、频率表、温度表等，用来监视、测量电路的电流、电压、功率、电能、频率及设备的温度等参数。

（2）绝缘监察装置：包括交流绝缘监察装置和直流绝缘监察装置，用来监察交、直流电网的绝缘状况。

（3）控制和信号装置：控制是采用手动（通过控制开关或按钮）或自动（通过继电保护或自动装置）方式通过操作回路实现断路器的分、合闸。断路器都有位置信号灯，有些隔离开关也有位置指示器。主控制室内设有中央信号装置，用来反映电气设备的正常、异常或事故状态。

（4）继电保护和自动装置：继电保护作用是当一次设备发生事故时，作用于断路器跳闸，自动切除故障元件，当一次系统出现异常时发出信号，提醒工作人员注意。自动装置用来实现发电机的自动并列、自动调节励磁、自动按事故频率减负荷、电力系统频率自动调节、按频率自动启动水轮机组，实现发电厂或变电站的备用电源自动投入、输电线路自动重合闸、变压器分接头自动调整、并联电容器自动投切等。

（5）直流电源设备：包括蓄电池组和硅整流装置，用作开关电器的操作、信号、继电保护及自动装置的直流电源，以及事故照明和直流电动机的备用电源。

（6）塞流线圈（又称高频阻波器）：是电力载波通信设备不可缺少的部分，与耦合电容器、结合滤波器、高频电缆、高频通信机等组成输电线路高频通信通道。塞流线圈起到阻止高频电流向变电站或支线泄漏、减小高频能量损耗的作用。

四、电气设备的额定参数

电气设备的额定参数是制造厂家按照安全、经济、寿命全面考虑，为电气设备规定的正常运行参数。

1. 额定电压（U_N）

电气设备的额定电压是国家根据国民经济发展需要、技术经济合理性以及电气设备制造水平等因素所规定的标准电压等级。电气设备在额定电压下工作时，其技术性能和经济性能最佳。

我国的额定电压分为三类。第一类是100V及以下的电压，主要用于安全照明、蓄电池及其他特殊设备；第二类是100~1000V之间的电压，广泛用于工农业与民用的低压照明、动力及控制；第三类是1000V及以上的电压，主要用于电力系统的发电机、变压器、输配电线路及高压用电设备。我国所制定的各种电气设备的额定电压见表1-3。

表 1-3　　　　　　　　　　　　各种电气设备的额定电压　　　　　　　　　　　　　　kV

用电设备的额定电压	发电机的额定电压	变压器的额定电压	
		一次绕组	二次绕组
0.22	0.23	0.22	0.23
0.38	0.40	0.38	0.40
3	3.15	3、3.15	3.15、3
6	6.3	6、6.3	6.3、6.6
10	10.5	10、10.5	10.5、11
35		35	38.5
110		110	121
220		220	242
330		330	363
500		500	550
750		750	825
1000		1000	1100

电能在传输过程中，由于线路及电气设备有阻抗，会产生电压损耗，因此，同一电压等级下，各电气设备的额定电压不尽相同。

（1）电网的额定电压：通常采用线路首端和末端电压的算术平均值。目前我国电网的交流额定电压等级有0.22、0.38、3、6、10、35、110、220、330、500、750kV和1000kV等。直流输电网的额定电压等级有±500、±600、±800kV和±1100kV。

（2）用电设备的额定电压：用电设备的额定电压等于其所在电网的额定电压。为保证用电设备的正常工作，用电设备的工作电压一般允许偏移额定电压±5%。

（3）发电机的额定电压：发电机的额定电压比所在电网的额定电压高5%，目的是保证末端用电设备的工作电压偏移不超出允许范围。

（4）变压器的额定电压：升压变压器的一次绕组的额定电压比所在电网的额定电压高5%，即与发电机的额定电压相同；降压变压器的一次绕组的额定电压与所在电网的额定电压相同；变压器二次绕组的额定电压视所接线路的长短及变压器阻抗电压大小比所接电网的额定电压高5%（线路较短、变压器阻抗电压较小）或10%（线路较长、变压器阻抗电压较大），主要是考虑所接线路的电压损耗（一般按10%考虑）及变压器本身的电压降（一般为5%）。

2．额定电流（I_N）

额定电流是指在规定的基准环境温度下（电器，+40℃；导体，+25℃），允许长期通过设备的最大电流值，此时设备的绝缘和载流部分的长期发热的最高温度不会超过规定的允许值。

项目总结

本项目主要介绍了发电厂、变电站的类型，分析了发电厂、变电站的作用及生产过程，介绍了发电厂、变电站中的一次设备和二次设备的作用及内容，分析了电气设备的额定电压。

复习思考

1-1　发电厂的作用是什么？包括哪些类型？

1-2　火力发电厂的类型包括哪些？各有什么特点？

1-3　水力发电厂的类型包括哪些？各有什么特点？

1-4　什么是新能源发电？包括哪些形式？

1-5　核电厂的电能生产过程及特点是什么？

1-6　变电站的作用是什么？包括哪些类型？

1-7　什么是一次设备？哪些设备属于一次设备？

1-8　什么是二次设备？哪些设备属于二次设备？

1-9　什么是额定电压？一次设备的额定电压是如何规定的？

项目二

低压电动机控制

项目描述

本项目学习接触器、磁力启动器的结构及工作原理，进行电动机点动控制、正反转控制、行程控制、延时控制等电路的分析。

教学目标

知识目标：掌握常见电动机控制电路的工作原理。

能力目标：①具有完成电动机点动控制的能力；②具有完成电动机正反转控制的能力；③具有完成电动机行程控制的能力；④具有完成电动机延时控制的能力。

教学环境

低压电器实训室。

任务一　低压电动机正反转控制

教学目标

知识目标：掌握电动机点动控制、正反转控制电路工作原理。

能力目标：正确进行电动机点动控制、正反转控制电路的安装和调试。

任务描述

电动机点动控制、正反转控制电路的安装和调试，能正确完成电动机点动控制、正反转控制工作。

任务准备

①阅读资料，各组制订实施方案；②绘出电动机正反转控制电路图；③准备所需材料和工器具；④教师评价及各组互相评价。

任务实施

在低压电器实训室完成电动机正反转控制电路的安装和调试。

相关知识

接触器、热继电器、线圈励磁与失磁、主触头和辅助触点、主电路与控制电路、自锁与互锁。

低压电动机控制是用低压电器来完成的。低压电器通常指工作在交流 1200V、直流 1500V 及以下电路中的起控制、保护、调节、转换和通断作用的电器。低压电器按用途和控制对象不同，可分为配电电器和控制电器。低压配电电器包括低压隔离开关、组合开关、熔断器、断路器等，主要用于低压配电系统中。低压控制电器包括接触器、磁力启动器和各种控制继电器等，用于电力拖动与自动控制系统中。

一、交流接触器

接触器是一种自动电磁式开关，适用于远距离频繁接通或开断交直流主电路及大容量控制电路。接触器的主要控制对象是电动机，也可用于控制其他负荷，如电热设备、电焊机以及电容器组等。在控制电动机时，能完成启动、停止、正反转等多种控制功能。接触器按主触头通过电流的种类，分为交流接触器和直流接触器。

常用交流接触器的型号有 CJ10、CJ15、CJ20、CJX1（3TB）、CJX2（3TF）等系列，它的主要特点是动作快、操作方便、便于远距离控制，广泛用于电动机、电热及机床等设备的控制。交流接触器的缺点是噪声偏大，寿命短，只能通断负荷电流，不具备保护功能，使用时要与熔断器、热继电器等保护电器配合使用。

1. 交流电磁式接触器

交流接触器主要由电磁系统、触头系统、灭弧装置及辅助部件等组成。

（1）电磁系统。电磁系统由电磁线圈、铁芯、衔铁、反作用力弹簧和缓冲弹簧等组成。其作用是利用电磁线圈的励磁或失磁，使衔铁和铁芯吸合或释放，实现接通或断开电路的目的。交流接触器在运行过程中，会在铁芯中产生交变磁场，引起衔铁振动，发出噪声。为减轻接触器的振动噪声，铁芯上套有一个短路环。短路环一般由铜、康铜或镍铬合金制成。

（2）触头系统。交流接触器的触点可分为主触点和辅助触点。主触头用于接通或开断电流较大的主电路，一般由三对接触面较大的动合触头组成。辅助触点用于接通或断开控制电路、信号电路等，一般由两对动合和两对动断辅助触点组成。动合和动断是指电磁线圈励磁以后的工作状态，当线圈励磁时，动断辅助触点（简称动断触点）先断开，动合辅助触点（简称动合触点）再闭合；当线圈失磁时，动合触点先断开，动断触点再闭合。两种触点在改变工作状态时，有一个时间差。

（3）灭弧装置。交流接触器的主触头在切断具有较大感性负荷的电路时，动、静触头间会产生强烈的电弧，灭弧装置可使电弧迅速熄灭，减轻电弧对触头的烧蚀和防止相间短路。交流接触器的灭弧装置有栅片灭弧、电动力灭弧、狭缝灭弧、磁吹灭弧等几种。

交流接触器的工作原理如图 2-1 所示。当按下按钮 7，接触器的线圈 6 中流过的电流使线圈励磁，铁芯产生足够的吸力，克服弹簧的反作用力，将衔铁吸合，通过传动机构带动主触头和动合触点闭合，动断触点断开。当松开按钮或电源电压消失时，线圈失磁，衔铁在反作用力弹簧的作用下返回，带动各触头（点）恢复到原来状态。

常用 CJ15、CJ20 等系列交流接触器在 85%～105% 额定电压时，能保证可靠吸合；电压降低时，电磁吸力不足，衔铁不能可靠吸合。运行中的交流接触器，当工作电压明显下降时，由于电磁力不足以克服弹簧的反作用力，衔铁返回，使主触头断开。

交流接触器的图形符号和文字符号如图 2-2 所示。

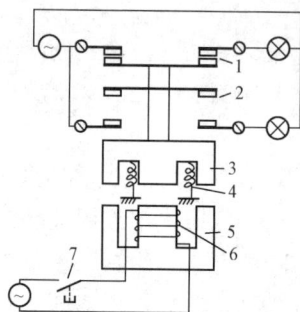

图 2-1　接触器的结构及原理示意图

1—静触头；2—动触头；3—衔铁；4—反作用力弹簧；

5—铁芯；6—线圈；7—按钮

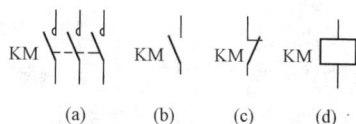

图 2-2　交流接触器的图形符号和文字符号

（a）主触头；（b）动合触点；

（c）动断触点；（d）线圈

交流接触器的文字符号用 KM 表示，图 2-2 中的图形符号从左至右分别是"主触头、动合触点、动断触点、线圈"，由于都是属于同一个设备，因此，都用相同的文字符号 KM 表示。

图 2-3 所示为三相异步电动机点动控制原理接线图。所谓"点动"控制，是指按下按钮，电动机通电运转；松开按钮，电动机就失电停转。这种控制方法常用于电动葫芦起重电动机控制和车床工作台快速移动电动机控制。在点动控制电路中，刀开关 QK 作为电源开关，熔断器 FU1、FU2 分别作为主电路和控制电路的短路保护。主电路由 QK、FU1、接触器 KM 的主触头及电动机 M 组成；控制电路由 FU2、启动按钮 SB 的动合触点、接触器 KM 的线圈组成。

点动控制电路的工作原理如下：

启动：按下 SB→KM 的线圈励磁→KM 的主触头闭合→电动机 M 运转；

停止：松开 SB→KM 的线圈失磁→KM 的主触头断开→电动机 M 停转。

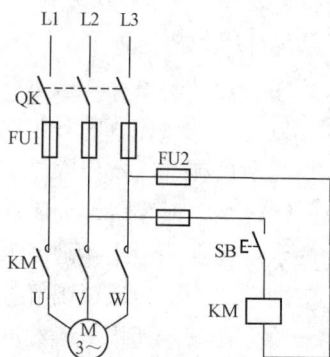

图 2-3　三相异步电动机点动控制原理接线图

2. CKJ5 系列低压交流真空接触器

CKJ5 系列交流真空接触器适用于交流 50Hz、额定工作电压至 1140V 的电力系统中，供远距离接通与分断电路及频繁地启动和控制交流电动机之用，适宜与热继电器等各种保护装置组成电磁启动器，特别适宜于组成隔爆型电磁启动器，以及各种电力控制装置。

真空接触器主要由真空灭弧系统、电磁系统、杠杆传动系统、辅助触点、整流装置、绝缘框架、底座等组成，零部件少，结构紧凑。其主要特征如下：

（1）触头被封闭在与外界隔绝的真空灭弧室中。

1）触头不会因外部污染而影响其工作。

2）以真空为熄弧介质，分断能力强、电寿命长，如 AC-4 型电寿命平均 3 万～4 万次，有的产品寿命可高达 6 万次以上，这对其他接触器来说是困难的。

3）电弧不外喷（即喷弧距离为零），不会引发火灾、爆炸等事故。

4）工作过程中不会扩散出对人体有害的气体，保证工作环境是清洁的。

（2）触头开距小，行程短，约等于同等容量空气式接触器的 1/6～1/10，从而使整台接触器的外形尺寸小，质量轻。

（3）控制电路由直流励磁系统与整流装置组成。

1）工作过程中几乎没有噪声，工作环境是安静的，功率损耗小。

2）交流电源与直流电源都能使用，方便用户的使用。

二、热继电器

热继电器是根据控制对象的温度变化来控制电流流过的继电器，即利用电流的热效应而动作的电器，它主要用于电动机的过载保护。热继电器用文字符号 FR 表示，由热元件、触头（点）、动作机构、复位按钮和定值装置组成。热继电器的原理结构示意图如图 2-4 所示，图中发热元件 1 是一段电阻不大的电阻丝，它缠绕在双金属片 2 上。双金属片由两片膨胀系数不同的金属片叠加在一起制成。如果发热元件中通过的电流不超过电动机的额定电流，其发热量较小，双金属片变形不大；当电动机过载，流过发热元件的电流超过额定值时，发热量较大，为双金属片加温，使双金属片变形上翘。若电动机持续过载，

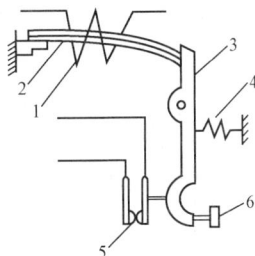

图 2-4　热继电器原理结构示意图
1—发热元件；2—双金属片；3—扣板；4—弹簧；
5—动断触点；6—复位按钮

经过一段时间之后，双金属片自由端超出扣板 3，扣板会在弹簧 4 拉力的作用下发生角位移，带动动断触点 5 断开。在使用时，热继电器的动断触点串接在控制电路中，当它断开时，使接触器线圈失磁，电动机停止运行。经过一段时间之后，双金属片逐渐冷却，恢复原状。这时，按下复位按钮，使双金属片自由端重新抵住扣板，动断触点又重新闭合，接通控制电路，电动机又可重新启动。由于热继电器有热惯性，因此不能用作电路的短路保护。

三、磁力启动器

磁力启动器由交流接触器和热继电器组成，是用来控制电动机启动、停止、正反转的一种启动器，与熔断器配合使用具有短路、欠压和过载保护作用。

图 2-5 所示为用磁力启动器控制电动机正反转原理接线图。图中 SB1 为停止按钮，SB2、SB3 为控制电动机正、反转的启动按钮，KM1、KM2 分别用于正转控制接触器和反转控制接触器。当接触器 KM1 的主触头闭合时，三相电源按 L1、L2、L3 的相序接入电动机，电动机正转；当接触器 KM2 的主触头闭合时，三相电源按 L3、L2、L1 的相序接入电动机，电动机反转。与启动按钮 SB2、SB3 并联的动合触点 KM1、KM2 的作用通常叫自锁或自保持，如当按下启动按钮 SB2 后，正转控制回路接通，KM1 线圈励磁，KM1 主触头闭合，电动机启动，与 SB2 并联的 KM1 动合触点闭合；松开启动按钮 SB2 后，SB2 复位，但控制电路经 KM1 动合触点仍能接通，保持电动机的连续运行。

在磁力启动器正反转控制线路中，接触器 KM1、KM2 不能同时动作，否则 KM1、KM2 的主触头将同时闭合，造成相间短路。为了实现电气闭锁，在 KM1、KM2 线圈各自的支路中，相互串联了对方的一对动断触点，以保证接触器 KM1、KM2 不能同时励磁，形成互锁。

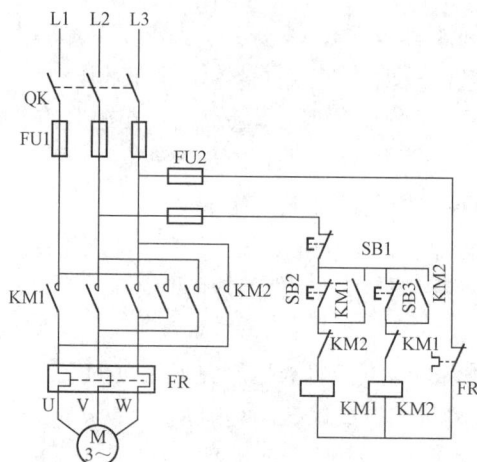

图 2-5 磁力启动器控制电动机正反转原理接线图

SB1—停止按钮；SB2—正转启动按钮；SB3—反转启动按钮；KM1—正转启动接触器；

KM2—反转启动接触器；FR—热继电器

用磁力启动器控制电动机正反转的工作原理如下：

（1）正转控制：

光合上刀开关QK按下SB2 ── SB2动合触点闭合 ── KM1线圈励磁

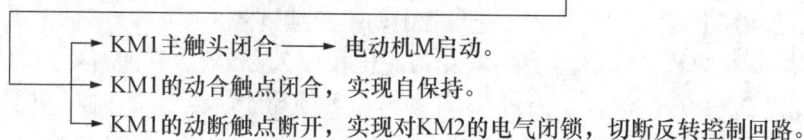

┌── KM1主触头闭合 ── 电动机M启动。

├── KM1的动合触点闭合，实现自保持。

└── KM1的动断触点断开，实现对KM2的电气闭锁，切断反转控制回路。

（2）反转控制：在电动机正转运行时，先按下 SB1，KM1 线圈失磁，电动机停转，KM1 的动断触点闭合，为反转启动做好准备。

按下SB3 ── SB3动合触点闭合 ── KM2线圈励磁

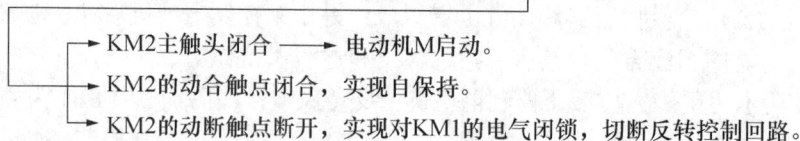

┌── KM2主触头闭合 ── 电动机M启动。

├── KM2的动合触点闭合，实现自保持。

└── KM2的动断触点断开，实现对KM1的电气闭锁，切断反转控制回路。

任务二　电机拖动中行程控制与延时控制

教学目标

知识目标：掌握电动机行程控制与延时控制电路工作原理。

能力目标：正确进行电动机行程控制电路的安装和调试。

任务描述

电动机拖动工作台在两地之间自动往返运动控制电路的安装和调试，实行自动控制。

任务准备

①阅读资料，各组制订实施方案；②绘出电动机行程控制电路图；③准备所需材料和工器具；④教师评价及各组互相评价。

任务实施

在低压电器实训室完成电动机行程控制电路的安装和调试。有条件的可以把时间控制加进来。

相关知识

行程开关的基本结构及应用；时间继电器的工作原理及应用。

一、行程控制

1. 行程开关

行程开关又称限位开关，是利用生产机械某些运动部件对它的碰撞来发出开关量控制信号的主令电器，一般用来控制生产机械的运动方向、速度、行程远近或定位，可实现行程控制以及限位保护的控制。

行程开关的基本结构可以分为三个主要部分，即顶杆、触点系统和外壳。其结构形式多种多样，其中顶杆形式主要有直动式、杠杆式和万向式三种。触点类型有一动合一动断、一动合二动断、二动合一动断、二动合二动断等形式；动作方式可分为瞬动式、蠕动式、交叉从动式三种。直动式行程开关的动作原理示意图如图 2-6 所示，其动作原理与按钮相同。

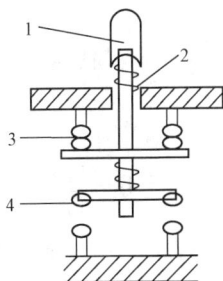

图 2-6 直动式行程开关的动作原理示意图
1—顶杆；2—弹簧；3—动断触点；4—动合触点

2. 电动机转向控制分析

图 2-7 所示为三相异步电动机拖动工作台自动往返控制电路。工作台向左移动，位置靠行程开关 SQ1 进行控制，靠行程开关 SQ3 进行极限位置保护；工作台向右移动，位置靠行程开关 SQ2 进行控制，靠行程开关 SQ4 进行极限位置保护。

在图 2-7 中，当按下 SB2 时，接触器 KM1 励磁，KM1 主触头闭合，电动机正转，拖动工作台向左移动。当工作台运动碰到行程开关 SQ1 时，电动机转向，工作台向右移动；当工作台运动碰到行程开关 SQ2 时，电动机转向，工作台向左移动，如此往复实现电动机拖动工作台自动往返。具体流程如下：

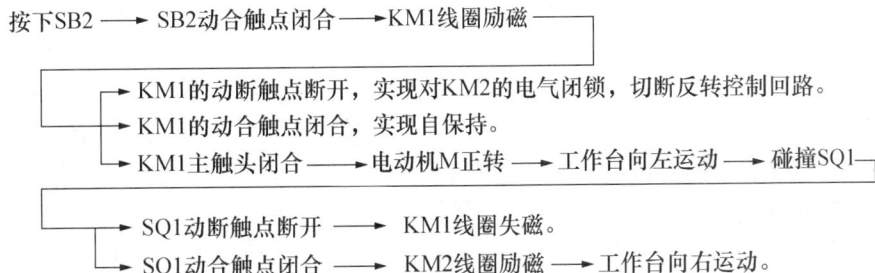

按下SB2 —→ SB2动合触点闭合 —→ KM1线圈励磁

— KM1的动断触点断开，实现对KM2的电气闭锁，切断反转控制回路。
— KM1的动合触点闭合，实现自保持。
— KM1主触头闭合 —→ 电动机M正转 —→ 工作台向左运动 —→ 碰撞SQ1

— SQ1动断触点断开 —→ KM1线圈失磁。
— SQ1动合触点闭合 —→ KM2线圈励磁 —→ 工作台向右运动。

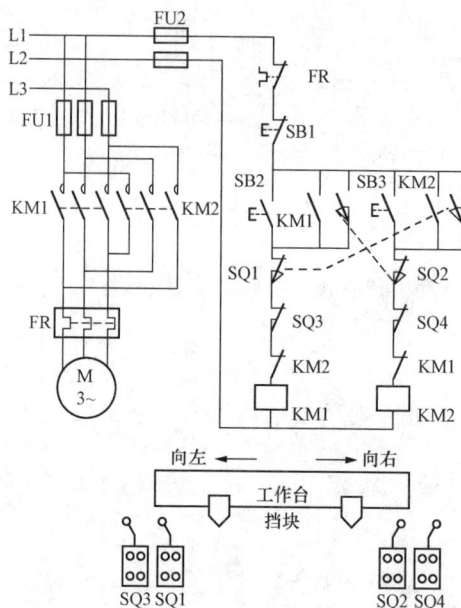

图 2-7　三相异步电动机拖动工作台自动往返控制电路

3. 电动机极限位置保护控制分析

如果工作台运动到 SQ1 处时，电动机没有转向，当工作台继续向左运动到极限位置碰到 SQ3 时，电动机停机；向右运动的极限位置由行程开关 SQ4 进行控制。具体流程如下：

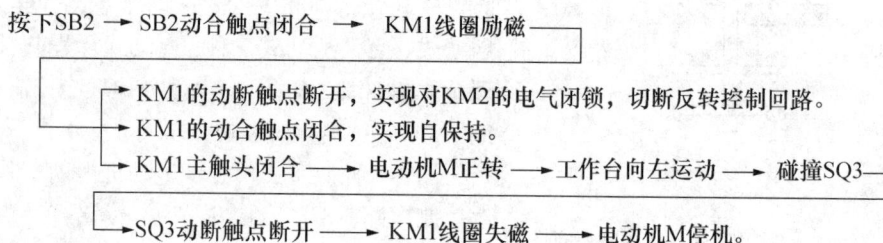

按下SB2 → SB2动合触点闭合 → KM1线圈励磁

　　　　→ KM1的动断触点断开，实现对KM2的电气闭锁，切断反转控制回路。
　　　　→ KM1的动合触点闭合，实现自保持。
　　　　→ KM1主触头闭合 → 电动机M正转 → 工作台向左运动 → 碰撞SQ3

　　　　→ SQ3动断触点断开 → KM1线圈失磁 → 电动机M停机。

二、延时控制

1. 时间继电器

时间继电器是一种利用电磁原理等实现触点延时接通或断开的电器。时间继电器种类很多，按延时原理可分为电磁式、双金属片式、电子式、数字式时间继电器等。时间继电器主要作为辅助电器元件，用于各种电气保护及自动装置中，使被控元件达到所需要的延时。时间继电器的文字符号用 KT 表示。

时间继电器的延时方式有两种：一种是得电延时，即线圈得电后，触点经延时后才动作；另一种是失电延时，即线圈得电时，触点瞬时动作，而线圈失电时，触点延时复位。

电磁型时间继电器主要由电磁部分、时钟部分和触点组成。它一般有一对瞬动转换触点和一对延时主触点。根据不同要求，有的还有一对滑动延时触点。

现以 DS-100、DS-120 系列的时间继电器为例，介绍该类继电器的工作原理。它们的结构与内部接线如图 2-8 所示。在继电器线圈 1 上加入动作电压后，衔铁 3 瞬时被吸下，扇曲柄销 9 被释放，在主弹簧 11 的作用下，使扇形齿轮 10 按顺时针的方向转动，并带动传动齿轮 13、摩擦耦合子 14，使同轴的主齿轮 15 转动，并带动钟表机构转动，因钟表机构中钟摆和摆锤的作用，使可动触点 22 以恒速转动，经一定时限后与静触点 23 接触。

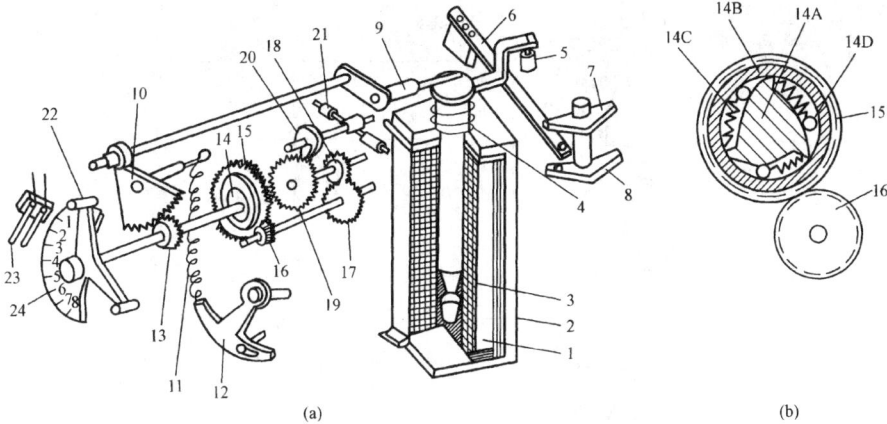

图 2-8　DS-100、DS-120 系列时间继电器的结构与内部接线

1—线圈；2—磁路；3—衔铁；4—返回弹簧；5—轧头；6—可动瞬时触点；7、8—静瞬时触点；9—扇曲柄销；

10—扇形齿轮；11—主弹簧；12—可改变弹簧拉力的拉板；13—齿轮；14—摩擦耦合子（14A—凸轮；14B—钢环；

14C—弹簧；14D—钢珠）；15—主齿轮；16—钟表机构的齿轮；17、18—钟表机构的中间齿轮；19—掣轮；

20—卡钉；21—重锤；22—可动触点；23—静触点；24—标度盘

通过改变静触点位置（可调整），可改变静触点与动触点之间的距离，即改变动触点的行程，从而达到调整时间继电器动作时限的目的。

当线圈失压时，钟表机构在返回弹簧 4 的作用下瞬时返回，复位到初始状态，以备下次动作。

2．三相异步电动机拖动工作台自动往返定时控制电路

图 2-9 所示为三相异步电动机拖动工作台自动往返定时控制电路。工作台向左移动，当工作台到达行程的终点（SQ1 处）时，工作台停止 5s，然后再向右运动；当工作台到达行程的终点（SQ2 处）时，工作台停止 5s，然后再向左运动；如此往复运动。靠行程开关 SQ3、SQ4 进行极限位置保护。

在图 2-9 所示电路中，定时控制是通过时间继电器 1KT、2KT 实现的，定时控制的实现过程为：

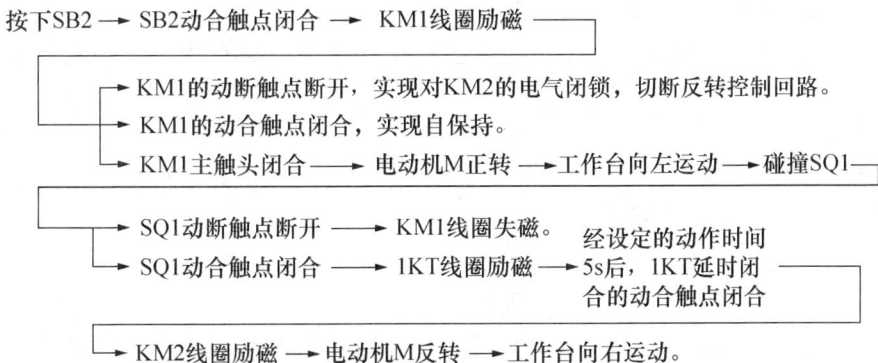

按下SB2 → SB2动合触点闭合 → KM1线圈励磁
→ KM1的动断触点断开，实现对KM2的电气闭锁，切断反转控制回路。
→ KM1的动合触点闭合，实现自保持。
→ KM1主触头闭合 → 电动机M正转 → 工作台向左运动 → 碰撞SQ1
→ SQ1动断触点断开 → KM1线圈失磁。
→ SQ1动合触点闭合 → 1KT线圈励磁 → 经设定的动作时间5s后，1KT延时闭合的动合触点闭合
→ KM2线圈励磁 → 电动机M反转 → 工作台向右运动。

当工作台运动到右侧时，延时是通过 2KT 实现的。

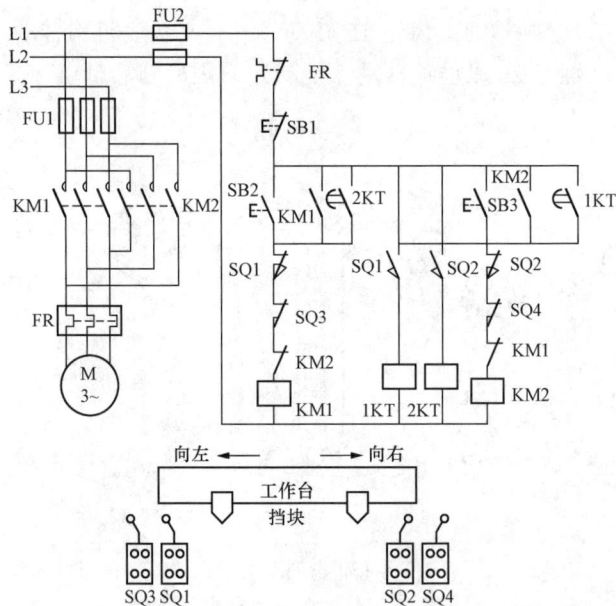

图 2-9　三相异步电动机拖动工作台自动往返定时控制电路

项目总结

本学习项目主要介绍接触器、磁力启动器的结构及工作原理，通过学习理解线圈励磁与失磁、主触头和辅助触点、主电路与控制电路、自锁与互锁等基本概念，掌握完成电动机点动控制、正反转控制、行程控制、延时控制电路的能力。

复习思考

2-1　画出电动机正反转控制原理图。

2-2　自锁与互锁有何区别？画图说明。

2-3　根据图 2-9 完成填空：

（1）接触器 KM1 主触头闭合时，电动机正转，工作台向左移动。_____主触头闭合时，工作台向右移动。

（2）FR 是_____器，用作主电路的_____保护。

（3）KM1 动合辅助触点起_____作用；动断辅助触点起_____作用。

（4）工作台向右移动，位置靠行程开关_____进行控制，靠行程开关_____进行极限位置保护。

（5）工作台向左移到位自动返回时，需要 KM2 主触头闭合，而 KM2 线圈通电的条件有两个：一是 KM1 动断辅助触点闭合；二是_____。

2-4　行程开关有何作用？如何实现对运行设备极限位置控制？

2-5　如何实现电动机延时动作控制？

2-6　接触器具有主触头，为什么还要有辅助触点？动合触点是如何工作的？

2-7　简述接触器线圈、主触头、辅助触点三者之间的关系。

2-8　简述主电路与控制电路之间的关系。

項目三

交流电网绝缘监察

项目描述

本项目学习中性点运行方式、常规电流互感器和电压互感器、非常规电流互感器和电压互感器，以及交流电网绝缘监察的基本知识。

教学目标

知识目标：①掌握电力系统中性点运行方式及特点；②掌握互感器的类型、作用、特点、准确级、接线方式；③掌握交流电网绝缘监察装置的作用及原理。

能力目标：①具有中性点运行方式分析能力；②具有互感器接线分析能力；③具有交流电网绝缘监察装置电路分析能力。

教学环境

高低压配电装置。

任务一　电力系统中性点运行

教学目标

知识目标：①掌握中性点的运行方式及特点；②掌握消弧线圈的补偿方式及特点。

能力目标：①能分析中性点不接地系统单相接地故障时的特点；②能分析消弧线圈的工作原理；③能说明中性点有效接地系统与中性点非有效接地系统的区别。

任务描述

中性点的运行方式分析。

任务准备

①各组制订实施方案；②分析中性点的运行方式；③各组互相考问；④教师评价。

任务实施

在理实一体教室进行。

📎 **相关知识**

　　金属性接地；相对地电压；间歇性电弧过电压；消弧线圈的补偿方式；中性点有效接地系统、中性点非有效接地系统。

　　电力系统的中性点是指接成星形的三相变压器绕组或发电机绕组的公共点。目前，我国电力系统中性点的接地方式可分为两大类：一类是有效接地系统，即大电流接地系统，包括中性点直接接地和中性点经小电抗（或小电阻）接地；另一类是中性点非有效接地系统，即小电流接地系统，包括中性点不接地、中性点经消弧线圈接地以及中性点经电阻接地。

　　电力系统的中性点接地方式是一个综合性的技术问题，要考虑电网的各种运行情况、供电可靠性要求、故障时的过电压、人身安全、对通信的干扰、对继电保护的技术要求、设备的投资等，是一个系统工程。

一、中性点不接地的三相系统运行分析

　　中性点不接地系统是指发电机或变压器绕组的中性点在电气上对地是绝缘的。中性点不接地系统又称为中性点绝缘系统。

　　1. 中性点不接地系统正常运行方式

　　图 3-1（a）所示为中性点不接地系统原理接线图。三相导线之间及各相导线对地之间，沿导线全长都均匀分布有电容，这些电容将引起附加电流。各相导线对地之间的分布电容，分别用集中的等效电容 C_A、C_B 和 C_C 代替。

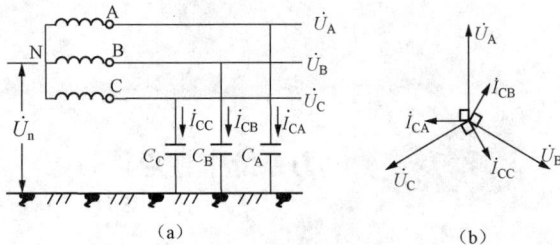

图 3-1　中性点不接地系统原理接线图

(a) 接线图；(b) 相量图

　　设系统三相电压分别为 $\dot{U}_A$、$\dot{U}_B$ 和 $\dot{U}_C$，且三相对称。在三相电压作用下，三相对地电容电流分别为 $\dot{I}_{CA}$、$\dot{I}_{CB}$ 和 $\dot{I}_{CC}$，其相量关系如图 3-1（b）所示。由于三相对地分布电容基本相等。三相对地电容电流

$$\dot{I}_{CA} = j\omega C\dot{U}_A \tag{3-1}$$

$$\dot{I}_{CB} = j\omega C\dot{U}_B \tag{3-2}$$

$$\dot{I}_{CC} = j\omega C\dot{U}_C \tag{3-3}$$

　　显然，三相对地电容电流也对称，流入大地中的电流为零，中性点电位 $\dot{U}_n$ 为零。

　　2. 中性点不接地系统的单相接地

　　中性点不接地系统发生单相金属性接地时，如图 3-2（a）中的 C 相，则 C 相的对地电压变为零，即 $\dot{U}_C = 0$。此时中性点对地电压为 $\dot{U}_n = -\dot{U}_C$，即中性点对地电压由原来的零升高为

相电压，其相量关系如图 3-2（b）所示。由相量关系可以看出，在单相接地后，非故障相（A、B 相）对地电压则分别为

$$\dot{U}'_A = \dot{U}_A + \dot{U}_n = \dot{U}_A - \dot{U}_C = \dot{U}_{AC} \tag{3-4}$$

$$\dot{U}'_B = \dot{U}_B + \dot{U}_n = \dot{U}_B - \dot{U}_C = \dot{U}_{BC} \tag{3-5}$$

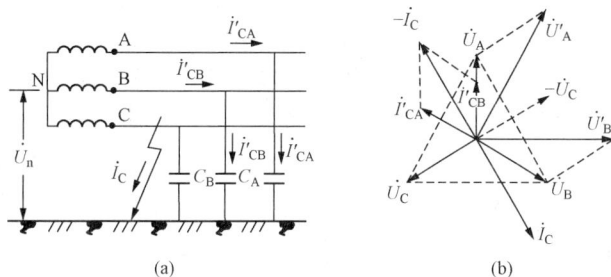

图 3-2　中性点不接地系统的单相接地

（a）原理接线图；（b）相量图

式（3-4）和式（3-5）表明，中性点不接地系统发生单相接地时，非故障相对地电压升高为线电压，即非故障相对地电压升高了 $\sqrt{3}$ 倍。但此时三相线电压不变（仍然对称），故对电力系统的正常工作没有影响，系统仍可带故障运行一段时间（通常为 1～2h），可由运行人员排除故障。由于非故障相对地电压升高为线电压，就要求系统中的各种电气设备的绝缘必须按线电压设计。但在电压等级较高的系统中，绝缘费用比较高，降低绝缘水平带来的经济效益比较显著，因此一般不采用中性点不接地方式，只有在电压等级较低的系统中才采用中性点不接地方式，以提高系统的供电可靠性。

C 相接地时，A、B、C 三相的对地电容电流分别为

$$\dot{I}'_{CA} = j\omega C \dot{U}'_A = j\omega C(\dot{U}_A - \dot{U}_C) \tag{3-6}$$

$$\dot{I}'_{CB} = j\omega C \dot{U}'_B = j\omega C(\dot{U}_B - \dot{U}_C) \tag{3-7}$$

$$\dot{I}'_{CC} = 0 \tag{3-8}$$

但经过 C 相接地点流进地中的电流（即接地电流）不再为零，其值为

$$\dot{I}_C = -(\dot{I}'_{CA} + \dot{I}'_{CB}) = -j\omega C(\dot{U}_A - \dot{U}_C + \dot{U}_A - \dot{U}_C) = j3\omega C \dot{U}_C \tag{3-9}$$

可见，单相完全接地时的接地电流的不小于正常情况下一相对地电容电流的 3 倍，且接地电流在相位上超前接地相相电压 90°。

运行经验证实，系统接地电流不仅与电网的电压、结构有关，还要受其他因素的影响。例如在有架空输电线路的系统中，因一年四季地貌的变化使得导线对地电容改变，而影响接地电流变化，夏季最大，冬季最小，最大值与最小值之间相差可达 10%左右。系统接地电流通常只能进行估算，若需要较精确的接地电流值，则要通过实际测量的方法获得。估算系统接地电流，可采用经验公式计算，即

$$I_C = \frac{(l_{oh} + 35l_{cab})U_N}{350} \tag{3-10}$$

式中　I_C——接地电流，A；

　　　U_N——网络的线电压，kV；

l_{oh}——同级电网具有直接电联系的所有架空线路的总长度，km；

l_{cab}——同级电网具有直接电联系的所有电缆线路的总长度，km。

3. 单相不完全接地（经弧光电阻接地）

电网中的单相接地故障，在许多情况下是经过弧光电阻接地，称为单相不完全接地。发生不完全接地时，接地相对地电压大于零而小于相电压，未接地相对地电压大于相电压而小于线电压。这时，接地电流也比完全接地时小一些。

在中性点不接地系统中，不论发生单相完全接地还是单相不完全接地，电网的线电压总是维持不变，对于线电压供电的电力用户并无影响，无须立即中断对用户供电。但是不允许长时间运行，由于这时未接地相对地电压上升了 $\sqrt{3}$ 倍，很容易发生对地闪络，导致相间短路。因此，我国有关规程规定，中性点不接地系统发生单相接地故障时，允许继续运行时间不能超过 2h，在此时间内设法尽快查出故障，予以排除；否则，应将故障线路停电检修。

系统的运行经验表明，中性点不接地系统发生单相接地故障时，如果接地电流不大，接地处电弧在电流过零值之后会自动熄灭，于是接地故障消失。对于 10kV 及以下电网的接地电流不超过 30A，35kV 等级电网接地电流不超过 10A，接地电弧通常可以自行熄灭。

当 10kV 电网接地电流超过 30A，35kV 电网超过 10A 时，可能在接地点处产生间歇性电弧或稳定燃烧的电弧。稳定性电弧的高温会烧毁电弧附近的电气设备，也可能由于电弧的摆动导致两相或三相短路，而进一步扩大事故。在间歇性电弧的作用下，网络中的电感和电容可能产生振荡，造成电弧过电压（间歇性电弧过电压），其幅值可达 2.5~3.5 倍的相电压值，在网络绝缘薄弱点可能发生击穿，从而造成两相两点甚至多点接地故障。

4. 中性点不接地系统的适用范围

在中性点不接地系统中，当发生单相接地故障时，系统线电压总是维持不变的关系，不影响用户的正常供电。由于非故障相对地电压升高，同时，还存在着电弧接地过电压的危险，因此电气设备和线路的对地绝缘应按线电压考虑设计，而且应装设交流绝缘监察装置，当发生单相接地故障时，立即发出接地信号通知值班人员。

对额定电压等级较高的电力系统而言，采用中性点不接地方式必然使系统绝缘费用大为增加；随着系统额定电压等级的提高，接地电流也成比例地增大，故不适合采用中性点不接地方式。

综上所述，结合目前的技术经济政策，中性点不接地方式适应范围如下：额定电压为 3~10kV，接地电流不大于 30A 的电力系统；额定电压为 3~10kV，直接接有发电机、高压电动机，接地电流不大于 5A 的电力系统；额定电压为 35~60kV，接地电流不大于 10A 的电力系统。

二、中性点经消弧线圈接地的三相系统运行分析

中性点不接地系统，具有单相接地故障时可继续给用户供电的优点，但当接地电流大于规定值时，可能在接地点处产生间歇性电弧或稳定燃烧的电弧而造成危害。为了克服这一点，采用中性点经消弧线圈接地的运行方式，以减小接地电流。

消弧线圈实质上是一个具有空气间隙铁芯的电感线圈，线圈的电阻很小，电抗很大，且具有很好的线性特性，电抗值可用改变线圈的匝数来调节。它装在系统中发电机和变压器的中性点与地之间，其接线如图 3-3（a）所示。

正常工作时，由于三相对称，中性点电位等于地电位，即 $\dot{U}_n = 0$，消弧线圈中没有电流流过。当发生单相接地时，中性点电压升高为相电压，消弧线圈中将有感性电流通过，其电

流值 $\dot{I}_L$ 为

$$\dot{I}_L = -\frac{\dot{U}_N}{j\omega L} = \frac{\dot{U}_C}{j\omega L} \qquad (3-11)$$

该电流与其他两相非故障相的容性电流同时流过接地点，其相量关系如图 3-3（b）所示。此时的接地电流为

$$\dot{I}_f = \dot{I}_C + \dot{I}_L = j\left(3\omega C - \frac{1}{\omega L}\right)\dot{U}_C \qquad (3-12)$$

因容性电流与感性电流方向相反，故接地电流 $\dot{I}_f$ 减小。由于电感电流对电容电流进行了有效补偿，接地电流减小，电弧将自行熄灭。消弧线圈也正是由此而得名。

若选择合适的电感 L，就可使得接地电流补偿在允许的范围内，消弧线圈补偿的方式有以下三种：

（1）当 $\dot{I}_L = \dot{I}_C$ 时， $3\omega C - 1/\omega L = 0$ ，则 $\dot{I}_f = 0$ 。这种情况称为全补偿。在实际系统中不

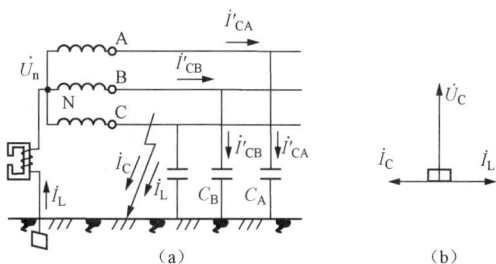

图 3-3 中性点经消弧线圈接地系统的单相接地
（a）接线图；（b）相量图

采用全补偿，因为此时电感和电容正好构成串联谐振关系，将会在系统中引起很高的谐振过电压。

（2）当 $\dot{I}_L < \dot{I}_C$ 时，称为欠补偿，这种补偿会由于运行方式的改变或部分线路退出运行后，电容电流减小而使网络接近或变为全补偿，故实际系统中也很少采用。

（3）当 $\dot{I}_L > \dot{I}_C$ 时，称为过补偿，过补偿不会出现上述这些问题，故在系统中得到了广泛的应用。但需注意，采用过补偿时，接地电流的残余量不能过大，否则将造成因残余电流过大而使电弧不能自行熄灭的问题。

结合我国实际情况，采用中性点经消弧线圈接地方式运行的系统主要有：额定电压为 3～10kV，接地电流大于 30A 的系统；额定电压为 3～10kV，直接接有发电机、高压电动机，接地电流大于 5A 的系统；额定电压为 35～60kV，接地电流大于 10A 的系统。

额定电压为 110～154kV 系统，如处在雷电活动较强的山岳丘陵地区，其接地电阻不易降低，电网结构简单，如果采用中性点直接接地方式不能满足安全供电要求时，为减少因雷击等单相接地故障造成频繁跳闸的次数，也允许采用中性点经消弧线圈接地方式。

三、中性点经电阻接地的三相系统运行分析

1. 中性点经电阻接地系统的分析

中性点经电阻接地系统，在中性点与地之间用电阻来代替消弧线圈接地，也可以避免产生间歇性电弧过电压。中性点经电阻接地与经消弧线圈接地的不同之处，是通过接地点的电流不再是容性或感性电流，而是阻容性电流，使得接地点处的电弧容易自行熄灭。图 3-4（a）是中性点经电阻接地系统，它是容性电流与电阻性电流的相量和，如图 3-4（b）所示的相量图。

由此可见，接地点的电流 $\dot{I}_k'^{(1)}$，比中性点不接地时的接地电流 $\dot{I}_C$ 要大，但由于 $\dot{I}_k'^{(1)}$ 与 $\dot{I}_C$ 间的相位角减小，电弧电流过零时，弧隙电压较低，故使得接地点处的电弧容易自行熄灭。

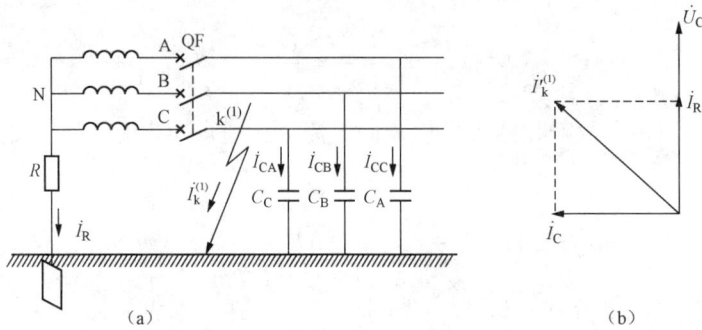

图 3-4　中性点经电阻接地系统的单相接地

(a) 接线图；(b) 相量图

2. 选择中性点接地电阻的原则

选择中性点接地电阻值的原则是，使流经接地点的阻性电流（I_R）等于容性电流（I_C）的 1～1.5 倍。

当接地点总电流不超过 10～15A 时，此种系统的中性点接地电阻值较大，称为高电阻接地系统。在此系统中发生单相接地故障时，可通过线路上装设的继电保护装置作用于信号，而不作用于跳闸，因此不中断系统的运行。

当接地点总电流大于 15A 时，其中性点接地电阻值较前一种情况下要小些，故此种系统称为中值电阻接地。此种系统中发生单相接地时，由于总接地电流较大，电弧较强，为避免造成电气设备灼伤面过大，应使零序保护作用于跳闸，以切断故障线路。

由于 $\dot{I}_R = (1\sim1.5)\dot{I}_C$，所以选择中性点电阻性电流值的大小时，要看电网电容电流值的大小，而接地点总电流也就取决于电网电容电流值的大小。因此，究竟采用高值电阻还是中值电阻接地的问题，最终还是取决于电网电容电流的大小。

3. 中性点经电阻接地方式的适用场合

采用中性点经电阻接地方式，当接地点总电流达到或超过 15A 时，可瞬间跳开故障线路，

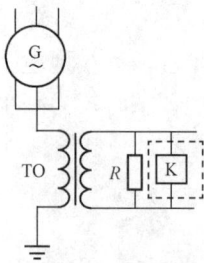

图 3-5　发电机中性点经接地
变压器接地原理接线

且可降低过电压，选用低绝缘水平电缆和减少投资等。因此，大型火电厂的 3～6kV 厂用电系统以及 6～10kV 的城市电缆网络中，可采用中性点经电阻接地的方式。

200MW 及以上的发电机中性点，多采用经高值电阻接地的方式，通常中性点连接的单相变压器接地，单相变压器二次侧装有合适并联电阻，如图 3-5 所示。其目的是，限制发电机单相接地故障时，健全相的瞬时过电压不超过 2.6 倍额定相电压，并尽可能地限制接地故障电流不超过 10～15A。采用这种接地方式后，还将为构成发电机定子接地保护提供电源，便于检测。

R 换算到一次侧的大小为

$$R' > n_{ph}^2 R \tag{3-13}$$

$$n_{ph} = \frac{U_{N1} \times 10^3}{U_{N2}} \tag{3-14}$$

式中 n_{ph}——单相接地变压器 T_0 的变比；

  U_{N1}——单相接地变压器一次侧额定电压，为发电机所在电网的额定电压的 $\dfrac{1}{\sqrt{3}}$；

  U_{N2}——单相接地变压器二次侧额定电压，一般选用 110V 或 220V。

电阻 R 的额定电压应不小于变压器二次侧电压，电阻值的大小为

$$R = \frac{U_{N1} \times 10^3}{1.1 n_{ph}^2 I_C} \tag{3-15}$$

式中 I_C——发电机所在电网总的接地电容电流，A。

四、中性点直接接地系统运行分析

中性点不接地系统在发生单相接地故障时，相间电压不变，依然对称，系统可继续运行 2h，所以供电可靠性高，但非故障相对地电压升高 $\sqrt{3}$ 倍，对于 110kV 及以上高压电网会大大增大绝缘方面的投资。因而我国在 110kV 及以上系统中广泛采用中性点直接接地方式，如图 3-6 所示。

中性点直接接地方式是将变压器中性点与大地直接连接，使中性点保持地电位，正常运行时，中性点无电流流过。单相接地时构成单相接地短路，接地回路通过单相短路电流，各相之间电压不再对称。为了防止大的短路电流损坏设备，

图 3-6 中性点直接接地系统

必须迅速切除接地相甚至三相，因而供电可靠性较低。为了提高供电可靠性，可采用装设自动重合闸装置等措施。

中性点直接接地系统的另一缺点是单相短路电流对邻近通信线路有电磁干扰。

采用中性点直接接地系统，对线路绝缘水平的要求较低，可按相电压设计绝缘，因而能显著地降低绝缘造价。

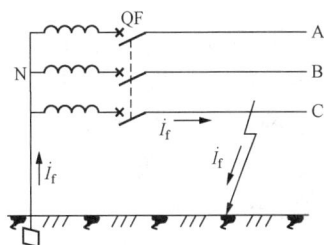

任务二   互 感 器 运 行

👤 教学目标

知识目标：①掌握电流互感器、电压互感器的类型、作用、特点、准确度等级、接线方式；②掌握使用电流互感器、电压互感器的注意事项；③熟悉电子式互感器的工作原理。

能力目标：①具有电流互感器、电压互感器接线分析能力；②能说明电容式电压互感器的特点。

📖 任务描述

电流、电压互感器接线分析。

⚗ 任务准备

①阅读资料，各组制订实施方案；②绘出本次分析的电流、电压互感器接线电路图（如电流互感器不完全星形接线；电压互感器 YNynd 型接线）；③各组互相考问；④教师评价。

🚀　**任务实施**

在高低压配电装置进行电流、电压互感器接线分析。

🔖　**相关知识**

极性；电流误差；电压误差；额定容量。

一、互感器概述

互感器包括电压互感器和电流互感器，是交流电路中一次系统和二次系统间的联络元件，用以分别向测量仪表、继电保护提供电压或电流，正确反映电气设备的正常运行和故障情况。测量仪表的准确性和继电保护动作的可靠性，在很大程度上与互感器的性能有关。

互感器又根据工作原理和使用场合不同可分为常规互感器和非常规互感器。常规电流互感器是根据电磁感应原理工作的，常规电压互感器主要是根据电磁感应原理或电容耦合原理工作的。国内通常称非常规互感器为电子式互感器。

二、常规互感器

（一）电流互感器

1. 电磁式电流互感器工作原理

电磁式电流互感器是传统的电流互感器，也可用国际统一文字符号"TA"表示，我国以前也用 CT 或 LH 表示。电磁式电流互感器是专门用作变换电流的特种变压器，其工作原理与变压器相似，都是根据电磁感应原理工作的，电磁式电流互感器原理接线图如图 3-7 所示。

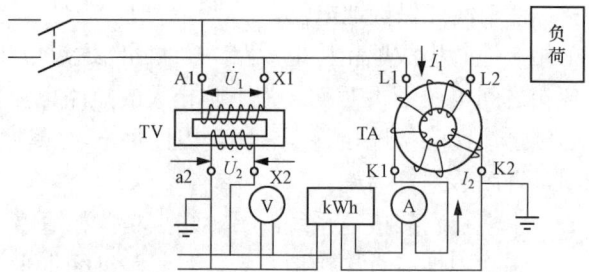

图 3-7　电磁式电流、电压互感器原理接线图

正常使用时，电流互感器的变比等于一、二次侧额定电流之比，即一、二次绕组匝数的反比用 K_i 表示

$$K_i = \frac{I_{1N}}{I_{2N}} \approx \frac{N_2}{N_1} = \frac{I_1}{I_2} \tag{3-16}$$

式中　I_1、I_{1N}——电流互感器一次侧负荷电流及额定电流，A；

　　　I_2、I_{2N}——电流互感器二次侧电流及额定电流，额定电流一般为 5A 或 1A；

　　　N_1、N_2——一、二次绕组的匝数。

电流互感器具有以下特点：

（1）一次绕组串联在原电路中，匝数少，故一次绕组内的电流值 $\dot{I}_1$ 完全取决于与电流互感器串联的原电路的负荷电流，而与二次绕组的负荷无关。

（2）电流互感器的正常工作状态接近于短路状态。电流互感器的二次绕组阻抗 Z_2，约等于所有测量仪表和继电器电流线圈电阻 r_{ci}、连接导线的电阻 r_{lx} 和接触电阻 r_c 之和，即

$$Z_2 \approx r_2 = r_{ci} + r_{lx} + r_c \tag{3-17}$$

电流互感器的二次侧负荷伏安数为

$$S_2 = I_2^2 Z_2 \approx I_2^2 r_2 \qquad (3-18)$$

电流互感器二次侧负荷 Z_2 的值通常不大，因此电流互感器的正常工作状态接近于短路状态。

电流互感器在正常工作状态时，磁动势平衡方程式为

$$\dot{F}_1 + \dot{F}_2 = \dot{F}_0 \qquad (3-19)$$

其中，$\dot{F}_1 = \dot{I}_1 N_1$，为一次侧磁动势；$\dot{F}_2 = \dot{I}_2 N_2$，为二侧磁动势；$\dot{F}_0 = \dot{I}_0 N_1$，为合成磁动势。

$\dot{F}_1$、$\dot{F}_2$ 相互去磁，由此可得

$$\dot{I}_1 - K\dot{I}_2 = \dot{I}_0 \qquad (3-20)$$

二次侧负荷电流所产生的二次侧磁动势 $\dot{F}_2$ 对一次侧磁动势 $\dot{F}_1$ 有去磁动势作用，因此合成磁动势 $\dot{F}_0$ 及铁芯中的合成磁通 Φ 数值都不大，在二次绕组内所感应的电动势 e_2 的数值不超过几十伏。

为了减小电流互感器的尺寸、质量和造价，其铁芯截面是按正常工作状态设计的。

（3）二次回路不允许开路运行。运行中电流互感器如果二次回路开路，则二次侧去磁势 $\dot{F}_2$ 等于零，而一次侧磁动势 $\dot{F}_1$ 仍保持不变，且全部用于励磁，此时合成磁动势 $\dot{F}_0$ 等于 $\dot{F}_1$，较正常状态的合成磁动势增大了许多倍，使铁芯中的磁通急剧增加而达饱和状态。铁芯饱和致使随时间变化的磁通波形变为平顶波，如图3-8所示，图中画出了正常工作时的磁通和开路后的磁通及一次侧电流 i_1。由于感应电动势正比于磁通的变化率，故在磁通急剧变化时，开路的二次绕组内将感应出很高的电动势 e_2，其峰值可达数千伏甚至更高，这对工作人员的安全，对仪表和继电器以及连接导线和电缆的绝缘都是极其危险的。同时，磁感应强度剧增，使铁芯损耗增大，严重发热，会损坏绕组绝缘。

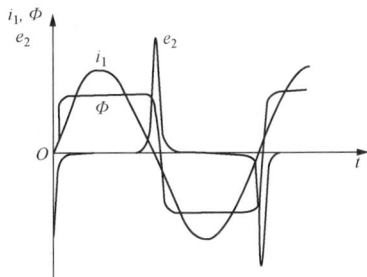

图 3-8 电流互感器二次侧开路时 i_1、Φ 和 e_2 变化曲线

因此，运行中的电流互感器二次回路是不允许开路的，所以电流互感器二次侧不允许安装熔断器或低压断路器。在运行中，如果需要更换仪表或继电器时，必须先将电流互感器的二次绕组短接后，再断开该仪表。

2. 电流互感器的误差

电流互感器的等值电路及相量图如图3-9所示。相量图中以二次侧电流 $\dot{I}_2'$ 为基准相量，二次侧电压 $\dot{U}_2'$ 对 $\dot{I}_2'$ 超前 φ_2 角（二次侧负荷功率因数角）。二次侧电动势 $\dot{E}_2'$ 超前 $\dot{I}_2'$ 一个 α 角（二次侧总阻抗角），铁芯磁通 Φ 超前 $\dot{E}_2'$ 90°角，励磁磁动势 $\dot{F}_0 = \dot{I}_0 N_1$ 超前 Φ 一个 ψ 角，则一次侧磁动势 $\dot{F}_1 = \dot{F}_0 - \dot{F}_2$ 与 $-\dot{F}_2$ 夹角为 δ。

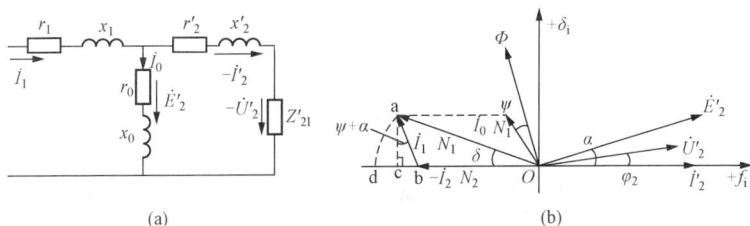

图 3-9 电流互感器的等值电路及相量图

根据磁动势平衡原理可得

$$\dot{I}_0 N_1 = \dot{I}_1 N_1 + \dot{I}_2 N_2 \tag{3-21}$$

由式（3-21）及相量图可以看出，由于电流互感器本身存在有励磁损耗及磁饱和等因素影响，一次侧电流 I_1 与 $K_i I_2$ 在数值及相位上都有差异，即测量结果有误差，通常用电流误差和相角误差表示。电流误差又称为变比误差。

（1）电流误差。用电流互感器测出的电流值 $K_i I_2$ 和实际电流 I_1 之差对实际电流 I_1 的百分值表示，即

$$\Delta I\% = \frac{K_i I_2 - I_1}{I_1} \times 100 \tag{3-22}$$

将关系式 $K_i \approx \dfrac{N_2}{N_1}$ 代入式（3-22），得电流误差为

$$\Delta I\% = \frac{I_2 N_2 - I_1 N_1}{I_1 N_1} \times 100 = \frac{F_2 - F_1}{F_1} \times 100 \tag{3-23}$$

从图 3-9（b）取线段 ob $\approx F_2$，可得出

$$F_1 - F_2 \approx -F_0 \sin(\varphi_2 + \alpha) \tag{3-24}$$

$$\Delta I\% \approx \frac{F_0 \sin\varphi_2}{F_1} \times 100 \tag{3-25}$$

（2）相角误差。相角误差是电流互感器的一次侧电流相量 $\dot{I}_1$，与转过 180° 的二次侧电流相量 $\dot{I}_2$ 之间的夹角。从图 3-9（b）可求得

$$\tan\delta \approx \frac{F_0 \sin\varphi_2}{F_1} \tag{3-26}$$

因为角度 δ 的值很小，可取 $\tan\delta \approx \delta$（rad），则得

$$\delta = \tan\delta \approx \frac{F_0 \sin\varphi_2}{F_1} \tag{3-27}$$

从图 3-9（b）和式（3-25）、式（3-27）可以看出，电流互感器的两种误差都与总磁动势 F_0 的值相关，并随 F_0 的增大而增大，随着一次侧磁动势 F_1 的增大，电流互感器的两种误差都减小。因而影响电流互感器的误差的因素有：①一次绕组的电流大小与匝数；②电流互感器的铁芯质量、结构和尺寸；③电流互感器二次回路及负荷阻抗。

当一次侧电流比额定值大得多时，由于 F_1 的增大，则误差减小。如果一次侧电流继续增大，数倍于其额定值时，由于电流互感器磁路的饱和，其误差便迅速增大。

一次侧电流小的互感器，其一次绕组的匝数必须较多，否则，即使在额定负荷范围内，其误差也会很大。

为了减小合成磁动势 F_0，必须减小铁芯的磁阻 r_m，例如可缩短磁路的长度 L，增大铁芯的横截面 S 和采用导磁率 μ 高的电工钢。此外，减小磁路中的空气隙也具有重要的意义。

如果一次侧电流不变，即 F_1 的值不变，而增大二次电路中的负荷阻抗 Z_2，会使 I_2 和 F_2 减小，使 F_0 增大［如图 3-9（b）所示］，结果电流互感器的两种误差都增大，因此，接到电流互感器上的测量仪表，只有在二次侧阻抗 Z_2 或二次侧功率 S_2 在某一定范围内，才有足够准确的读数。

（3）复合误差。它是指在稳态时，一次侧电流瞬时值与二次侧电流瞬时值乘以额定电流

比的差值的有效值，再除以一次侧电流有效值，通常以百分数表示，即

$$\varepsilon_{\mathrm{c}} = \frac{100}{I_1} \sqrt{\frac{1}{T} \int_0^T (K_i i_2 - i_1)^2 \mathrm{d}t} \tag{3-28}$$

式中　I_1——一次侧电流有效值；

　　　i_1——一次侧电流瞬时值；

　　　i_2——二次侧电流瞬时值；

　　　T——一个周期的时间。

3. 电流互感器的准确度等级

（1）测量用电流互感器。电流互感器应能保证测量精确，因此必须保证一定的准确度。测量用电流互感器的准确度是以额定电流下的最大允许电流误差的百分数标称的。电流互感器的准确度是以其准确级来表征的，不同的准确级有不同的误差要求，在规定使用条件下，误差均应在规定的限值以内。GB/T 20840.2—2014《互感器　第 2 部分：电流互感器的补充技术要求》规定，测量用电流互感器的准确级有 0.1、0.2、0.5、1、3 和 5 级。各准确级的限误差值规定见表 3-1。

表 3-1　　　　　　　　　　　　　电流互感器各准确级的误差

准确级	一次侧电流占额定电流的百分数（%）	误差限值		保证误差的二次负荷范围
		电流误差（±%）	相位差（±′）	
0.1	5 20 100～120	0.4 0.2 0.1	15 8 5	（0.25～1.0）$S_{2\mathrm{N}}$
0.2	5 20 100～120	0.75 0.35 0.2	30 15 10	（0.25～1.0）$S_{2\mathrm{N}}$
0.5	5 20 100～120	1.5 0.75 0.5	90 45 30	
1	5 20 100～120	3.0 1.5 1.5	180 90 60	
3	50 120	3 3		（0.5～1.0）$S_{2\mathrm{N}}$
5	50 120	5 5		

一般地讲，0.1、0.2 级电流互感器只用于实验室精密测量，0.5～1 级的则大量用于发电厂和变电站的盘式仪表，大量用户的电能计量表计也大多数都使用 0.5 级的。3 级的一般用于测量、仪表和继电器上。其他各级（如 5P 级和 10P 级）全部用于保护。

在电流互感器的使用中，要求测量用电流互感器在正常工作条件下误差很小，准确度很高，同时也希望在过电流情况下误差加大，使二次侧电流不再严格按一次侧电流的增长而正比增长，从而避免二次回路所接仪器、仪表等低压电器受到大电流的冲击，这就对测量用电流互感器提出了仪表保安系数的要求。GB/T 20840.2—2014 规定：测量用互感器在二次负荷为额定值时，其复合误差不少于 10% 的最小一次电流值的额定仪表保安电流。

（2）保护用电流互感器。对保护用电流互感器的基本要求之一，是在一定的过电流值下，误差应在一定限值之内，以保证继电保护装置正确动作。根据电力系统要求切除短路故障和继电保护动作时间的快慢，对互感器保护误差的条件提出了不同的要求。在一般情况下，继电保护动作时间相对来说比较长，电流互感器在稳态下的误差就能满足使用要求，这种互感器称为一般保护用电流互感器。如果继电保护动作时间短，则需对电流互感器提出保证暂态误差的要求，这种互感器称为保护暂态误差的保护用电流互感器，简称暂态保护用电流互感器。

电流互感器在过电压情况下工作时，由于电流波形畸变，不能用电流误差和相位差来规定其误差特性，而要用复合误差来规定其误差特性，所以保护用电流互感器误差性能指标之一是规定其复合误差的大小，另一个指标是保证复合误差不超出规定值时的一次电流倍数（或一次电流值），这个倍数称为准确限值系数。

准确限值系数是额定准确限值一次电流与额定一次电流之比，而额定准确限值一次电流是互感器能满足复合误差要求的最大一次侧电流值。准确限值系数的标准值为 5、10、15、20、30。

保护用电流互感器的准确级标称方法是以该准确级的额定准确限值一次侧电流下所规定的最大允许复合误差百分数标称的，并在其后标上字母"P"以表示保护用。GB/T 20840.2—2014 规定保护用电流互感器的标准准确级有 5P 和 10P 两种。它们在额定频率和额定负荷下的误差限值见表 3-2。

表 3-2 保护用电流互感器的误差限值

准确级	额定一次电流时的误差		额定准确限值一次电流时的复合误差（%）
	电流误差（±%）	相位差（±′）	
5P	1	60	5
10P	3		10

在实际工作中，经常将保护用电流互感器的准确限值系数跟在准确级标称后写出，例如，电流互感器标有 5P20，表示保护用电流互感器的复合误差限值为 5%，准确限值系数为 20。

在电压比较低的电网中，继电保护装置动作的时间较长，可达 500ms 以上，而且决定短路电流中非周期性分量衰减速度的一次时间常数较小，短路电流很快达到稳态值，电流互感器也随之进入稳定工作状态，这时只需要用一般保护用电流互感器就能满足实用要求。但在 500kV 超高压电网中，一般都装设有快速继电保护装置，其动作时间约在 50ms 以内，仅为一次系统时间常数的一半以下。当系统发生短路故障时，保护装置应在 50ms 之内动作，此时短路电流尚未达到稳态值，电流互感器还处在暂态工作状态，而且在故障尚未切除的时间内，短路电流会有很大的直流分量。如这时只采用反应稳态短路电流的一般保护用电流互感器，将产生很大的误差而不被使用。因此，超高压系统需要暂态误差特性良好的保护用电流互感器。这里不再详述。

4. 电流互感器的额定容量

电流互感器的额定容量 S_{2N}，是指电流互感器在二次侧额定电流 I_{2N} 和额定二次阻抗 Z_{2N} 下运行时，二次绕组输出的容量为

$$S_{2N} = I_{2N}^2 Z_{2N}$$

(3-29)

由于电流互感器的二次额定电流通常为 5A 或 1A，所以电流互感器的额定容量和额定二次阻抗之间只差一个系数。因此，额定容量常用二次阻抗来代表，如对于 5A 及 1A 则有 $S_{2N}=25Z_{2N}$ 及 $S_{2N}=Z_{2N}$。

由于电流互感器的误差和二次阻抗有关，因此，同一台电流互感器使用在不同的准确级时，其额定容量也不同。例如，某 10kV 电流互感器的铭牌上有如下标示：容量 15VA，0.5级；容量 30VA，1 级；容量 75VA，3 级。以上标示就是指负载阻抗为 0.6Ω 时，准确级为 0.5级；负载为 1.2Ω 时，准确级为 1 级；负载阻抗为 3Ω 时，准确级降到 3 级。负载的功率因数也规定为 0.8。

要使电流互感器能在选定的准确级下工作，必须满足 $Z_2 \leqslant Z_{2N}$ 或 $S_2 \leqslant S_{2N}$。Z_{2N} 和 S_{2N} 是电流互感器在测量仪表或继电器所要求的准确级下工作时，额定二次负荷的欧姆值和额定容量的伏安值 10% 误差曲线。用于继电保护的电流互感器，主要在系统发生短路故障时工作。为此，规定用于保护（即 5P 和 10P 级，P 为稳态保护用）的电流互感器的最大复合误差不得超过-10%。所以，为了满足保护的灵敏度和选择性的要求，应按 10% 的误差曲线来选择和校验电流互感器。

所谓电流互感器的 10% 误差曲线，是指电流互感器的电流误差为 10% 时，一次侧电流对额定电流的倍数（$n=I_1/I_{1N}$）与二次最大负荷阻抗 Z_{2max}（Ω）的关系曲线，如图 3-10 所示。由图可见，10% 误差倍数是随负载阻抗的增大而减小的。若已知电路可能的最大短路电流 I_f，则可求得 10% 误差倍数 n_f，再由 10% 误差曲线查得可允许使用的最大二次侧负载阻抗 Z_{2max}。若二次侧负载阻抗 $Z_2 < Z_{2max}$，则误差在 10% 以内；反之，误差则超过 10%，应减小二次侧负载阻抗 Z_2，使其小于 Z_{2max}。

如果保护用电流互感器不满足 10% 误差曲线要求，通常采取的措施是：增大二次绕组截面积；串接备用电流互感器，使允许负荷增加一倍；使用伏安特性高的二次绕组；提高电流互感器的变比。

5. 电流互感器的接线

图 3-11 所示为最常用的电气测量仪表接入电流互感器的三种接线方式。

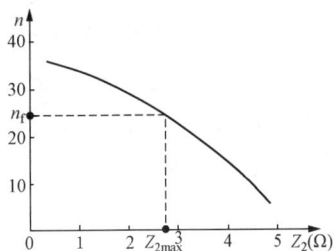

图 3-10　电流互感器的 10% 误差曲线示意图

图 3-11（a）为电流互感器单相接线，可用来测量各相负荷不平衡度较小的三相装置中的单相电流。

图 3-11（b）为电流互感器星形接线，用于接入各相负荷不平衡度较大的三相装置，以及电压为 380/220V 的三相四线装置中的测量仪表或继电保护。

图 3-11（c）是电流互感器不完全星形接线，广泛用于测量各相负荷平衡和不平衡的三相装置中的电流。由于三相电流 $\dot{I}_a + \dot{I}_b + \dot{I}_c = 0$，则 $\dot{I}_b = -(\dot{I}_a + \dot{I}_c)$，通过公共导线上的电流表中的电流，等于 a 和 c 两相电流的相量和，即为 b 相的电流。

电流互感器的二次绕组应该有一个接地点，以免一、二次绕组之间的绝缘击穿使二次侧也带上高电压，危及人身和设备的安全。

电流互感器的一、二次绕组的端子上必须标明极性，通常一次绕组用 L1、L2 表示，二次绕组用 K1、K2 表示；L1 与 K1、L2 与 K2 彼此同极性。当一次侧电流从 L1 流向 L2 时，二次侧电流从 K1 经过测量仪表流向 K2，参看图 3-11（c）。接线时，如果极性接反，就可能造成测量错误或保护误动。

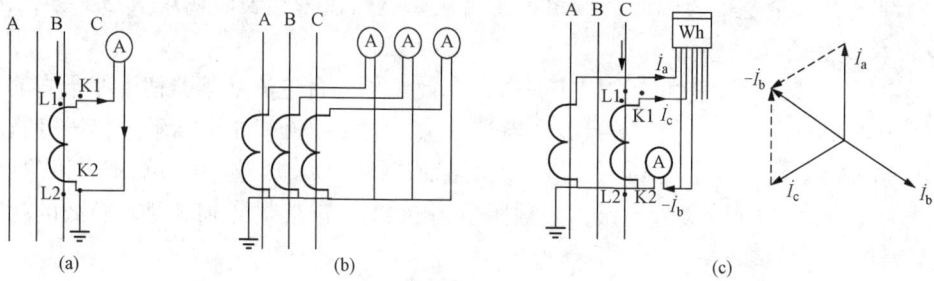

图 3-11　电流互感器与测量仪表的接线方式

（a）单相接线；（b）星形接线；（c）不完全星形接线及其电流相量图

6. 电流互感器的分类及结构

电流互感器按使用场合可分为户内和户外两类，按安装方式可分为穿墙式、支持式和装入式三类，按绝缘可分为干式、浇注式和油浸式等，按一次绕组的匝数多少又可分为单匝式和多匝式两大类。

（1）单匝式电流互感器。单匝式电流互感器的一次绕组为单根导体，铁芯制成环形直接套在导体上，二次绕组均匀绕在铁芯上以减小二次侧漏磁。二次绕组和铁芯处于低电位，用绝缘和处于高电位的一次导体隔开，如图 3-12 所示。在某些情况下，单匝式电流互感器可不必配置专门的一次绕组，可利用母线作为一次绕组，用环氧树脂作为主绝缘将二次绕组和铁芯浇铸成一体后套在母线上，如图 3-13 所示。也可将绕有二次绕组的铁芯直接套在断路器等设备的绝缘套管上，一般每个套管上可装两个，广泛应用于 10kV 及以上的金属箱型断路器中。

（2）多匝式电流互感器。10kV 多匝式电流互感器多用环氧树脂浇注。图 3-14 所示为用于 10kV 的多匝式电流互感器外形图。它的一次绕组和部分二次绕组用环氧树脂浇注成一整体，铁芯套在外面，互感器具有两个铁芯和两组二次绕组，其中一组用于测量，另一组用于保护。

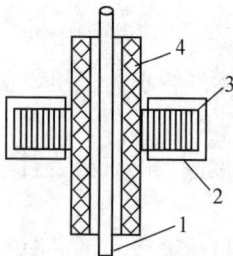

图 3-12　单匝式电流互感器原理图

1—一次绕组；2—二次绕组；

3—铁芯；4—绝缘

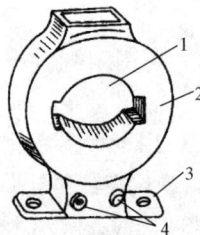

图 3-13　母线式电流互感器

1—一次母线穿孔；2—铁芯；

3—外浇注环氧树脂的二次绕组；

4—二次接线端子

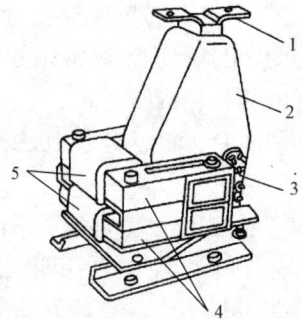

图 3-14　10kV 多匝式电流互感器

1—一次接线端子；2—一次绕组和部分

环氧树脂浇注的二次绕组；3—二次接线端

子；4—铁芯；5—二次绕组

35kV 及以上的多匝式电流互感器大都是户外型的，电流互感器的本体通常置于充油的瓷套中，一次绕组的两个出线头由瓷套顶部引出。图 3-15 所示为 110kV 串级式电流互感器外形及原理接线图。它由两个结构上独立的变换单元组成，Ⅰ级二次绕组电流为 20A，Ⅱ级为 20/5A，Ⅰ级的二次绕组与Ⅱ级的一次绕组连接。

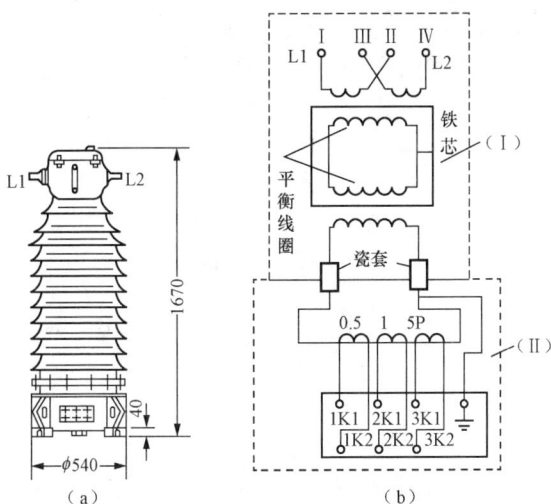

图 3-15　110kV 串级式电流互感器

（a）外形图；（b）原理接线图

Ⅰ级铁芯为叠片式矩形铁芯，装在充油的瓷套中，一次绕组在上柱，二次绕组在下柱。为了减少漏磁，在上、下柱上绕有匝数相等的两个互相串联的平衡线圈，并与铁芯有电气连接。

（二）电压互感器

电压互感器是专门用作变换电压的特种变压器。电压互感器分为电磁式与电容式两大类，电压互感器的符号为 TV（旧符号为 PT 或 YH），电容式电压互感器也表示为 CTV。电压互感器按用途分为单相或三相电压互感器、双绕组或三绕组电压互感器；按绝缘介质不同可分为树脂浇注式、油浸式和 SF_6 气体绝缘式电压互感器。

1. 电磁式电压互感器（TV）

（1）电磁式电压互感器的工作原理。电磁式电压互感器工作原理（见图 3-7）和结构与变压器相似，电压互感器的一、二次绕组额定电压之比，称为电压互感器的额定变比，即

$$K_u = \frac{U_{N1}}{U_{N2}} \approx \frac{N_1}{N_2}$$

式中　N_1、N_2 —— 电压互感器一、二次绕组匝数；

U_{N1}、U_{N2} —— 电压互感器一、二次侧额定电压，100V 或 $100/\sqrt{3}$ V。

电磁式电压互感器的特点如下：

1）电压互感器的一次电压为电网电压，不受二次侧负荷的影响，一次侧应有足够的绝缘。

2）二次侧的仪表和继电器的电压线圈，阻抗很大，电压互感器的二次侧正常工作状态近似开路工作，容量小。

3）电压互感器的二次侧正常工作时不允许短路，故二次侧必须安装熔断器或低压断路器来保护。

（2）电压互感器的误差及准确级。电压互感器的等值电路及相量图如图 3-16 所示。由于电压互感器存在有励磁电流和内阻抗，因此测量结果和相位存在有误差，通常用电压误差（比

值差）和角误差（相角差）来表示。

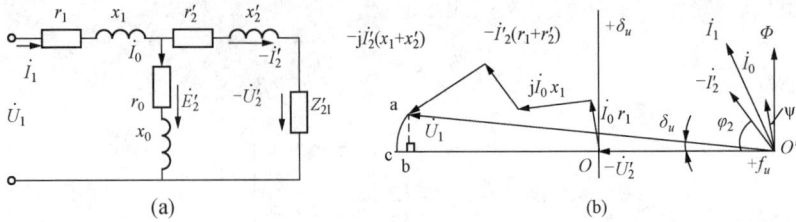

图 3-16　电压互感器

（a）等值电路；（b）相量图

电压误差为二次电压的测量值乘以额定变比所得的一次电压的近似值（$K_u U_2$）与实际一次电压之差，以后者的百分数表示，即

$$f_u = \frac{K_u U_2 - U_1}{U_1} \times 100\% \tag{3-30}$$

角误差为旋转 180°的二次电压相量 $-\dot{U}_2'$ 与一次电压 $\dot{U}_1$ 之间的夹角 δ_u，并规定 $-\dot{U}_2'$ 超前 $\dot{U}_1$ 时，角误差为正值；反之，则为负值。

当 δ_u 很小时，电压互感器的电压误差和角误差可用空载电流和负荷电流产生的电压降在所选的坐标轴上的投影表示，即

$$f_u = \left[-\frac{I_0 r_1 \sin\psi + I_0 x_1 \cos\psi}{U_1} - \frac{I_2'(r_1 + r_2')\cos\varphi_2 + I_2'(x_1 + x_2')\sin\varphi_2}{U_1} \right] \times 100\% \tag{3-31}$$

$$\delta_u = \left[\frac{I_0 r_1 \sin\psi - I_0 x_1 \cos\psi}{U_1} - \frac{I_2'(r_1 + r_2')\sin\varphi_2 - I_2'(x_1 + x_2')\cos\varphi_2}{U_1} \right] \times 3440 \tag{3-32}$$

式（3-31）和式（3-32）中，电压误差和角误差均由两部分组成，其中括号中的前一项为空载误差，后一项为负载误差。

通过对以上两式的观察可以看出，影响电压互感器误差的主要因素有一、二次绕组的阻抗，互感器空载电流的大小，二次绕组的负荷大小和功率因数以及一次电压值等。其中一、二次绕组的阻抗及空载电流的大小主要与电压互感器铁芯材料以及结构有关；而二次侧负荷、功率因数以及一次电压与互感器的运行状态有关。

电压互感器的准确度是以它的准确级来表示的。电压互感器的准确级是指一次侧电压和二次负荷在允许变化范围内，负荷功率因数为额定值时，电压误差的最大值。电压互感器的测量准确级为 0.1、0.2、0.5、1、3，见表 3-3。电压互感器的保护准确级为 3P、6P 两种。

电压互感器用于电量计量，准确级不应低于 0.5 级；用于电压测量，准确级不应低于 1级；用于继电保护，准确级不应低于 3 级。

表 3-3　　　　　　　　　　　　　　电压互感器准确级和误差限值

准确级	误差限值		一次侧电压变化范围	频率、功率因数及二次侧负荷变化范围
	电压误差（±%）	相位误差（±'）		
0.1	0.1	5	（8～1.2）U_{N2}	（0.25～1）S_{N2} $\cos\varphi_2=0.8$ $f=f_N$
0.2	0.2	10		

续表

准确级	误差限值		一次侧电压变化范围	频率、功率因数及二次侧负荷变化范围
	电压误差（±%）	相位误差（±′）		
0.5	0.5	20		$(0.25\sim1)\,S_{N2}$
1	1	40	$(8\sim1.2)\,U_{N2}$	$\cos\varphi_2=0.8$
3	3	不规定		$f=f_N$

（3）电压互感器的接线。在电力系统二次接线中，测量和保护通常需要相电压、线电压和零序电压，采用的接线有单相接线、V-V 接线、三相三柱式接线、三相五柱式接线和三个单相电压互感器接线。接线如图 3-17 所示。

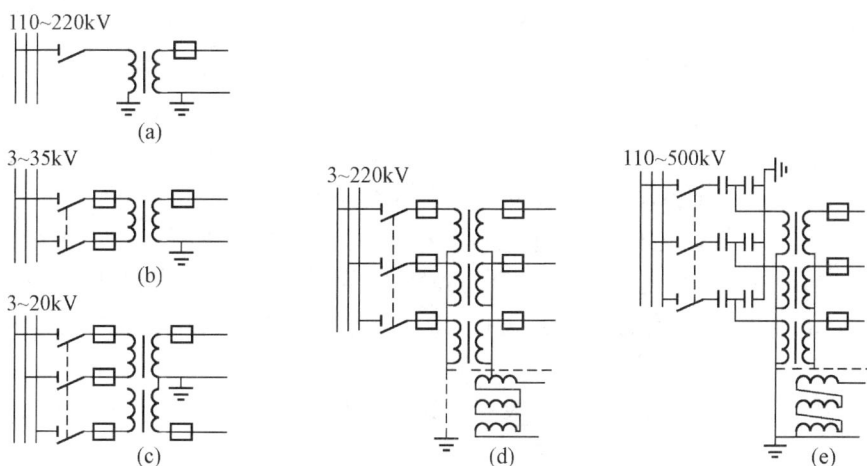

图 3-17　电压互感器接线

（a）、（b）一台电压互感器接线；（c）不完全星形接线（V-V 接线）；

（d）三台单相电压互感器接线；（e）电容式电压互感器接线

电压互感器和一次系统的连接：35kV 及以下电压等级采用熔断器和隔离开关串联形式，熔断器作为电压互感器一次侧和电压互感器本体的过电流保护，但不能保护二次侧故障。110kV 及以上电压等级由于配电装置的可靠性提高，电弧灭弧困难，再加上制造熔断器困难，一般不装设熔断器。

二次侧接线：电压互感器必须有一点可靠接地，所以，二次侧中性线、接地线不能加装熔断器；辅助三角形接成开口三角形不装设熔断器，60kV 及以下电压等级通常连接绝缘监察装置，110kV 及以上电压等级通常用作零序电压保护；V-V 接线中，B 相接地，B 相不允许装设熔断器，以保证二次设备及人身安全。

中性点直接接地系统用电磁式电压互感器，当断路器并联均压电容器时，容易形成涌流，产生铁磁过电压，减小过电压的方法可以在电压互感器的二次侧并联一个电阻起阻尼的作用，以减小过电压的幅值。

（4）电磁式电压互感器结构。

1）干式电压互感器。干式电压互感器只用于电压为 6kV 及以下空气干燥的户内配电装置中。其主要优点是质量轻，无着火和爆炸的危险。国产干式电压互感器有 JDZ-6 型及 JDGJ-6

型。这两种电压互感器都是单相式的。

2）普通结构的油浸式电压互感器。普通结构的油浸式电压互感器额定电压为 35kV，这种电压互感器的铁芯和线圈浸在充有变压器油的油箱内，绕组通过固定在箱盖上的瓷套引出。

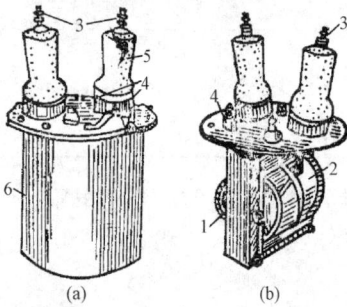

图 3-18　JDJ-10 型油浸自冷式单相电压互感器

（a）外形图；（b）内部结构图

1—铁芯；2—一次绕组；3—一次绕组接线端；

4—二次绕组引出端；5—套管绝缘子；6—外壳

额定电压为 10kV 的电压互感器型式有 JDJ-10 型单相电压互感器（见图 3-18）、JSJW-10 型三相五柱式电压互感器（见图 3-19），用于户内配电装置中。油箱上没有油扩张器，而在油箱盖下面留有缓冲空间。

电压为 35kV 的电压互感器，只制成单相的户外式。目前有油浸式单相双绕组 JDJ-35 系列和单相三绕组 JDJD-35 系列两种，这两种电压互感器的油箱上，都装有油扩张器。

3）串级式电压互感器。电压为 110kV 的电压互感器，如果仍制成普通的具有钢板油箱和瓷套管结构的单相电压互感器时，将显得十分笨重且昂贵。因此，电压为 110kV 及以上的电压互感器，广泛采用串级式结构。这种电压互感器的铁芯和绕组装在充油的瓷外壳内，而没有套管绝缘子，在普通结构的电压互感器中，高压一次绕组与铁芯和二次绕组之间，是按装置的全电压绝缘的，而在串级式电压互感器中，其绝缘是均匀分布于各级，每一级只处在装置的一部分电压之下，因此，可节约大量绝缘材料。图 3-20 所示为国产 JCC1-110 型串级式电压互感器的结构。

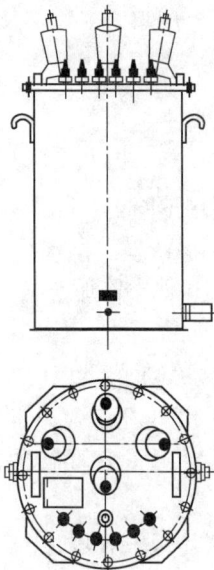

图 3-19　JSJW-10 型电压互感器外形

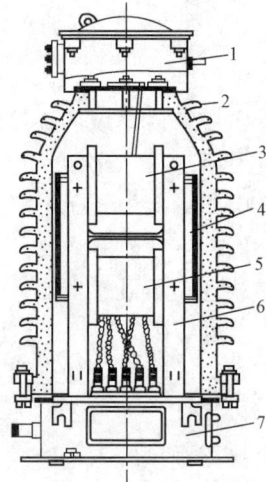

图 3-20　JCC1-110 型串级式电压互感器结构图

1—储油柜；2—瓷外壳；3—上柱绕组；4—铁芯；

5—下柱绕组；6—支撑木板；7—底座

串级式电压互感器有两个二次绕组，基本二次绕组的额定电压为 $100/\sqrt{3}$ V，以便绕组星形连接时能得到 100V 的线电压。辅助二次绕组的额定电压为 100V。

2. 电容式电压互感器（CTV）

电容式电压互感器是 110kV 及以上高压和超高压输变电设备中的一个重要设备。它与电磁式电压互感器相比，具有以下特点：①除具有互感器的作用外，分压电容还可兼作高频载波通信用的耦合电容；②冲击绝缘强度比电磁式高；③制造简单、质量轻、体积小、成本低，且电压越高效果越显著；④在高压配电装置中不占或很少占地。电容器式电压互感器的主要缺点是，误差特性及暂态特性比电磁式差，输出容量较小。目前，我国 110kV 及以上电压等级的系统中，已经广泛使用了这种互感器。

电容式电压互感器原理接线如图 3-21 所示。电容式电压互感器包括电容分压器和电磁装置两部分，电容分压器又包括高压电容器 C_1（主电容器）和串联

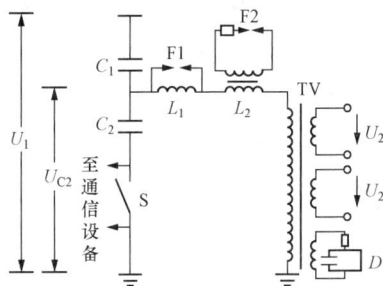

图 3-21 电容式电压互感器结构原理示意图

电容器 C_2（分压电容器），电容分压器的作用就是进行电容分压。电磁装置由互感器 TV 和电抗器 L_1 和 L_2 组成。电容式电压互感器是将分压电容器上的电压降低到所需的二次侧电压值，由于分压电容器上的电压会随负荷变化，在分压回路串入电感（电抗器）用以补偿电容器的内阻抗，可使电压稳定。分压电容器之所以不能作为输出端直接与测量仪表相接，是因为二次回路阻抗很低，将影响其准确度，所以要经过一个电磁式电压互感器降压后再接仪表。

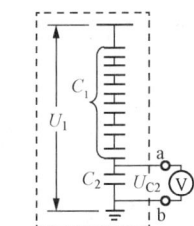

图 3-22 电容分压器

另外，电容式电压互感器还设有保护装置和载波耦合装置。保护装置包括两个火花间隙 F1 和 F2，用来限制补偿电抗器和电磁式电压互感器与分压器的过电压；阻尼电阻 D 是用来防止持续的铁磁谐振的。载波耦合装置是一种能接收载波信号的线路元件，把它接到开关 S 两端，其阻抗在工频电压下很小，完全可以忽略，但在载波频率下其数值却很可观，若不接载波耦合装置时，接地开关 S 应合上。

电容式电压互感器采用电容分压原理，如图 3-22 所示。

二次侧电压 U_2 为

$$U_2 = \frac{C_1}{C_1 + C_2} U_1 \tag{3-33}$$

电容分压比为

$$K_u = \frac{C_1}{C_1 + C_2} \tag{3-34}$$

当有负荷电流流过时，在内阻抗上将产生电压降，不仅在数值上而且在相位上有误差，负荷越大，误差越大。要获得一定的准确级，必须采用大容量的电容，这是很不经济的。合理解决措施是在电路中串联一个电感（由 L_1 和 L_2 组成），如图 3-21 所示。

电感 L 应按产生串联谐振的条件选择，即

$$2\pi f L = \frac{1}{2\pi f (C_1 + C_2)} \tag{3-35}$$

$$L = \frac{1}{4\pi^2 f^2 (C_1 + C_2)} \tag{3-36}$$

理想情况下，输出电压 U_2 与负荷无关，误差最小。因为电容器有损耗，电感线圈也有电阻， $Z_2' \neq 0$，负荷变大，误差也将增加，而且将会出现谐振现象，谐振过电压将会造成严重的危害，应设法避免。

超高压电容式电压互感器应有良好的暂态特性，在电压互感器带 25%～100% 的额定负荷情况下，一次端子在额定电压下短路，主二次端子电压应在 20ms 内降到短路前峰值的 10% 以下。为了进一步减小负荷电流误差的影响，将测量仪表经中间电磁式电压互感器（TV）升压后与分压器相连。

电容式电压互感器由于结构简单、质量轻、体积小、占地少、成本低，且电压越高效果越显著，分压电容还可兼作载波通信的耦合电容。因此它广泛应用于 110～500kV 中性点直接接地系统。电容式电压互感器的缺点是输出容量较小、误差较大，暂态特性不如电磁式电压互感器，电容式电压互感器的开口三角形的不平衡电压较高，影响零序保护装置的灵敏度，当灵敏度不满足时，可要求制造部门装设高次滤波器。

三、电子式互感器

（一）概述

随着电压等级的提高和电网智能化发展，电磁式互感器逐渐暴露出一系列固有的缺点：①绝缘结构越来越复杂，产品的造价也越来越高，产品质量大，支撑结构复杂；②电磁式电流互感器固有的磁饱和现象，一次电流较大时会使二次输出发生畸变，严重时会影响继电保护设备的运行，造成拒动或误动；③电磁式互感器的输出为模拟量，不能与数字化二次设备直接接口，不利于电力系统的数字化进程。

随着光纤传感技术、光纤通信技术的飞速发展，光电技术在电力系统中的应用越来越广泛，电子式互感器就是其中之一。电子式互感器的诞生是互感器传感准确化、传输光纤化和输出数字化发展趋势的必然结果。电子式互感器是智能变电站的关键设备之一，与常规电磁式互感器相比具有许多优越性。

（1）高低压完全隔离，具有优良的绝缘性能，安全性高，抗电磁干扰性好。电磁式互感器的被测高压信号与二次绕阻之间通过铁芯耦合，它们之间的绝缘结构复杂，其造价随电压等级呈指数关系上升。电子式互感器将高压侧信号通过绝缘性能很好的光纤传输到二次设备，绝缘结构大大简化，电压等级越高其性价比优势越明显。电子式互感器利用光缆而不是电缆作为信号传输工具，其高压侧与低压侧之间只存在光纤联系，信号通过光纤传输，高压回路与二次回路在电气上完全隔离，互感器具有较好的抗电磁干扰能力，也不存在电压互感器二次回路短路或电流互感器二次回路开路给设备和人身造成的危害，安全性和可靠性大大提高。

（2）不含铁芯，消除了磁饱和、铁磁谐振等问题。电磁式电流互感器由于使用不可避免地存在磁饱和及铁磁谐振等问题。电子式互感器在工作原理上与传统互感器有着本质的区别，一般不用铁芯做磁耦合，因此消除了磁饱和及铁磁谐振现象，从而使互感器运行暂态响应好，稳定性好，保证了系统运行的高可靠性。

（3）动态范围大，测量准确度高，频率响应范围宽。电网正常运行时电流互感器流过的负荷电流不大，但短路电流一般很大，而且随着电网容量的增加，短路电流越来越大。电磁式电流互感器因存在磁饱和问题，难以实现大范围测量，同一互感器很难同时满足测量和继电保护的需要。电子式互感器有很宽的动态范围，可同时满足测量和继电保护的需要。

电子式互感器的频率范围主要取决于相关的电子线路部分，频率响应范围较宽。电子式互感器可以测出高压电力线上的谐波，还可以进行电网电流暂态、高频大电流与直流的测量，而电磁式互感器是难以进行这方面工作的。

（4）数据传输抗干扰能力强。电磁式互感器传送的是模拟信号，电站中的测量、控制和继电保护传统上都是通过同轴电缆将电气传感器测量的电信号传输到控制室，当多个不同的装置需要同一个互感器的信号时，就需要进行复杂的二次接线，这种传统的结构不可避免地会受到电磁场的干扰。而电子式互感器输出的数字信号可以很方便地进行数据通信，可以将电子式互感器以及需要取用互感器信号的装置构成一个现场总线网络，实现数据共享，从而节省大量的二次电缆；同时光纤传感器和光纤通信网固有的抗电磁干扰性能，在恶劣的电站环境中更是显示出了无与伦比的优越性，光纤系统取代传统的电气系统是未来电站建设与改造的必然趋势。

（5）没有因充油而潜在的易燃、易爆炸等危险。电子式互感器的绝缘结构相对简单，一般不采用油作为绝缘介质，不会引起火灾和爆炸等危险。

（6）体积小、质量轻。电子式互感器无铁芯，其质量较相同电压等级的电磁式互感器小很多。

综上所述，电子式互感器以其优越的性能，适应了电力系统数字化、智能化和网络化发展的需要，并具有明显的经济效益和社会效益，对于保证日益庞大和复杂的电力系统安全可靠运行并提高其自动化程度具有深远的意义。

（二）分类

传感方法对电子式互感器的结构有很大影响。根据原理不同可以分为有源式电子式互感器和无源式电子式互感器。有源电子式互感器又称为电子式电流/电压互感器（ECT/EVT），其特点是需要向传感头提供电源，主要以罗柯夫斯基（Rogowski）线圈（以下简称罗氏线圈）为代表。无源电子式互感器主要指采用法拉第效应（Faraday Effect）光学测量原理的互感器，又称为光电式电流/电压互感器（OCT/OVT），其特点是无须向传感头提供电源。

电子式互感器类型较多，其简单划分如图3-23所示。

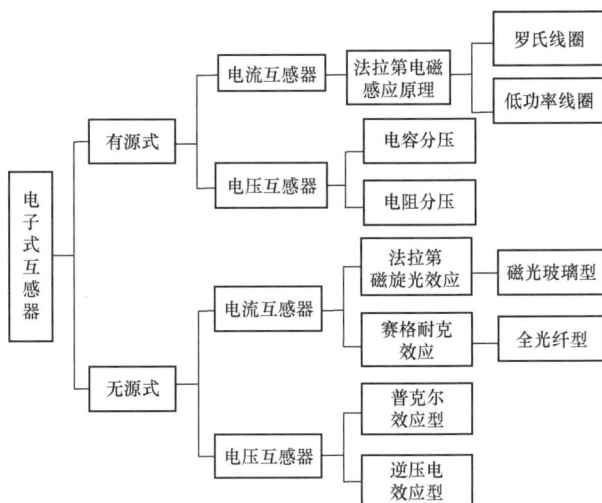

图 3-23　电子式互感器分类

（三）有源电子式互感器

有源电子式互感器利用电磁感应等原理感应被测信号，对于电流互感器采用罗氏线圈（属

于法拉第电磁感应原理的有铁芯线圈和空心线圈两种传感结构，空心线圈结构的电流互感器
又叫作罗氏线圈电流互感器），对于电压互感器采用电阻、电容或电感分压等方式。有源电子
式互感器的高压平台传感头部分具有需电源供电的电子电路，在一次平台上完成模拟量的数
值采样（即远端模块），利用光纤传输将数字信号传送到二次的保护、测控和计量系统。下面
分别对罗氏线圈电流互感器、低功率互感器和电容分压式电子电压互感器进行介绍。

1. 罗氏线圈电流互感器

罗氏线圈是一种较为成熟的测量元件，实际上是将导线均匀地绕在非磁性环形骨架上，
一次导线置于线圈中央（见图 3-24、图 3-25），由于不存在铁芯，因此不存在饱和现象。

如果导线电流为 i，根据法拉第电磁感应定律，罗氏线圈两端产生的感应电动势为

$$e(t) = -M \frac{\mathrm{d}i}{\mathrm{d}t} = -\mu NS \frac{\mathrm{d}i}{\mathrm{d}t} \tag{3-37}$$

式（3-37）中 M 为互感系数，互感系数正比于线圈的截面积以及单位长度匝数，增加匝
数和截面积，可提高传感器的灵敏度，增加匝数同时会引起线圈内阻和电感的增加，故匝数
选取应综合考虑。

罗氏线圈两端产生的感应电动势 $e(t)$ 经过积分器处理后得到与被测电流成比例的电压信
号，经处理、变换后，即可得到与一次电流成比例
的模拟量输出。

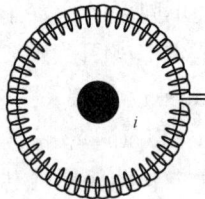

图 3-24　罗氏线圈结构示意图

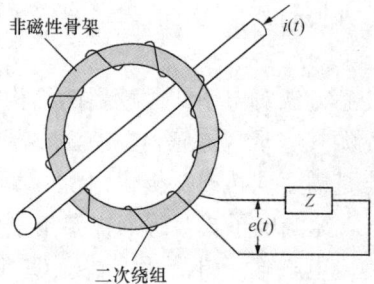

图 3-25　罗氏线圈结构示意图

2. 低功率电流互感器（LPCT）

低功率电流互感器（LPCT）是在传统电磁式电流互感器基础上发展而来的，由于变电站
二次系统的电子设备要求的输入功率很低，LPCT 可以满足体积很小但测量范围却很广的要求。图 3-26 所示为低功率铁芯线圈交换器，其中分流电阻 R_{sh} 是 LPCT 的集成件。由图可得

$$U_S = R_{sh} \frac{N_P}{N_S} I_P \tag{3-38}$$

$$I_P = K_P U_S \tag{3-39}$$

$$K_P = \frac{1}{R_{sh}} \frac{N_S}{N_P} \tag{3-40}$$

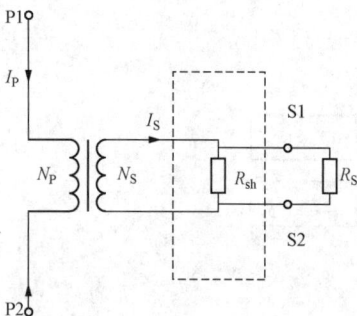

图 3-26　低功率铁芯线圈交换器

LPCT 包括一次绕组、较小的铁芯和损耗极小的二次绕组，后者连接分流电阻 R_{sh}。二次侧电流在分流电阻上产生的
电压 U_S，在幅值和相位上正比于一次侧电流，分流电阻集成于 LPCT 中，R_{sh} 选取得使其对
互感器的功耗接近于零。LPCT 的输出电压信号由位于高压侧的信号处理电路转换为数字光
脉信号，经由光纤传至低压端，然后由低压侧信号处理电路将光信号还原为电信号。

其按照高阻抗电阻设计，在非常高的一次侧电流下，饱和特性得到改善，扩大了测量范围，降低了功率消耗，可以无饱和地高准确度测量高达短路电流的过电流、全偏移短路电流，测量和保护可共用一个铁芯线圈式低功率电流互感器，其输出为电压信号。

电子式电流电压互感器的经济性和优势与电压等级成正比，因为只有在高电压等级的互感器上，TA 饱和、绝缘复杂、体积大、造价高的缺点才表现得越显著。而对 10～35kV 而言，应用电子式互感器是不必要和不经济的。而采用 LPCT（低功率互感器）是一个现实和经济的解决方案。

3. 电容分压式电子电压互感器

有源电子式互感器一般采用电容式分压或电阻分压技术，利用电子模块处理信号，使用光纤传输信号。

电阻/电容型电压变换器原理如图 3-27（a）、（b）所示，与常规电容式电压互感器相同，不同的是其额定容量在毫瓦级，输出电压不超过 ±5V。因此，R_1（或 ZC_1）应达到数百兆欧以上，而 R_2（或 ZC_2）在数十千欧数量级，使得电阻型电压变换器电压变比 K_{02} 为

$$K_{02} = \frac{R_2}{R_1 + R_2} \tag{3-41}$$

电容型电压变换器电压变比 K_{02} 为

$$K_{02} = \frac{C_2}{C_1 + C_2} \tag{3-42}$$

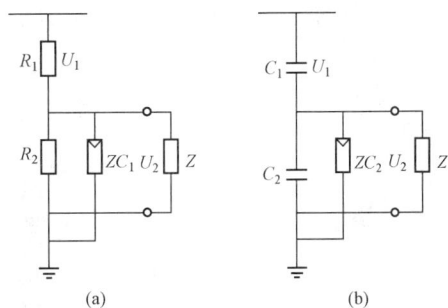

图 3-27 电阻/电容型电压变换器原理图
（a）电阻型；（b）电容型

要求负载电阻 $Z \gg R_2$（或 ZC_2），同时，分压所用的电阻或电容在 −40～+80℃ 的环境温度中应阻值稳定，并有屏蔽措施避免外界电磁干扰。

有源电子式互感器又可分为封闭式气体绝缘组合电器（GIS）式和独立式，GIS 式电子式互感器一般为电流、电压组合式，其采集模块安装在 GIS 的接地外壳上，由于绝缘由 GIS 解决，远端采集模块在地电位上，可直接采用变电站 220V/110V 直流电源供电。独立式电子式互感器的采集单元安装在绝缘瓷柱上，因绝缘要求，采集单元的供电电源有激光、小电流互感器、分压器、光电池供电等多种方式。实际工程应用一般采取激光供电，或激光与小电流互感器协同配合供电，即线路有电流时由小电流互感器供电，无电流时由激光供电。对于独立式电子式互感器，为了降低成本、减少占地面积，一般采用组合式，即将电流互感器、电压互感器安装在同一个复合绝缘子上，远端模块同时采集电流、电压信号，可合用电源供电回路。

（四）无源电子式互感器

无源电子式互感器又称为光学互感器（FOCT）。无源电子式电流互感器利用法拉第（Faraday）磁光效应感应被测信号，传感头部分分为块状玻璃和全光纤两种方式。

全光纤电子式互感器利用了法拉第磁光效应原理。法拉第效应是指当一束线偏振光通过置于磁场中的磁光材料时，线偏振光的偏振面会线性地随着平行于光学方向的磁场的大小发生旋转，旋转角为 θ。

1. 法拉第效应原理

在互感器中光纤形成闭合环路，还需遵守安培环路定理，即

$$\theta = v \oint_l \overline{H} \, \mathrm{d}\overline{l} = vi \tag{3-43}$$

式中 v——磁光材料的费尔德（Verdet）常数；

l——光通过的路径；

H——被测电流在光路上产生的磁场强度；

i——载流导体中流过的交流电流。

2. 光学互感器 FOCT 的工作原理

FOCT 的基本工作过程如下（见图 3-28）：光源发出的光被分成两束物理性能不同光，并沿光缆向上传播；在汇流排处，两光波经反射镜的反射并发生交换，最终回到光电探测器处并发生相干叠加；当通电导体中无电流时，两光波的相对传播速度保持不变，即物理学上所说的没有出现相位差；而通上电流后，在通电导体周围的磁场作用下，两束光波的传播速度发生相对变化，即出现了相位差，最终表现的是探测器处叠加的光强发生了变化，通过测量光强的大小，即可测出对应的电流大小。无源电子式互感器的外形和结构如图 3-29 所示，不同电压等级的电子式互感器如图 3-30 所示。

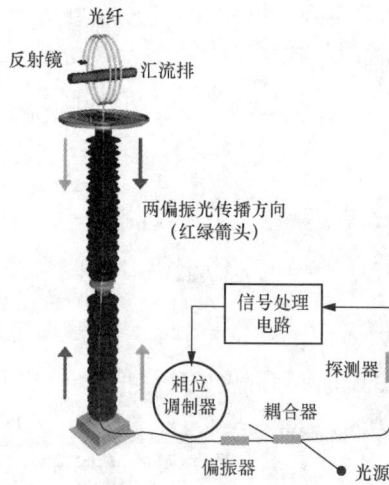

图 3-28　光学互感器 FOCT 的基本工作过程

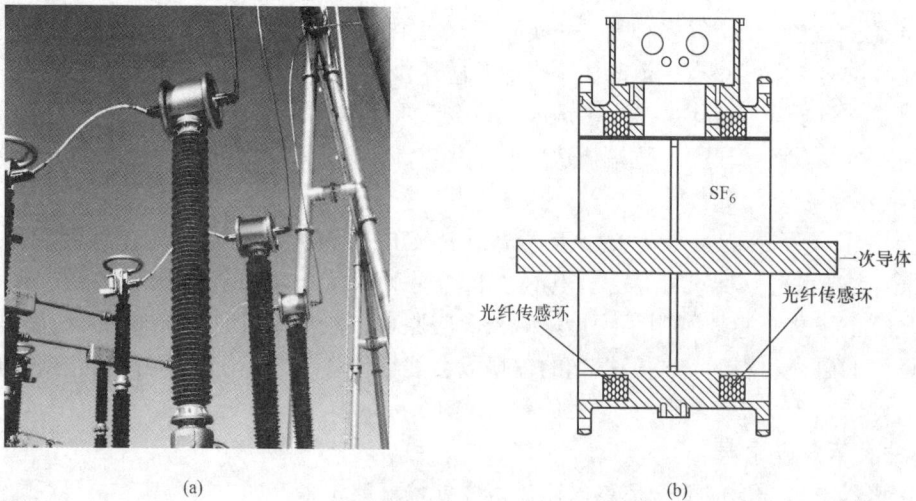

(a)　　　　　　　　　　　　　　　(b)

图 3-29　无源电子式互感器的外形和结构图

（a）外形图；（b）结构图

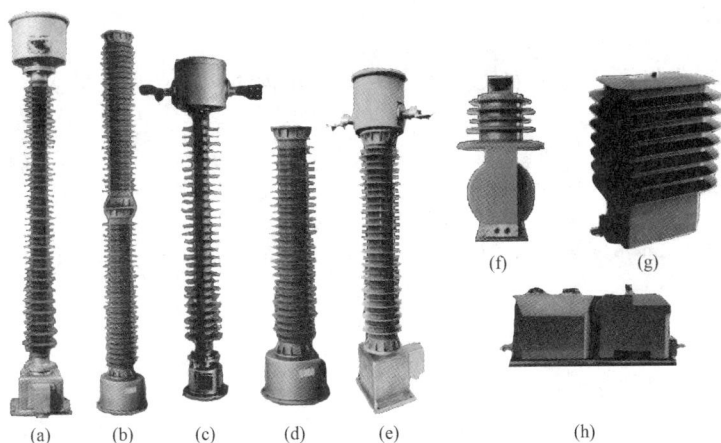

图 3-30　不同电压等级的电子式互感器

（a）220kV 电子式电流互感器；（b）220kV 电子式电压互感器；（c）110kV 电子式电流互感器；

（d）110kV 电子式电压互感器；（e）110kV 电子式电流电压互感器；（f）35kV 电子式电流互感器；

（g）35kV 电子式电压互感器；（h）10kV 电子式电流电压互感器

（五）有源式互感器与无源式互感器的比较

有源电子式互感器的关键技术在于电源供电技术，远端电子模块的可靠性，采集单元的可维护性。基于常规互感器的运行经验，可不考虑罗氏线圈和分压器（电阻、电容或电感）故障的维护。GIS 式电子式互感器直接接入变电站直流电源，不需要额外供电，采集单元安装在与大地紧密相连的接地壳上。这种方式抗干扰能力强，更换维护方便，采集单元异常处理不需要一次系统停电。而对于独立式电子式互感器，在高压平台上的电源及远端模块长期工作在高低温频繁交替的恶劣环境中，其使用寿命远不如安装在主控室或保护小室的保护测控装置，还需要积累实际工程经验；另外，当电源或远端模块发生异常，需要维护或更换时，需要一次系统停电处理。

无源式电子式互感器的关键技术在于光学传感材料的稳定性，传感头的组装技术，微弱信号调制解调，温度对精度的影响，震动对精度的影响，长期运行的稳定性。但由于无源电子式互感器的电子电路部分均安装在主控室，能满足基本要求。

任务三　交流电网绝缘监察装置及工作分析

教学目标

知识目标：①掌握交流电网绝缘监察装置构成、作用及原理；②掌握交流电网单相接地时的查找方法；③了解智能型交流电网绝缘监察装置的工作原理。

能力目标：①具有交流电网绝缘监察装置电路分析能力；②会查找交流电网单相接地故障。

任务描述

交流电网绝缘监察装置电路分析。

⚛ **任务准备**

①阅读资料，各组制订实施方案；②绘出本次分析的交流电网绝缘监察装置电路；③各组互相考问；④教师评价。

🚀 **任务实施**

在高低压配电装置进行交流电网绝缘监察装置电路分析。

📐 **相关知识**

反充电；电压小母线；预告信号。

一、交流绝缘监察装置

在中性点非直接接地三相系统中，发生一相接地时，故障相对地电压降低，其他两相对地电压升高，但线电压仍对称不变，用电设备可正常工作，可以允许继续运行一段时间，通常为2h。但是，假如单相接地的情况不能及时被发现和加以处理，则由于两非故障相对地电压的升高（极限情况为线电压），可能在绝缘薄弱处引起绝缘被击穿而造成相间短路，因此必须装设绝缘监察装置，以便在电网中发生一相接地时，及时发出信号，使值班人员在规定时间内找出接地点并设法消除接地故障。

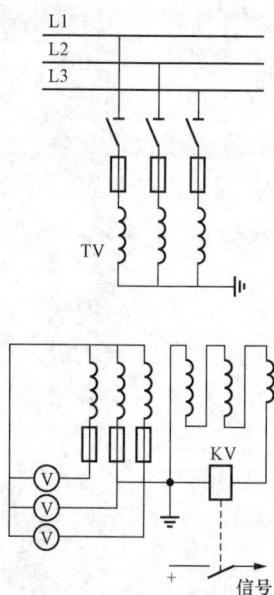

绝缘监察装置是基于发生单相接地时系统出现零序电压而构成的无选择性接地的保护装置。图3-31所示为交流绝缘监察装置电路图。TV是母线电压互感器，可采用三相五柱式或三个单相三绕组互感器。电压互感器一次侧为星形接线，星形公共点接地，二次主绕组采用星形接线，辅助绕组采用开口三角形接线。正常时，每相一次绕组加的是相对地电压，故二次星形接线每相绕组的额定电压为$100/\sqrt{3}$ V，开口三角形接线每相绕组的电压为100/3V，开口三角形端输出为0V。若一次系统中某相发生接地时，一次侧该相绕组电压降低，其他两相电压升高；二次侧星形绕组的接地相绕组电压降低，其他两相电压升高；所接三个电压表中故障相示数下降，而非故障相示数升高，因此，便得知一次系统中电压表示数低的一相接地；二次侧开口三角形的接地相绕组电压降低，其他两相绕组电压升高，三角形开口两端出现电压，最大为100V。当此电压达到过电压继电器KV的启动电压时，KV动作并发出信号。

图3-31　交流绝缘监察装置电路图

二、交流系统接地故障的排查

1. 交流系统发生接地时的现象

控制屏声光报警，如"6kV×××段接地""保护装置故障或电源故障"光字牌亮，相应动作跳闸的保护光字牌亮，动作跳闸保护插件板上的出口跳闸指示灯亮；发生接地的支路其接地信号继电器动作，接地信号发出或掉牌或信号灯亮。

故障判断：应通过绝缘监察装置检查母线电压一相指示值降低或为零，其他两相升高或升至线电压，表明交流系统发生单相接地故障。

2. 故障排查

（1）根据当前操作，判断故障发生位置。若此时有送电操作或电动机启动操作，应立即停运，检查"接地"光字牌是否消失，若消失说明该电动机有接地故障；若"接地"光字牌随故障跳闸的电动机消失，则说明该电动机是由接地故障引起的跳闸，应联系检修维护人员进行处理。

若无送电操作或电动机启动操作时，应穿好绝缘鞋，到发生接地的配电室进行检查，检查过程中不能赤手接触或触摸运行设备外壳。应依据接地信号掉牌或接地信号灯，寻找发生接地的支路，进而寻找接地故障点。

若检查不出接地故障点，可用工作电源切换为备用电源接带的方法，检查工作电源回路变压器所在接地电压侧线圈、引线、共箱封闭母线是否发生接地故障。

（2）用瞬间停电法，查找故障点。若经上述检查处理仍无效时，应用瞬间停电法查找故障点。用瞬间停电法查找故障点时，应先拉不重要的负荷支路，最后拉重要的负荷支路。

如上述处理方法仍无效时则先进行电源切换，退出接地母线段的低电压保护和微机厂用电快速切换装置（PZH 型），在接地相上装设可用开关合分的人工接地点，拉开接地母线段 TV 隔离开关使其退出运行，断开人工接地点，用备用母线段的 TV 监视工作母线段的运行情况，此时若备用母线段无光字牌发出，则说明工作母线段 TV 本身发生接地故障；联系检修维护人员对接地 TV 进行检查处理。

（3）采用具有自动寻找线路功能的小电流接地信号装置，寻找出接地故障线路。此方法虽然方便得多，但成功的概率不足 50%。

（4）采用变电站智能接地装置，既可保证供电可靠性，又可做到故障快速隔离。

三、变电站智能接地装置

1. 小电流系统接地故障存在的问题

配电网中性点采用消弧线圈接地方式，发生接地故障时存在下列问题。

（1）接地点故障残余电流减小，使得故障选线变得更加困难。

（2）随着配电网电缆出线数量的增加，由于故障选线使得系统长时间带一相接地故障运行，大大增加了电缆绝缘加速老化的风险。

（3）一旦出现故障电流反复重燃，就会导致幅值很高的弧光接地过电压，极易出现多重连锁性设备故障，对设备安全运行危害很大。

采用中性点经电阻接地方式时，不能区分瞬时性接地故障与永久性接地故障，使得瞬时接地故障也跳闸，影响了供电可靠性。

为提高电网供电可靠性及确保配电网安全性，以消弧线圈及接地电阻相配合的变电站智能接地装置，既采用谐振接地保证了供电可靠性，又利用短时电阻接地做到故障快速隔离，实现了两种接地方式的优势互补，提高了系统安全运行及供电可靠性，是一种先进的配电网运行方式。

2. 变电站智能接地装置的工作原理

（1）接地系统构成。变电站智能接地系统主要由自动调谐消弧线圈、接地电阻器、控制器（微机测控装置）和检测元件等组成，如图 3-32 所示，T 为 Z 型接地变压器，用于提供系统中性点；L 为消弧线圈，用于补偿电网电容电流；R 是用于抑制过电压、接地故障选线的电阻器；QF 是高压真空断路器，用于投切电阻器 R；TV 为母线电压互感器，用于获取母线电压及开口三角电压；TA1、TA2、…、TAn 为线路零序电流互感器。

应特别说明的是，有的变电站在前期已经安装了消弧线圈及消弧线圈控制器、Z 型接地变压器及 TV 装置，故在加装变电站智能接地装置时，只需要安装电阻器 R、高压真空断路器 QF、各出线的零序 TA 以及对应的微机测控装置即可。

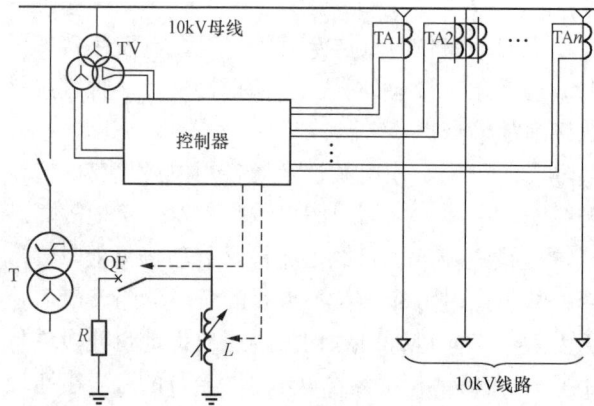

图 3-32　中性点经消弧线圈与电阻配合接地方式的构成

（2）工作原理。单相接地仅与电网的零序回路参数有关，故可画出电阻辅助谐振接地系统发生单相接地故障时的简化等值接线图，如图 3-33 所示。图中，r_0、C_0 分别为相对地的泄漏电阻和对地电容，L 为消弧线圈的调谐电感，R 为中性点与消弧线圈并联的电阻。

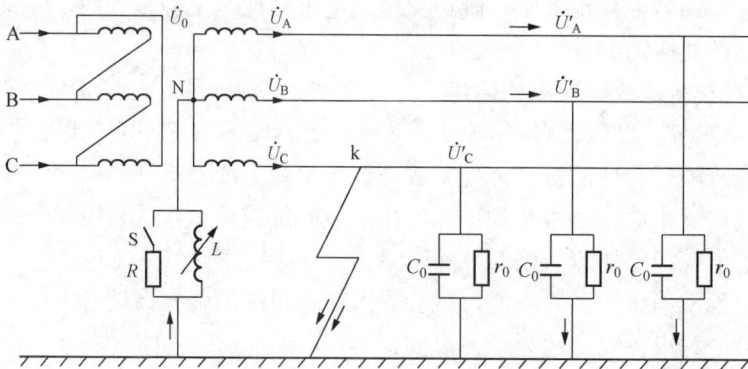

图 3-33　中性点经消弧线圈与电阻配合接地方式示意图

发生单相接地故障时，自动调谐消弧线圈进行补偿，充分发挥消弧线圈补偿容性故障电流、减缓故障相恢复电压上升速度的作用。经过一段时间，如果单相接地持续存在，甚至监测到 2.5p.u. 及以上过电压，表明系统出现弧光或者谐振过电压，如果单相接地持续总时间超过定值，投入选线电阻，破坏过电压的发生条件，并且改变零序回路参数，利用零序保护进行故障选线，故障线路断路器跳闸。

以消弧线圈及接地电阻相配合的变电站智能接地装置，兼具了中性点经消弧线圈接地和中性点经电阻接地的优点，充分结合现场单相接地故障的特征，使得中性点经消弧线圈接地和中性点经电阻接地的优势都得以发挥。其主要优点如下：

1）通过消弧线圈补偿限制接地点电容电流，有效防止了瞬间电弧的加剧，加速其尽快消除故障。

2）避免间歇性电弧形成，防止了间歇性电弧过电压对电网的威胁。

3）大大削弱了稳定电弧的发展和扩大，避免了相间短路的发生。

4）对于单相永久性接地故障，能在尽量短的时间内，通过断路器使接地电阻投入，通过增大零序电流，启动故障线路保护，瞬时切除故障线路，保证了配电网和配电设备的安全运行。

5）弥补了以往中性点消弧线圈直接并联电阻接地的不足，把瞬间故障与永久性故障区别对待，既保证了电网的安全可靠运行，又有效遏制了永久性故障发展而导致更大的损失。

以消弧线圈及接地电阻相配合的变电站智能接地装置，对于配电网的运行、过电压、人身安全、继电保护及其通信等各方面来说，都有重要的意义。

以消弧线圈及接地电阻相配合的变电站智能接地装置，对于架空线和电缆混合结构的电网及纯电缆线路接地电流较大的场合，以及大量线路具有备用电源或双回供电线路的变电站，其优越性更为突出，而对于进出线较少、接地电流较小的配电网不宜采用，以免降低电网供电可靠性。

项目总结

本项目主要介绍中性点运行方式、常规电流互感器和电压互感器、非常规电流互感器和电压互感器、交直流电网绝缘监察的基本知识。通过学习，应掌握电力系统中性点运行方式的类型及特点，具有中性点运行方式分析能力；掌握各种互感器的类型、作用、特点、准确级、接线方式；学会常规互感器接线分析；掌握交流电网绝缘监察装置工作原理及应用，具有交流电网绝缘监察装置电路分析能力。

复习思考

3-1 哪些电气设备具有中性点？我国电力系统的中性点运行方式有哪几种？

3-2 某额定电压为 10kV 的电网采用中性点不接地系统，当 V 相发生金属性接地故障时，试说出各相对地电压的数值、各线电压的数值、中性点对地电压数值，并画出相量图。

3-3 消弧线圈的工作原理是怎样的？有哪几种补偿方式？通常采用哪一种？为什么？

3-4 中性点直接接地系统发生单相接地故障后，电流、电压如何变化？

3-5 中性点经电阻接地系统发生单相接地故障后，电流、电压如何变化？

3-6 分别说出不同的运行方式下发生单相接地故障后应如何处理。

3-7 互感器的类型有哪些？

3-8 互感器与一、二次系统如何连接？

3-9 互感器的误差、准确级和额定容量间的关系如何？

3-10 测量和保护用电流互感器有哪些准确级？它们各在哪些条件下才能保证误差小于限值？

3-11 什么叫同极性端？电流互感器的同极性端如何标记？

3-12 运行中的电磁式电流互感器二次侧为什么不允许开路？其二次侧接地可以防止开路造成的危险吗？如何防止电磁式电流互感器运行中二次开路？

3-13　运行中的电磁式电压互感器二次侧为什么不允许短路？

3-14　电磁式互感器二次侧为什么一定要接地？电磁式电压互感器一次侧何时要接地？

3-15　电子式互感器与常规电磁式互感器相比具有哪些优越性？

3-16　罗氏线圈电流互感器的基本工作原理是怎样的？

3-17　变电站智能接地装置的工作原理是怎样的？

3-18　TV 送电操作如何进行？

3-19　在交流绝缘监察装置中，为什么电压互感器二次侧要串接电压互感器一次侧隔离开关的动合辅助触点？

3-20　试分析电压互感器中辅助绕组接成开口三角形的作用。

3-21　当小接地电流系统发生单相接地时，有何现象？

3-22　当 6kV 厂用电系统接地时，如何寻找接地点？

断路器运行与控制

项目描述

本项目主要学习高低压断路器作用、运行与控制，断路器、同期点断路器控制回路的工作原理，以及目前智能变电站中出现的智能型开关电器的相关技术。

教学目标

知识目标：①掌握断路器及其操动机构的基本结构及工作过程；②掌握同期点断路器控制回路构成及分析方法；③掌握对厂用电动机连锁的基本要求；④熟悉智能化开关设备的相关技术。

能力目标：①能正确进行断路器分、合闸操作；②能正确判断断路器分、合闸位置和储能状态；③具有断路器控制电路分析能力；④能说出同期点断路器控制回路与非同期点断路器控制回路的区别；⑤能正确分析厂用电动机连锁控制电路；⑥能说出智能化开关设备的特点。

教学环境

高低压配电装置。

任务一 低压断路器运行与控制

教学目标

知识目标：①了解电弧产生与熄灭的条件，了解电弧的特点；②掌握低压断路器的基本结构和作用；③掌握脱扣器的类型与作用。

能力目标：①能分析脱扣器的工作原理；②能分析低压断路器的分合闸电路图；③能进行低压断路器的分合闸操作。

任务描述

低压断路器的分合闸操作。

任务准备

①阅读资料，各组制订实施方案；②绘出低压断路器分合闸电路图；③各组互相评价；

④教师评价。

任务实施

在低压配电装置进行低压断路器分合闸操作。

相关知识

电弧、低压断路器、脱扣器、智能型低压断路器的分合闸、灭磁开关。

一、电弧的基本知识

电路的接通和开断是靠开关电器实现的，开关电器是用触头来分断电路的。科学研究表明，只要触头间的电压达到10～20V，电流达到80～100mA，在分断时就会在触头间产生电弧。可见，产生电弧的条件是很低的，在高低压电路接通和断开时容易见到，如平时在插座上插拔电器插头时有时会看到火花，这就是电弧。

1. 电弧的特点

（1）电弧的温度很高。电弧弧芯温度大于4000～5000℃，甚至达到上万摄氏度的高温。在工业中可以用电弧的高温来进行焊接、用电弧炉炼钢，但对开关电器来说，电弧的高温可能会烧坏触头或触头周围的其他部件。如果电弧长时间存在，将使触头周围的气体迅速膨胀形成巨大的爆炸力，会损毁开关电器并严重影响周围设备的运行，危及电力系统的安全运行。

（2）电弧容易变形。科学研究表明，在开关开断电路时，在一定的外部条件作用下，电弧可以拉伸至几米甚至十几米长，如果在发电厂的操作中产生电气误操作（如带负荷拉合隔离开关），电弧就可能闪到母线上，引起母线短路，造成大面积停电；电弧还有可能闪到操作人员身上，造成人身伤亡事故。

（3）电弧的导电能力强。游离是中性质点分解为自由电子和正离子的过程。电弧的产生是触头间中性质点被游离的过程，开关电器开断电路时，触头间隙气体强烈游离，触头间隙自由电子数目越来越多，由绝缘体变成良导体。开关电器中的电弧如果不能及时被熄灭，电路就不能断开，开关电器就失去了开断电路的功能，影响电力系统的可靠运行。

（4）电弧中存在去游离。在电弧形成的过程中，中性质点发生游离的同时，还存在与游离相反的过程，即去游离。去游离是自由电子和正离子彼此交换电荷变成中性质点的过程，去游离作用使弧柱中自由电子数目减少，有利于电弧熄灭。游离和去游离是电弧中存在的两个相反过程，要使电弧熄灭，就要减弱游离，加强去游离。

2. 交流电弧的熄灭和重燃

微课4.1

电弧的形成和熄灭

交流电弧是指在交流电路中产生的电弧，交流电弧电流每经过半个周期过零一次。交流电弧电流过零时，电源向弧隙输入的能量为零，而电弧仍以对流、传导等方式散失能量，弧隙温度迅速下降，电弧会暂时熄灭。在电弧电流过零以后，电弧可能会再次重燃，也可能就此熄灭。因此交流电弧电流的过零，给交流电弧熄灭创造了有利条件。只要在电流过零后，电弧不发生重燃，电弧就能最终熄灭，因此熄灭交流电弧要比熄灭直流电弧容易。

从电弧电流过零时开始，弧隙中发生了两个作用相反而又相互联系的过程，即电压恢复过程和介质强度恢复过程，电弧能否最终熄灭取决于这两种恢复过程的相对速度。在电流过零电弧熄灭后，弧隙从原来的导电通道逐渐变成绝缘介质的过程，称为弧隙介质强度的恢复过程，弧隙介质强度用弧隙介质的耐受电压 $u_j(t)$ 表示。与此同时，加在弧隙两端的电压逐渐从熄弧电压恢复到电源电压，由于电路中存在电容、电感，使电压不能突变，因此弧隙电压的恢复将发生过渡过程，这一过渡过程称为电压恢复过程，用 $u_h(t)$ 表示。

电弧电流过零后，弧隙介质强度逐渐恢复，而弧隙电压也逐渐增加到电源电压。电压恢复过程时间很短，此期间正是决定电弧能否最终熄灭的关键时刻，加在弧隙上恢复电压的波形和幅值，对电弧能否重燃具有很大影响。综上所述，电弧是否重燃，取决于弧隙电压恢复过程和弧隙介质强度恢复过程的"竞赛"。如果恢复电压在某一时刻高于介质强度，弧隙将被击穿，电弧再次重燃；反之，电弧熄灭，间隙恢复成绝缘介质。因此，交流电弧熄灭的条件是

$$u_j(t) > u_h(t)$$

式中　　$u_j(t)$——弧隙介质强度；

　　　　$u_h(t)$——弧隙恢复电压。

如图 4-1 所示，交流电弧电流过零时，当弧隙介质强度曲线在任何时刻都高于弧隙恢复电压曲线时，电弧最终熄灭；反之，电弧会在某一时刻重燃。

3. 现代开关电器熄灭交流电弧的基本方法

在交流电弧电流过零时，如果采取各种措施，加强弧隙的去游离或降低弧隙电压的恢复速度，就可以促使电弧熄灭。现代开关电器中广泛采用的灭弧方法有以下几种。

微课4.2

熄灭交流电弧的
基本方法

（1）用液体或气体吹弧。在开关电器开断和接通电路的过程中都会出现电弧，采用液体或气体吹弧是开关电器熄灭电弧的重要方法。通过吹弧，电弧在气流或油流中被强烈冷却，同时将弧隙中的带电质点吹到触头间隙外，有利于去游离。吹弧越强烈，弧隙温度降低越快，介质强度恢复速度就越快。

吹弧的方式有纵吹和横吹等，如图 4-2 所示。吹弧方向与弧柱轴线平行的称为纵吹，吹弧方向与弧柱轴线垂直的称为横吹。纵吹主要使电弧冷却变细最后熄灭，而横吹则将电弧拉长，增大电弧的表面积，冷却效果好。有的断路器将纵吹和横吹两种方式相结合，效果更好。此外，某些高压断路器还采用环吹灭弧方式，某些低压断路器还采用磁吹灭弧方式等。

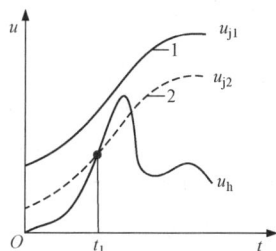

图 4-1　介质强度与恢复电压曲线

1—电弧不重燃；2—电弧在 t_1 时刻重燃

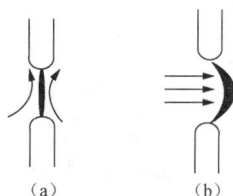

（a）　　　　（b）

图 4-2　吹弧方法

（a）纵吹；（b）横吹

动画4.1

纵吹灭弧
横吹灭弧

（2）采用多断口。在高压断路器中，每相采用两个或多个断口串联，使电弧被分割成多

个小电弧段。在相同的行程下，多断口的电弧比单断口拉得更长，并且电弧拉长的速度加快，有利于弧隙介质强度的恢复。此外，由于加在每个断口的电压降低，使弧隙恢复电压降低，有利于电弧熄灭。

高压断路器采用多断口结构后，由于断口之间导电部分对地电容的影响，会造成每个断口的电压分布不均匀，使承受较高电压的断口首先被击穿。为了改善断口的电压分布，通常在每个断口上并联电容，如图 4-3 所示。在图 4-3 中每个断口还有一个并联电阻，用来抑制开关在操作过程中产生过电压带来的危害。

（3）采用性能优良的灭弧介质。电弧中的去游离作用，在很大程度上取决于电弧周围介质的特性。介质的灭弧性能越好，则去游离作用越强，电弧越容易熄灭。SF_6 气体是理想的灭弧和绝缘介质，SF_6 呈电负性，氟原子具有很强的吸附电子的能力，能迅速捕捉自由电子而成为稳定的负离子，

图 4-3　瓷柱式 SF_6 高压断路器外形图

1—上部箱体；2—并联电容；3—接线端子；

4—灭弧室瓷套；5—支持瓷套；6—合闸电阻；

7—灭弧室；8—绝缘拉杆；9—操动机构箱

为复合创造了有利的条件，因此具有很好的灭弧性能。真空也是一种优良的灭弧介质，真空中中性质点和带电粒子数量很少，发生游离的概率大大降低，同时弧隙对周围空间具有很高的离子浓度差，带电质点很容易从弧隙向外扩散，所以真空具有较高的介质强度恢复速度。

二、低压断路器运行与控制

低压断路器又称自动空气开关或自动开关，是低压配电网和电力拖动系统中常用的一种配电电器。低压断路器的作用是在正常情况下不频繁地接通或开断电路；在故障情况下，自动切除故障部分，保护线路和电气设备。低压断路器具有操作安全、安装使用方便、分断能力较高等优点，在各种低压电路中作电能分配和线路不频繁转换之用。

微课4.3

认识低压断路器

1. 低压断路器的基本结构及工作原理

低压断路器结构原理图如图 4-4 所示。低压断路器由脱扣器、触头系统、灭弧装置、传动机构、外壳等部分组成。低压断路器的触头包括主触头、辅助触点。主触头用来分、合主电路，辅助触点用于控制和信号电路，用来反映断路器的位置或构成电路的连锁。当低压断路器所控制的线路出现故障或非正常运行情况时，脱扣器动作，使断路器跳闸，切断电路。

低压断路器电磁式脱扣器的种类有过电流脱扣器、热脱扣器、失压欠压脱扣器、分励脱扣器等。过电流脱扣器起短路保护作用，电磁式过电流脱扣器只有短路瞬时动作特性，如图 4-4 所示，当合上断路器操作手柄时，外力使钩杆 2 克服反作用弹簧的拉力，将断路器的动、

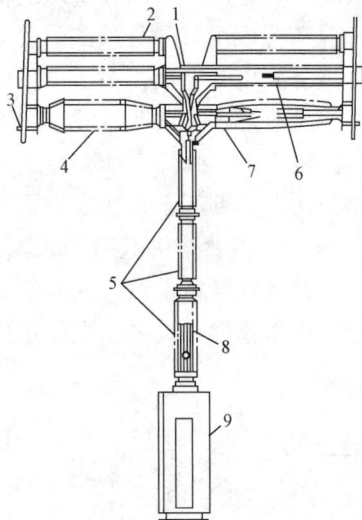

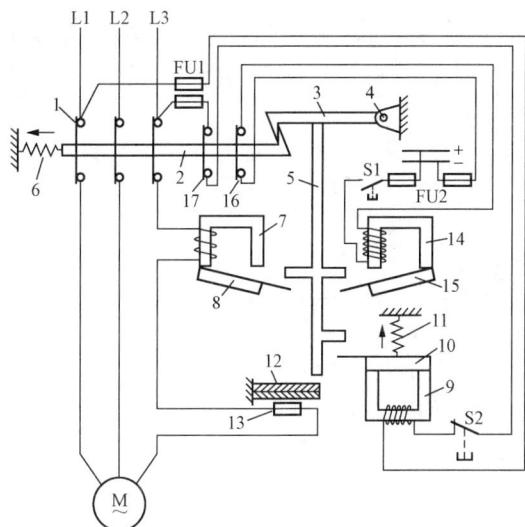

图 4-4 低压断路器结构原理图

1—主触头；2—钩杆；3—搭钩；4—转轴；5—杠杆；6—分闸弹簧；

7、9、14—铁芯线圈；8、10、15—衔铁；11—弹簧；

12—热继电器；13—加热元件；16、17—辅助触点

静触头闭合，并由搭钩 3 扣住钩杆 2，使断路器维持在合闸位置；当线路发生短路故障时，电磁过电流脱扣器的铁芯线圈 7 产生足够的电磁力将衔铁 8 吸合，推动杠杆 5 使搭钩 3 与钩杆 2 分开（脱扣），在反作用力弹簧作用下，带动断路器主触头分闸，从而切断电路。

微课4.4

低压断路器的结构和原理

热脱扣器由加热元件 13 和热继电器 12 构成，起过载保护作用。当电路过载时，加热元件 13 发热使热继电器 12 中双金属片变形，推动杠杆 5 使搭钩 3 与钩杆 2 分开（脱扣），使断路器跳闸，起到过载保护作用。

失压脱扣器作电路的欠压或失压保护用。断路器在合闸位置时，失压脱扣器电磁线圈励磁，衔铁被电磁铁吸引，自由脱扣机构将主触头锁定在合闸位置。当电源电压过低或停电时，铁芯线圈 9 所产生的电磁力不足以克服反作用弹簧 11 的拉力，衔铁 10 释放，推动杠杆 5 使搭钩 3 与钩杆 2 分开（脱扣），使断路器跳闸，起到失压、欠压保护作用。

分励脱扣器用于远距离控制断路器跳闸。按下按钮 S1，分励脱扣器的铁芯线圈 14 励磁，衔铁 15 被吸引，推动杠杆 5 使搭钩 3 与钩杆 2 分开（脱扣），使断路器跳闸。

2. 智能型低压断路器

（1）智能型低压断路器的组成及工作原理。智能型低压断路器用来分配电能、保护线路及电源设备免受过载、欠压、短路、单相接地等故障的危害，具有智能保护功能，有较高精度的选择性保护，提高了供电可靠性。同时带有标准的 RS-485 通信接口，可实现遥测、遥信、遥控、遥调四遥功能。

HUW1 系列智能型万能式断路器结构如图 4-5 所示，主要由灭弧室、动静触头、操动机构、电动储能机构、智能型脱扣器、欠压脱扣器、分励脱扣器、辅助触点、二次回路接线端子等构成，断路器的动静触头在灭弧室内，断路器分合闸过程中产生的电弧在灭弧室内熄灭。

（2）智能型低压断路器脱扣器种类。智能型低压断路器脱扣器种类有智能型过电流脱扣器、欠压瞬时（或延时）动作脱扣器、分励脱扣器。

智能型过电流脱扣器具有瞬时动作、短延时动作和长延时动作特性，短延时动作特性是为了在具有主干线和分支线的电路中都使用低压断路器时，防止出现非选择性动作。其具体方法是使主干线上的低压断路器的过电流脱扣器上带 0.2～0.6s 的延时，在分支线上的低压断

路器过电流脱扣器不带延时或延时比主干线上的延时短，这样，当分支线上发生短路时，分支线断路器先跳闸，实现选择性动作；智能型过电流脱扣器长延时动作特性是为了实现对电路的过载保护，不再另配热脱扣器了。

图 4-5　HUW1 系列智能型万能式断路器的结构图

1—二次回路接线端子；2—灭弧室；3—辅助触点；4—释能电磁铁；5—分励脱扣器；6—欠压脱扣器；
7—智能型脱扣器；8—电动储能机构；9—操动机构

欠压瞬时（或延时）动作脱扣器的线圈电压为主回路的线电压，在电源电压的 35%～70% 范围内，脱扣器使断路器自动断开。脱扣器线圈电压等于或大于电源电压的 85% 时，断路器可靠合闸。欠压脱扣器如图 4-6（a）所示，主要由线圈、铁芯组件和电路板组成，分欠压瞬时脱扣器和欠压延时脱扣器。欠压延时脱扣器通过欠压延时装置上的拨动开关，可调整延时时间，延时时间整定值为 1、3s 和 5s。

（a）　　　　　（b）　　　　　（c）　　　　　（d）　　　　　（e）

图 4-6　HUW1 系列智能型万能式断路器的构成部件

（a）欠压脱扣器；（b）分励脱扣器；（c）释能电磁铁；（d）电动储能机构；（e）辅助触点

分励脱扣器线圈电压在控制电源电压的 70%～110% 范围内，脱扣器能使断路器断开。分励脱扣器如图 4-6（b）所示，主要由线圈、铁芯组件组成，适用于短时工作制，可远距离控制使断路器断开。

释能电磁铁即合闸电磁铁，如图 4-6（c）所示，主要由线圈、铁芯组件组成，适用于短时工作制，在储能状态下，只要使合闸电磁铁 X（见图 4-7）通电，即能使断路器合闸。

电动储能机构如图 4-6（d）所示，断路器的储能是由电动储能机构进行操作的，既可手动也可电动完成储能。

辅助触点 QF 如图 4-6（e）所示，由多对动合触点与多对动断触点构成，当低压断路器在断开位置时，动合触点在断开位置，动断触点在闭合位置；当低压断路器在闭合位置时，动合触点在闭合位置，动断触点在断开位置。一旦断路器发生变位，辅助触点自动切换。

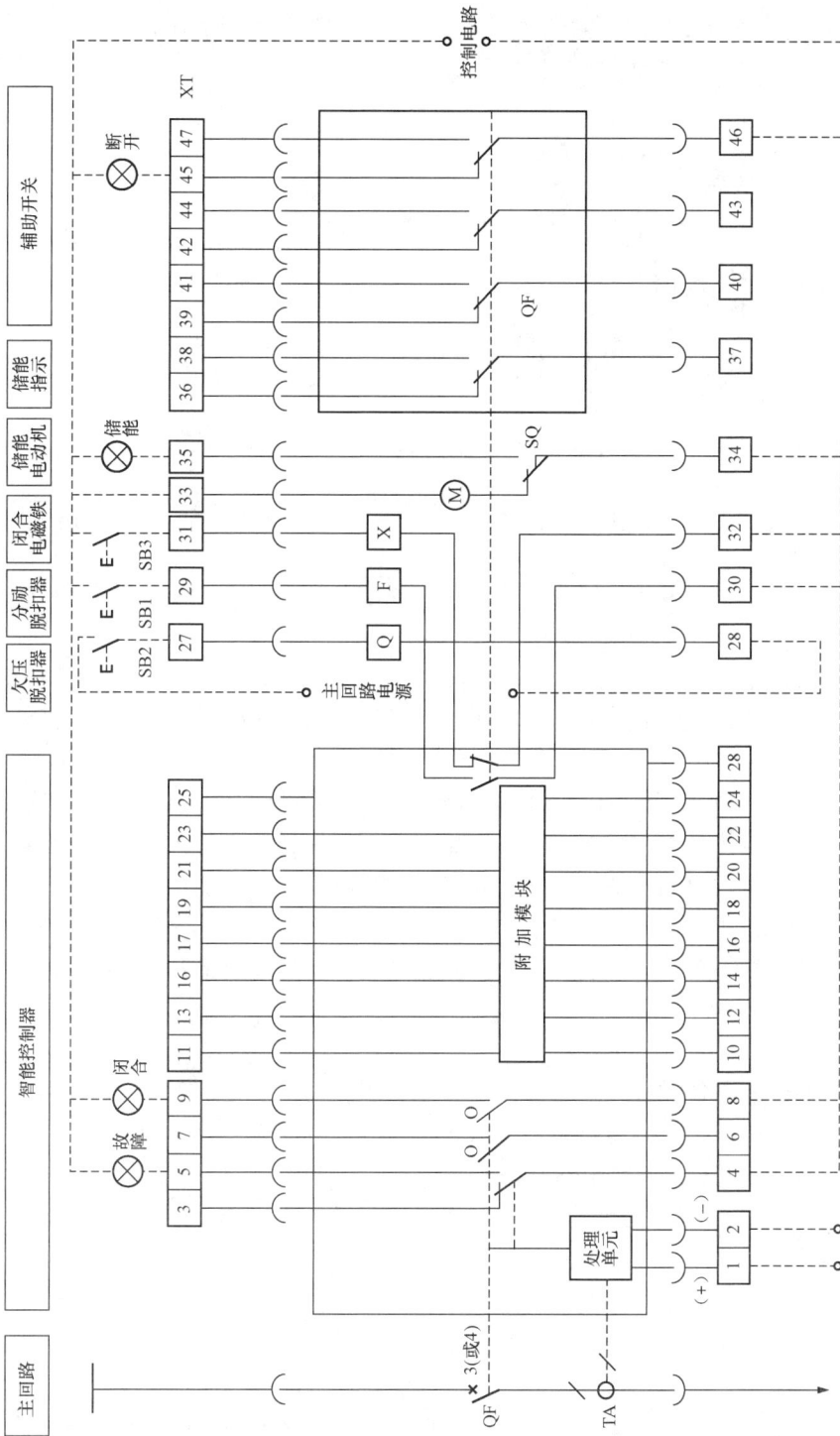

图 4-7 HUM1 系列智能型万能式断路器原理接线图

X—合闸电磁铁；Q—欠压脱扣器或欠压延时脱扣器；F—分励脱扣器；SB1—分励按钮；SB2—欠压按钮；SB3—合闸按钮；M—储能电动机；QF—低压断路器；QF—断路器辅助触点；XT—接线端子；O—与断路器同步动作的动合触点；SQ—电动机行程开关；TA—电流互感器；

（3）智能型低压断路器操作。HUM1 系列智能型万能式断路器操作面板示意图如图 4-8 所示，面板上有分闸按钮、合闸按钮、储能/释能指示、合闸分闸指示等。

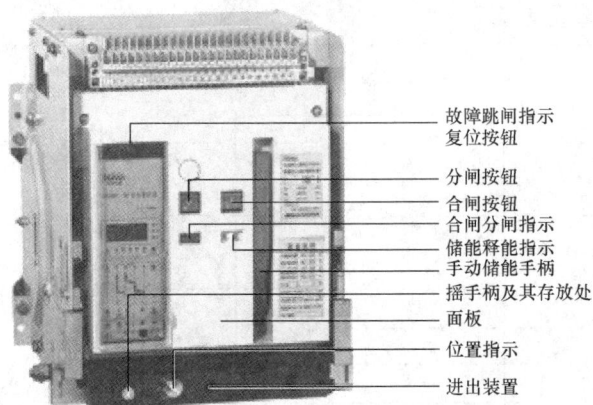

图 4-8   HUM1 系列智能型万能式断路器操作面板示意图

断路器操作方式有手动和电动两种，断路器采用弹簧储能（有预储能），合闸速度与电动或手动操作速度无关。

断路器利用凸轮压缩一组弹簧达到储能目的，并具有自由脱扣功能。断路器有三种操作位置。

（1）储能：当弹簧储能释能后，电动机行程开关 SA 的动断触头闭合，自动启动电动机。由电动机带动凸轮转动，凸轮上顶着储能杠杆，随着凸轮转动储能杠杆不断压缩储能弹簧。当凸轮转动到一定角度，行程开关 SA 动作，SA 的动断触头断开，电动机停转，使储能完成；SA 的动合触头闭合，储能指示灯亮。在电动储能机构故障时，储能过程也可手动操作完成。

（2）合闸：按下合闸按钮 SB3，合闸电磁铁 X 励磁，使释能脱扣半轴转动，储能杠杆脱扣，在储能弹簧力的作用下，推动主轴转动，从而使触头闭合。

（3）分闸：按下分励按钮 SB1 或通过来自过电流、欠压、分励信号、智能型控制器上的试验脱扣信号，使分断脱扣半轴转动，杠杆脱扣，在触头反力及复位弹簧力的作用下，断路器迅速断开。

3. 抽屉式断路器

抽屉式断路器由断路器本体和抽屉座组成。抽屉座两侧有导轨，导轨上有活动导板，摇动抽屉座下部横梁上摇动手柄，可实现抽屉式断路器的三个工作位置。

（1）"连接"位置：主回路和二次回路均接通。

（2）"试验"位置：主回路断开，并有绝缘隔板隔开，仅二次回路接通，可进行必要的分合闸试验。

（3）"分离"位置：主回路与二次回路全部断开。抽屉式断路器具有机械连锁装置，只有在连接位置和试验位置才能使断路器合闸。而在连接和试验的中间位置不能合闸。

三、灭磁开关

灭磁开关是一种专用于发电机励磁回路中的直流单极低压断路器。当灭磁开关合闸后，励磁回路接通，向发电机转子绕组提供励磁电流；当发电机内部发生故障时，虽然发电机出口开关跳闸，但发电机还在高速运转，定子绕组切割转子绕组磁场的磁力线，产生电动势，发电机自身还会继续向短路点提供短路电流，损坏发电机。因此，为了保护发电机，在发电机内部发生短路时，必须使发电机转子磁场尽快消失（即灭磁），这需要通过灭磁开关跳闸实现。

任务二　高压断路器运行与控制

教学目标

知识目标：①掌握高压断路器的基本结构和作用；②掌握 SF_6 高压断路器和真空断路器的技术参数及特点；③掌握操动机构的类型及特点。

能力目标：①能进行具有弹簧操动机构 SF_6 高压断路器控制电路的分析；②能进行具有液压操动机构 SF_6 高压断路器控制电路的分析。

任务描述

高压断路器的分合闸操作。

任务准备

①阅读资料，各组制订实施方案；②绘出本次操作的高压断路器控制电路图；③各组互相考问；④教师评价。

任务实施

在高压配电装置进行高压断路器分合闸操作。

相关知识

断路器型号含义；自动重合闸额定操作顺序；SF_6 气体的特点；密度继电器；分闸闭锁、合闸闭锁；三相联动与分相操作；操动机构储能与释能；智能型高压断路器。

高压断路器是电力系统中地位最重要、功能最完善、结构最复杂的一种开关电器，在电力系统的安全、经济和可靠运行中起着十分重要的作用。

一、高压断路器作用和分类

高压断路器在电力系统中的作用体现在两方面：一是控制作用，即根据电网的运行要求，将一部分电气设备或线路投入或退出运行状态，转为备用或检修状态；二是保护作用，即在电气设备或线路发生故障时，通过继电保护或自动装置使断路器跳闸，将故障部分从电网中迅速切除，保证非故障部分恢复正常运行。

微课4.5

高压断路器的作用和分类

高压断路器的种类很多，按灭弧介质的不同分为油断路器、六氟化硫（SF_6）断路器、真空断路器、空气断路器等；按安装地点的不同分为户内式和户外式两种。

1. 油断路器

采用油作为绝缘和灭弧介质的断路器称为油断路器。但由于油断路器不适宜于频繁操作，且开断时间长、检修周期短、维护不方便，目前已被其他类型断路器替代。

2. 六氟化硫（SF₆）断路器

采用 SF_6 气体作为绝缘和灭弧介质的断路器称为 SF_6 断路器。SF_6 断路器具有开断能力强、断口耐压高、体积小、质量轻、检修维护工作量少等优点，近年来在高压系统中已经取代了油断路器和空气断路器，在 10～1000kV 系统中应用发展也很迅速。目前，发电厂中 110～500kV 断路器大多数都采用六氟化硫（SF_6）断路器。

3. 真空断路器

采用真空作为绝缘和灭弧介质的断路器称为真空断路器。真空断路器是 20 世纪 50 年代后发展起来的一种新型断路器。真空断路器具有触头间隙小、动作速度快、体积小、质量轻、检修维护工作量小等优点，在 35kV 及以下断路器中得到广泛应用。

高压断路器性能和工作可靠性是影响系统安全、可靠运行的重要因素，对断路器的基本要求如下：

（1）在合闸状态应为良导体，无论是长期通过正常的工作电流，还是通过短路电流，都应具有足够的动稳定和热稳定。

（2）在分闸状态时，相对地及断口间具有良好的绝缘性能。

（3）具有足够的开断能力和尽可能短的开断时间。

（4）能配合自动重合闸装置，实现多次关合和开断。

（5）在满足安全、可靠的前提下，具有良好的经济性。

二、高压断路器技术参数及型号

微课4.6

高压断路器的技术参数和型号

1. 高压断路器技术参数

（1）额定电压。额定电压表示断路器在运行中长期承受的系统最高电压，断路器的额定电压应不小于系统最高电压。交流高压断路器的额定电压（即最高工作电压）如下：3.6、7.2、12（11.5）、24、40.5、72.5、126、252（245）、363kV 和 550kV。额定电压的大小影响断路器的绝缘水平和外形尺寸。

（2）额定电流。额定电流是指在额定频率下长期通过断路器且使断路器无损伤、各部件发热不超过长期工作的最高允许发热温度的电流。我国规定断路器的额定电流如下：200、400、630、（1000）、1250、（1500）、1600、2000、3150、4000、5000、6300、8000、10000、12500、16000A 和 20000A。额定电流大小决定断路器导电部分和触头尺寸及结构。

（3）额定开断电流。在额定电压下，能保证正常开断的最大短路电流称为额定开断电流。它是反映断路器开断能力的重要参数。我国规定的额定短路开断电流如下：1.6、3.15、6.3、8、10、12.5、16、20、25、31.5、40、50、63、80kA 和 100kA 等。

（4）额定短路关合电流。当断路器关合存在预伏故障的设备或线路时，在动、静触头尚未接触前相距几毫米时，触头间隙发生预击穿，随之出现短路电流，给断路器的关合造成阻力，影响动触头合闸速度及触头接触压力，甚至出现触头弹跳、熔焊或严重烧损，严重时会引起断路器爆炸。

额定短路关合电流是指断路器在额定电压下能接通的最大短路电流峰值，制造厂家对关合电流一般取额定短路开断电流的 2.55 倍。断路器关合短路电流的能力既与灭弧装置的性能有关，又与操动机构的合闸动力有关。

（5）额定短时耐受电流及其持续时间。额定短时耐受电流又称热稳定电流，是指在某一规定时间内，断路器在合闸位置时承受的短路电流有效值。其持续时间额定值在 110kV 及以下为 4s，220kV 及以上为 2s。额定短时耐受电流等于额定开断电流。短时耐受电流反映断路器承受短路电流热效应的能力，它将影响断路器导电部分和触头的结构及尺寸。

（6）额定峰值耐受电流。峰值耐受电流又称动稳定电流，是指断路器在合闸位置时，所能承受的最大峰值电流。额定峰值耐受电流等于额定短路关合电流。峰值耐受电流反映断路器承受短路电流电动力作用的能力，它决定了断路器导电部分及支持部分的机械强度及触头的结构形式。

（7）开断时间。开断时间又称全开断时间，是指断路器接到分闸命令起到三相电弧完全熄灭为止的时间。全开断时间为固有分闸时间和燃弧时间之和。固有分闸时间是指断路器从接到分闸命令起到首先分离相触头刚分开为止的时间；燃弧时间是指首先分离相起弧瞬间到三相电弧完全熄灭为止的时间。开断时间是反映断路器开断过程快慢的主要参数，为减小短路故障对电力系统的危害，开断时间越短越好。

（8）合闸时间。合闸时间是指断路器接到合闸命令起到各相触头均接触为止的时间。合闸时间的长短取决于断路器操动机构及中间机构的机械特性。

（9）额定操作顺序。装设在输、配电线路上的高压断路器，如果配有"自动重合闸装置"，能明显地提高供电可靠性。但断路器实现自动重合闸的工作条件比较复杂，这是因为自动重合闸不成功时，断路器必须连续两次跳闸灭弧，两次跳闸之间还必须关合于短路故障，因此，要求高压断路器满足自动重合闸的操作循环，即进行下列试验：

$$分—\theta—合分—t—合分$$

试验中，θ 为断路器切断短路故障后，从电弧熄灭时刻起到电路重新接通为止，所经过的时间，称为无电流间隔时间，通常为 0.3～1s；t 为强送电时间，通常 $t=3$min。

当线路发生短路时，断路器在继电保护装置作用下自动跳闸，由自动重合闸装置使断路器合闸一次，如果故障还存在，继电保护装置再次动作，作用于断路器跳闸；在调度许可的情况下，经过一定时间（如 3min）后，由值班员手动将断路器合闸，如果故障已消失，则断路器合闸成功。否则，断路器在继电保护装置作用下再次跳闸，手动将断路器合闸失败后，不允许再次合闸。对于重要负荷的供电线路，进行一次强送电是很有必要的。图 4-9 所示为高压断路器自动重合闸额定操作顺序的示意图，其中波形表示短路电流。

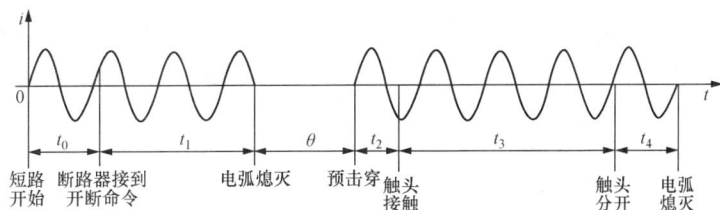

图 4-9　高压断路器自动重合闸额定操作顺序示意图

t_0—继电保护动作时间；t_1—断路器全分闸时间；θ—自动重合闸的无电流间隔时间；

t_2—预击穿时间；t_3—金属短接时间；t_4—燃弧时间

2. 高压断路器型号含义

高压断路器型号一般由英文字母和阿拉伯数字组成，表示方法如下：

```
        1 2 3 - 4 5 6 / 7 8
产品名称 ─────┘ │ │   │ │ │   │ └──── 特殊环境代号
安装场所 ───────┘ │   │ │ │   └────── 额定短路开断电流（kA）
设计序号 ─────────┘   │ │ └────────── 额定电流（A）
额定电压（kV）────────┘ └──────────── 其他补充工作特性标志
```

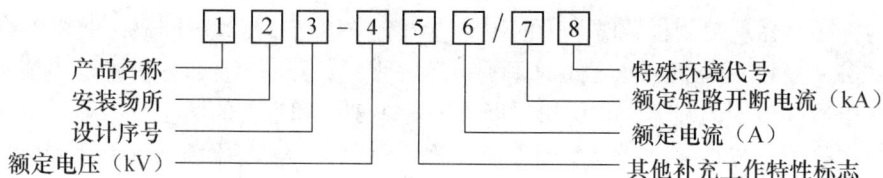

产品名称的字母代号：S—少油断路器，Z—真空断路器，L—SF₆断路器。

安装场所字母代号：N—户内，W—户外。

其他补充工作特性的字母代号：G—改进型，F—分相操作。

例如：型号为 LW6-220/3150-40 的断路器，表示额定电压为 220kV，额定电流为 3150A，额定短路开断电流为 40kA 的户外式六氟化硫断路器。

三、SF_6 断路器

微课4.7
SF₆断路器的特点

SF_6 断路器是利用 SF_6 气体作为绝缘和灭弧介质的断路器。在我国，SF_6 断路器在高压、超高压及特高压系统中占主导地位。

（一）SF_6 气体的特点

（1）SF_6 气体是一种无色、无味、无毒的惰性气体，在常温常压下，密度约为空气的 5 倍。在空气中不燃烧，不助燃。SF_6 气体的热稳定性好，热分解温度大约为 500℃。SF_6 气体化学性质非常稳定，对触头材料几乎没有腐蚀作用，大大延长了断路器的检修周期。

（2）SF_6 气体具有优良的绝缘性能。由于 SF_6 呈强烈的电负性，容易吸附电子而形成负离子，迁移率低的负离子容易与正离子结合形成中性质点，在均匀电场中 SF_6 气体的绝缘强度约为空气的 2.5 倍，在 0.3MPa 下其绝缘强度超过变压器油。

（3）SF_6 气体具有优良的灭弧性能。SF_6 气体灭弧能力约为空气的 100 倍。SF_6 气体优良的灭弧性能是由其独特热特性和电特性所决定的。

（4）纯净 SF_6 气体在电弧和高温作用下，会分解成氢氟酸（HF）、二氧化硫（SO_2）、亚硫酸酰氟（SOF_2）、硫酸氟（SO_2F_2）、四氟化硫（SF_4）等。在电弧电流过零时，SF_6 气体分解后的产物绝大部分会很快结合，还原为 SF_6，每开断一次电路，SF_6 气体的损耗极小。这些分解产物中氢氟酸和水的存在将使 SF_6 气体的绝缘强度降低，灭弧能力变差。

纯净的 SF_6 气体是无毒的，但 SF_6 气体在电弧的作用下产生的 HF、SOF_2 等有毒物质，会对人体造成伤害。为了防止泄漏的有害气体被人体吸收，必须在良好的通风条件下进行操作。SF_6 气体中混入空气后，会使绝缘强度下降，因此，SF_6 断路器及储气设备应保持密封，严格控制 SF_6 气体的含水量。SF_6 断路器的微水含量超标和泄漏是断路器运行中最常见的故障。

（二）LW6-220 型 SF_6 断路器

1. LW6-220 型 SF_6 断路器整体结构

LW6-220 型 SF_6 断路器由三个单相开关和一个液压柜组成，每台断路器配一个汇控柜，其单相剖面图如图 4-10 所示，主要由灭弧室、均压电容器、三联箱、支柱、连接座、密度继电器和动力元件（工作缸、供排油阀、主储压器和辅助油箱）构成。

微课4.8
SF₆断路器的分类

液压柜内装有控制阀（带分、合闸电磁铁）、油压开关、电动油泵、手力泵、防震容器、辅助储压器、信号缸、辅助开关、主油箱、三级阀

（供三相联动操动机构）等元件。

汇控柜内设有各种控制保护元件，用以接收命令，发出信号，实现就地控制及远控。断路器每相中的密度继电器和主储压漏氮报警信号与汇控柜之间用电缆连接。

LW6-220 型 SF_6 断路器的主要技术参数如下：

额定电压：252kV（按国际标准定义也为最高工作电压）。

额定电流：3150A。

额定频率：50Hz。

额定开断电流：50kA。

额定动稳定电流（峰值）：125kA。

额定热稳定电流（有效值）：3s，50kA。

固有分闸时间：≤38ms。

全开断时间：≤60ms。

合闸时间：≤90ms。

分闸最大不同期时间（同相断路器）：≤4ms。

合闸最大不同期时间：相间≤5ms；同相断口间≤2.5ms。

额定操作循环：分—0.3—合分—180s—合分。

SF_6 气体年漏气率：≤1%。

SF_6 气体额定压力：0.4MPa（20℃）时，适用于 −40～+40℃；0.6MPa（20℃）时，适用于 −30～+40℃。

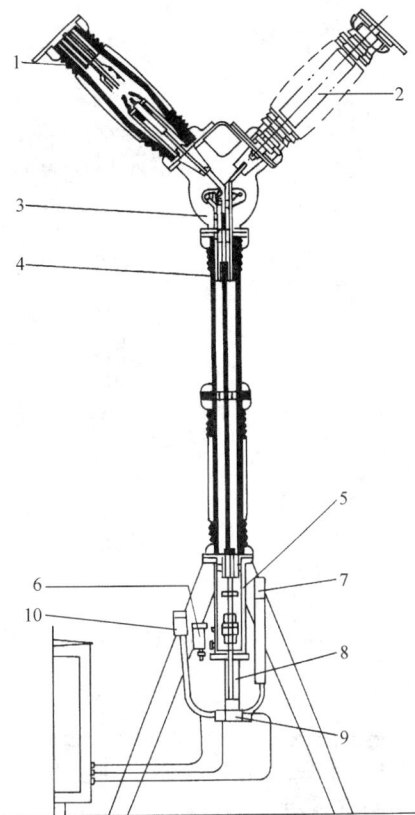

图 4-10　LW6-220 型 SF_6 断路器单相剖面图

1—灭弧室；2—均压电容器；3—三联箱；
4—支柱；5—连接座；6—密度继电器；
7—主储压器；8—工作缸；
9—供排油阀；10—辅助油箱

2. LW6-220 型 SF_6 断路器灭弧室工作原理

（1）断路器工作过程。LW6-220 型 SF_6 断路器的灭弧室为单压式、变开距、双喷吹结构，工作缸内的活塞接到来自液压操动机构的动作命令后，驱动支柱内的绝缘杆作上、下运行，经过三联箱内的连杆机构变换后，使灭弧室中动触头随之运动，实现合闸和分闸。

每个灭弧室断口并联 2500pF 的均压电容器，用以改善每相断口间电压分布。密度继电器用于监视 SF_6 气体的泄漏，它带有自动接头，用以充放 SF_6 气体。

（2）灭弧室的工作原理。我国研制的 SF_6 断路器均采用单压式，其灭弧室有定开距结构和变开距结构两种结构。

LW6-220 型 SF_6 断路器的灭弧室为变开距的双喷吹结构，灭弧室包括静触头装配、动触头装配、瓷套。下面简要介绍其工作原理。变开距触头结构实例如图 4-11 所示。

变开距灭弧室结构及动作原理如图 4-12 所示。

断路器合闸时，工作缸活塞杆向上运动，通过拉杆、绝缘拉杆带动灭弧室拉杆向上移动，使接头、动触头、压气缸、弧动触头、喷管同时向上移动，运动到一定位置时，弧动触头首先插入弧静触头中，即弧触头首先合闸，紧接着动触头的前端即主动触头插入主静触头中，完成合闸动作，在压气缸快速向上移动的同时阀片打开，使灭弧室内 SF_6 气体迅速进入压气缸内。

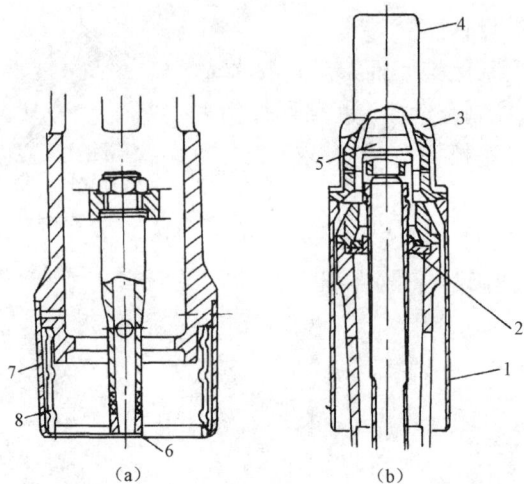

图 4-11 变开距触头结构实例

（a）静触头；（b）动触头

1—压气缸；2—固定活塞；3—主动触头；4—喷嘴；

5—弧动触头；6—弧静触头；7—主静触头罩；8—主静触头

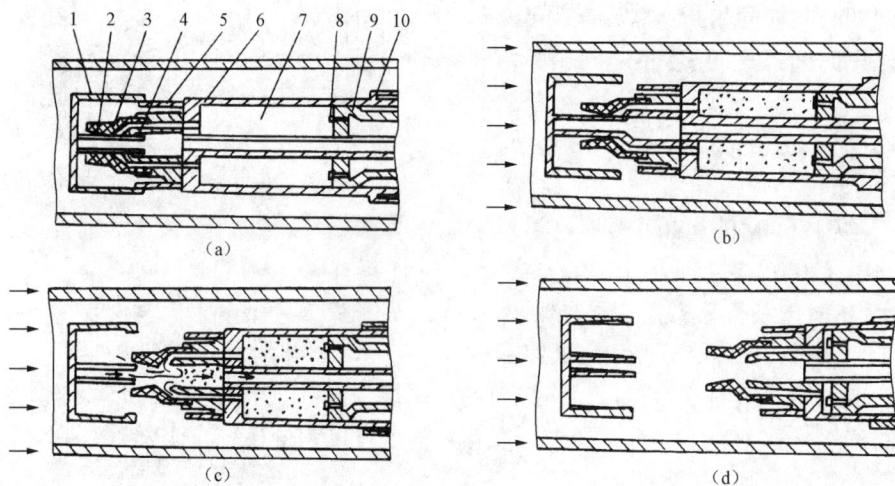

图 4-12 变开距灭弧室结构及动作原理

（a）合闸位置；（b）预压缩阶段；（c）气吹阶段；（d）分闸位置

1—主静触头；2—弧静触头；3—喷嘴；4—弧动触头；5—主动触头；

6—气压缸；7—压气室；8—逆止阀；9—固定活塞；10—中间触头

动画4.2

灭弧室工作原理

分闸时与合闸动作相反，工作缸活塞杆向下运动，通过绝缘拉杆、拉杆带动动触头系统迅速向下移动，首先主静触头和主动触头脱离接触，然后弧触头分离。在动触头向下运动过程中，阀片关闭，压气缸内腔的 SF_6 气体被压缩后适时向电弧区域喷吹，使电弧冷却和去游离而熄灭，并使断口间的介质强度迅速恢复，以达到开断额定电流及各种故障电流的目的。

从以上分析可以看出，触头的开距在分闸过程中是变化的，故称为变开距结构。

3. 指针式密度控制器

指针式密度控制器由密闭的指示仪表电触点、温度补偿装置、定值器和接线盒等组成。其工作原理为：仪表在额定的工作压力下，当环境温度变化时，SF_6 气体压力产生一定的变化，仪表内的温度补偿元件对其变化量进行补偿，使仪表指示不变。当 SF_6 气体由于泄漏而造成压力下降时，仪表的指示也将随之发生变化，当降至报警值时，电触点的一对触点接通，输出报警信号；当压力继续下降，达到闭锁值时，电触点的另一触点闭合输出闭锁信号，作用于闭锁断路器分、合闸。

图 4-13　BFMX 型 SF_6 密度继电器外形示意图

BFMX 型 SF_6 密度继电器外形如图 4-13 所示。BFMX 型指针式密度控制器的动作值见表 4-1。

表 4-1　　　　　　　　　　BFMX 型指针式密度控制器的动作值　　　　　　　　　　MPa

额定气压	报警值 P_1	闭锁值 P_2
0.6	0.52	0.50
0.4	0.35	0.33
0.4	0.32	0.30

4. 液压操动机构

液压操动机构利用压缩气体（N_2）或压缩弹簧作能源，以液压油作为传递能量的媒介，推动活塞做功，使断路器完成分、合闸操作，并维持在合闸位置。

LW6-220 型断路器的液压操动机构分为分相操作和三相联动操作两种类型：①分相操作，是断路器的每相独自进行分合闸操作，线路断路器及旁路断路器采用；②三相联动操作：是断路器的三相只能同时进行分合闸操作，发电机出口断路器及启备变断路器采用。三相联动液压操动机构原理图如图 4-14 所示。

（1）三相联动液压操动机构组成。三相联动液压操动机构的组成包括：电动机（M）、电动油泵（E）、手力泵（AD）、油过滤器（F）、防震容器（CAP）、油压开关（J）、低压主油箱（D）和压力检测装置（K）、合闸电磁铁、分闸电磁铁（主分闸电磁铁和副分闸电磁铁）、控制阀（A）、信号缸（FB）及断路器辅助开关（QF）。以上元件三相共用一套，装在液压柜内。工作缸（M）、供排油阀（C）、主储压器（B1）、辅助油箱（N3），以上元件称为动力单元，每相一套，装在断路器支柱的下部。

（2）有关液压操动机构的说明。

1）油泵打压：正常情况下，高压油压力数值由已调好的油压开关 J 中的压力控制微动开关 S 来控制。如果控制油泵停止的电气线路一旦发生故障，油泵打压超过规定值，此时安全阀 AG 开启。泄放高压油，从而保证液压系统免受过压的危险。

2）油压开关 J 中的 4 只微动开关 S（最多可装 6 只），分别用于油泵电动机的启动/停止、合闸闭锁、分闸闭锁和零压闭锁。

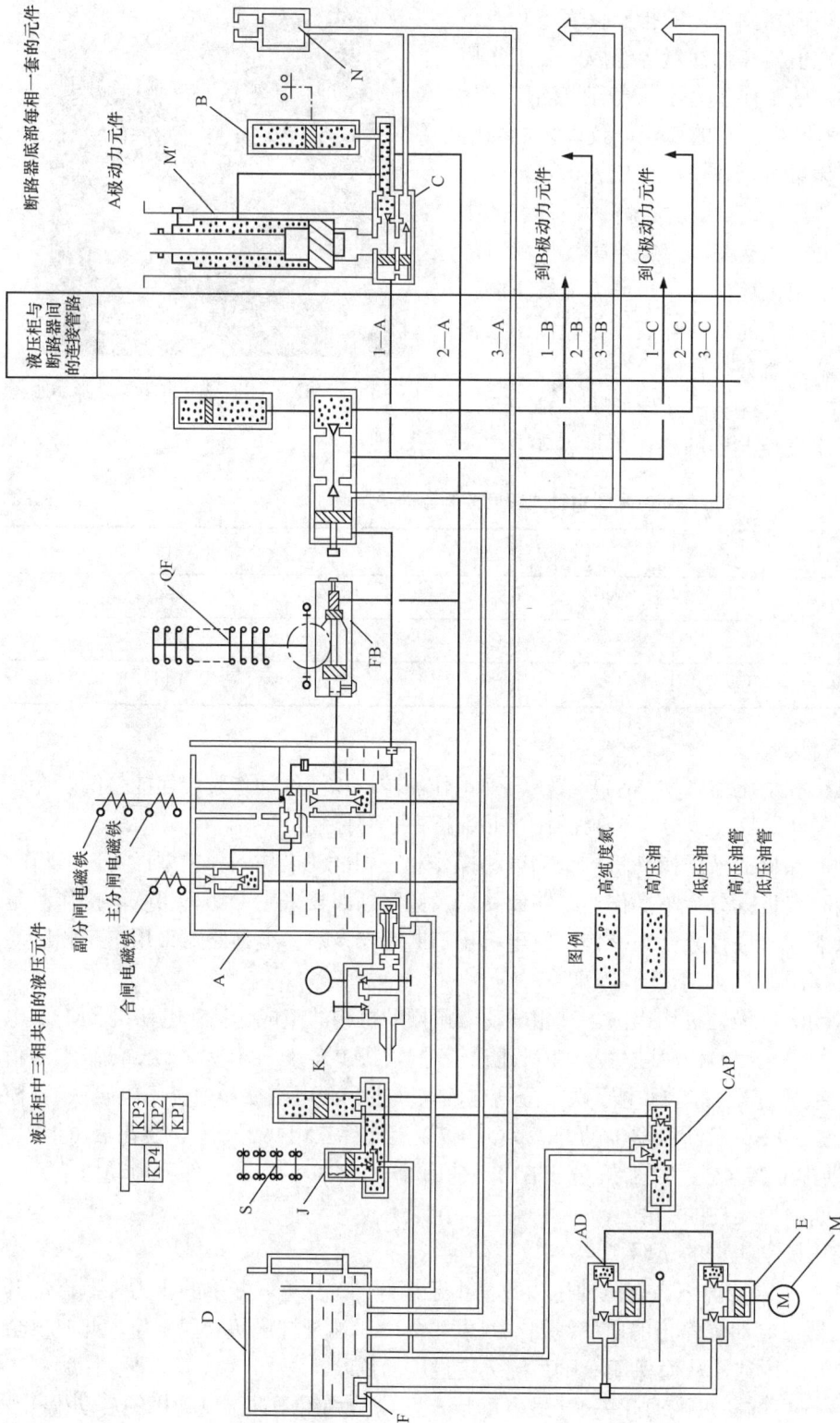

图 4-14 LW6-220 型三相联动液压操动机构原理图（对应断路器分闸状态）

M—电动机；E—电动油泵；AD—手力油泵；F—油过滤器；CAP—防震容器；J—油压开关；S—微动开关；
D—低压主油箱；K—压力检测装置；A—控制阀；FB—信号缸；QF—断路器辅助开关；M'—工作缸；
C—供排油阀；B—主储压器；N—辅助油箱

某型 SF₆ 断路器液压操动机构参数见表 4-2。

表 4-2　　　　　　　　　　某型 SF₆ 断路器液压操动机构参数

项 目	技术参数值（MPa）
储压器预充氮气压力（15℃）	15±0.5
额定油压	26±0.5
油泵启动压力	25±0.5
油泵停止压力	26±0.5
合闸闭锁压力	21.5±0.5
分闸闭锁压力	19.5±0.5
合闸闭锁解除压力	≤23.5
分闸闭锁解除压力	≤21.5
安全阀开启压力	≥28 ($^{+1.0}_{0}$)
安全阀关闭压力	≥26

四、真空断路器

真空断路器是以真空作为绝缘和灭弧介质，在真空容器中进行电流开断和关合的断路器。真空是相对而言的，是指气体压力低于一个大气压的气体稀薄空间。气体的稀薄程度用"真空度"表示，真空度即气体的绝对压力与大气压的差值。气体的绝对压力越低真空度就越高。ZN12B-40.5 型真空断路器外形示意图如图 4-15 所示，一般采用弹簧操动机构带动完成分合闸任务。

气体间隙的击穿电压与气体压力有关。当间隙气体压力由大气压逐渐降低时，起初绝缘强度随之降低，但进一步降低压力时，绝缘强度又重新升高。当气体压力降到 $1.33×10^{-2}$Pa 时，得到相对稳定的绝缘强度，但当气体压力降到 10^{-8}Pa 时，绝缘强度又会下降。因此，真空断路器的真空度应保持

图 4-15　ZN12B-40.5 型真空断路器外形示意图

在 $10^{-2}～10^{-8}$Pa 之间。真空断路器出厂时，真空度一般不低于 $1.33×10^{-5}$Pa。由于真空几乎没有气体分子可供游离导电，且弧隙中少量导电粒子很容易向周围真空扩散，因此真空的绝缘强度比变压器油、三个大气压下 SF₆ 和空气的绝缘强度高得多。

1. 真空灭弧室基本结构

真空灭弧室是真空断路器的核心部分，真空灭弧室基本结构如图 4-16 所示。灭弧室基本结构可分为以下几部分：

（1）外壳。外壳为真空灭弧室的密封容器，它不仅要容纳和支持真空灭弧室内的各种部件，而且当动、静触头在断开位置时起绝缘作用。外壳根据制造材料的不同分为玻璃和陶瓷两种。我国以往使用玻璃外壳居多。由于玻璃外壳不能承受强烈冲击，软化温度较低，现在陶瓷外壳

微课4.9

真空断路器的结构

的使用越来越广泛。陶瓷外壳的烘焙温度高，可实现一次排封封接工艺，易于实现机械化、自动化高效生产，陶瓷外壳比玻璃外壳有更高的机械强度和真空度。

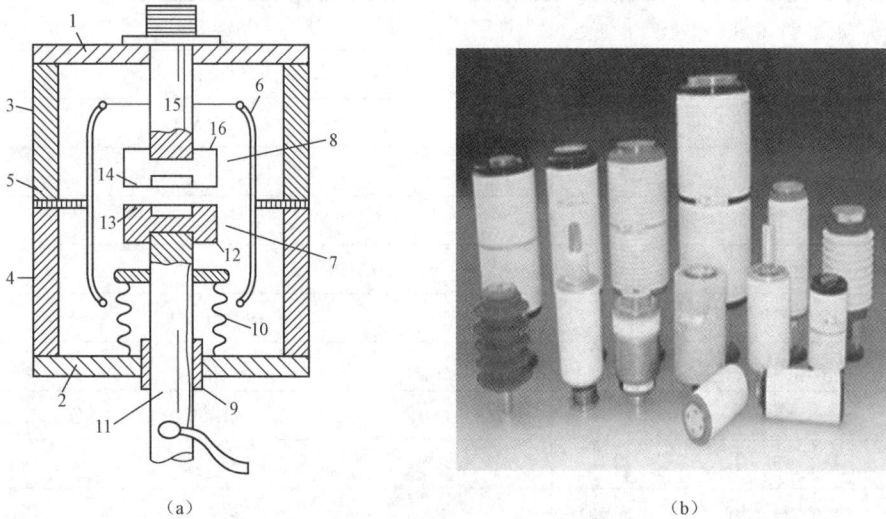

（a）　　　　　　　　　　　　　　　　　　　（b）

图 4-16　真空灭弧室的基本结构

（a）结构图；（b）外形图

1、2—灭弧室上、下金属端盖；3、4—灭弧室上、下部陶瓷外壳；5—中间封接环状金属部件；6—金属屏蔽罩；

7—动触头；8—静触头；9—导向管；10—金属波纹管；11—动触头导电杆；12—动触头金属基座；

13—动触头铜铬合金表层；14—静触头铜铬合金表层；15—静触头导电杆；16—静触头基座

（2）波纹管。波纹管是真空灭弧室的重要元件，它使动触头有一定的活动范围，又不会使灭弧室的密封受到破坏，金属波纹管用来承受触头活动时的伸缩。真空断路器每次分、合操作，都会使波纹管产生一次变形，它是灭弧室最易损坏的部件。其金属材料的疲劳寿命，决定了真空灭弧室的寿命。经常使用的波纹管有液压成形和膜片焊接两种。

（3）屏蔽罩。屏蔽罩是灭弧室不可缺少的部件，分为主屏蔽罩、波纹管屏蔽罩、均压屏蔽罩等。触头周围装设的屏蔽罩，通常称为主屏蔽罩。屏蔽罩应具有较高的热导率和优良的凝结能力。主屏蔽罩的作用是：防止燃弧过程中触头间产生的金属蒸气和金属粒喷溅到外壳绝缘筒内壁，造成真空灭弧室外部绝缘强度降低或闪络；改善真空灭弧室内部电压的均匀分布，提高其绝缘性能，有利于真空灭弧室向小型化发展；冷却和凝结电弧生成物，使电弧热量能通过屏蔽罩散发出去，有助于电弧熄灭后残余等离子体的迅速衰减，对提高灭弧室的开断能力起很大作用。

（4）触头。真空灭弧室的开断能力和电气寿命主要由触头决定。目前，真空断路器的触头系统就接触方式而言广泛采用对接式。触头材料对电弧特性、弧隙介质恢复过程影响很大。对真空断路器触头材料除了要求开断能力大、耐压水平高及耐电磨损外，还要求含气量低、抗熔焊性能好和截流水平低。

2. 真空断路器的特点

（1）在密封容器中熄弧，电弧和炽热气体不外露。灭弧室作为独立的元件，安装调试简单方便。

（2）触头开距小，开断能力强。10kV真空断路器的触头开距在10mm左右，所需操动功率小，操动机构可以简化。

（3）熄弧时间短，电弧电压低，电弧能量小，触头损耗小，开断次数多。

（4）动触杆的惯性小，适用于频繁操作，没有火灾和爆炸的危险。

（5）开关操作时，动作噪声小。触头部分为完全密封结构，不会因潮气、灰尘、有害气体等影响而降低其性能。工作可靠，通断性能稳定。

（6）在真空断路器的使用年限内，触头部分不需要维修、检查。

微课4.10

真空断路器的特点

3. 电磁操动机构

电磁操动机构利用电磁铁将电能变成机械能作为合闸动力。以CD10型电磁操动机构为例进行介绍，其外形结构如图4-17所示。该机构由自由脱扣机构、四连杆机构、主轴、辅助开关、分闸线圈、合闸线圈、分闸铁芯、合闸铁芯、维持合闸支架、手动合闸操作手柄、分合闸指示牌等部件组成。

（1）合闸操作。当合闸线圈通电时，合闸铁芯向上运动，推动滚轮向上运动，通过四连杆机构使主轴顺时针转动，带动传动杆，使断路器合闸；同时，分闸弹簧被拉伸，为分闸过程储能。当合闸铁芯运动到终了位置时，维持合闸支架抵住滚轮，与其相连的动断辅助开关切断合闸操作控制电源，合闸线圈断电，铁芯落下，完成合闸操作。

（2）分闸操作。当分闸线圈通电时，分闸铁芯向上运动，撞击连杆，断路器在分闸弹簧的作用下，主轴逆时针转动，带动传动杆，使断路器分闸。与其相连的动合辅助开关切断分闸操作控制电源，分闸线圈断电，完成分闸操作。

电磁操动机构合闸线圈通过的电流很大，达几十至几百安，分闸线圈通过的电流只有几安；其合闸线圈、分闸线圈只能使用直流电源，其额定电压一般为DC110～220V。

图4-17 CD10型电磁操动机构外形结构图

1—合闸铁芯；2—磁轭；3—接线板；4—信号用辅助开关；

5—分合指示牌；6—外壳；7—分合闸用辅助开关；

8—分闸线圈；9—分闸铁芯；10—合闸线圈；

11—合闸铁芯；12—接地螺栓；13—操作手柄

4. 弹簧操动机构

利用弹簧预先储存的能量作为合闸动力。弹簧操动机构既能由电动机（交流或直流）储能，又能手动储能。

弹簧操动机构一般由储能机构、合闸弹簧、过电流脱扣器、合闸线圈，手动分合闸系统、辅助开关、储能指示等部件组成。从6～220kV断路器都可采用弹簧操动机构。

弹簧操动机构的型号有CT8、CT9、CT10等，适用于不同型号的断路器。下面以CT10型弹簧机构为例，说明弹簧机构的结构及基本动作原理。CT10型弹簧机构的外形结构如图4-18所示。

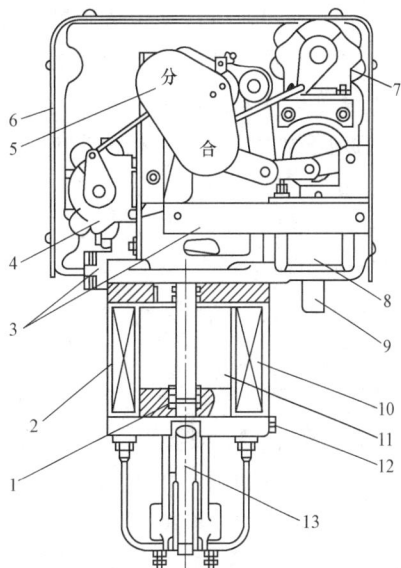

（1）储能过程。当储能电动机接通电源时，在电动机作用下，带动储能轴转动，使挂在储能轴套上的合闸弹簧拉长。储能轴套由定位销固定，维持储能状态，同时，储能轴套上的拐臂推动"行程开关"切断储能电动机的电源，完成储能操作。

（2）合闸操作。在断路器处于分闸状态、机构已储能的前提下，才能进行合闸操作。当合闸电磁铁励磁后，合闸电磁铁的铁芯被吸向下运动，拉动定位件向逆时针方向转动，解除储能维持，合闸弹簧带动断路器完成合闸操作，同时，分闸弹簧储能。

（3）分闸操作。在机构处于合闸状态，分闸弹簧被拉伸储能的前提下，才能进行分闸操作。分闸电磁铁励磁后，铁芯吸合，分闸脱扣器中的顶杆向上运动，使脱扣轴转动，在分闸弹簧力的作用下，断路器完成分闸操作。

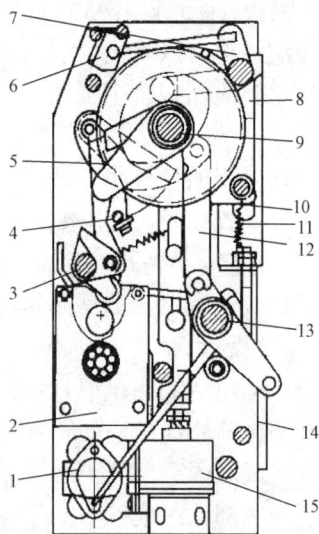

图 4-18　CT10 型弹簧机构外形结构图

1—辅助开关；2—储能电动机；3—分合闸指示牌；
4—半轴；5—驱动棘爪；6—按钮；7—定位件；
8—保持棘爪；9—储能轴；10—合闸连锁板；
11—合闸弹簧；12—合闸四连杆；
13—输出轴；14—角钢；
15—合闸电磁铁

弹簧操动机构合闸电流和分闸电流一般都较小，不超过 5A。弹簧储能是通过行程开关辅助触点动作进行控制的。当弹簧未储能时，行程开关的动合触点断开（切断断路器合闸回路，此时断路器不能合闸），动断触点闭合（自动启动电动机储能）；当弹簧储能完毕后，行程开关的动合触点闭合（准备断路器合闸回路），动断触点断开（自动停止储能电动机）。

五、断路器控制回路

发电机、变压器、线路等的投入和切除，都要通过断路器进行操作控制。主设备都是在主控制室或单元控制室内控制。运行人员在几十米或几百米以外，用控制开关、按钮或 DCS 系统通过控制回路对断路器进行操作，操作完成后，立即由灯光信号反映出断路器的位置状态。

（一）对断路器控制回路一般要求

断路器控制回路必须完整、可靠，因此应满足下列要求：

（1）断路器合闸和跳闸回路是按短时通电来设计的。操作完成后，应迅速自动断开合闸或跳闸回路，以免烧坏线圈。在合、跳闸回路中，若接入断路器的辅助触点，便可将回路切断，同时，还为下一步操作做好准备。

（2）断路器既能由控制开关进行手动合闸和分闸，又能在自动装置和继电保护作用下自动合闸或跳闸。

（3）控制回路应具有反映断路器位置状态的信号。例如，手动合闸或手动分闸时，可用红、绿灯发平光表示断路器为合闸或分闸状态。红、绿灯发闪光便表示出现自动合闸或自动跳闸。

（4）具有防止断路器多次合、跳闸的"防跳"装置。因断路器合闸时，如遇永久性故障，继电保护将其跳闸，此时，如果控制开关未复归或自动装置触点被卡住，将引起断路器再次合闸又跳闸，即出现"跳跃"现象，"跳跃"容易损坏断路器。因此，断路器应装设"电气防跳"或"机械防跳"装置。

（5）对控制回路及其电源是否完好，应能进行监视。

（二）断路器控制方式

断路器的控制方式，按其操作电源可分为强电控制与弱电控制，前者一般为110V或220V电压，后者为48V及以下电压；按操作方式可分为一对一控制和选线控制两种。

大型火力发电厂高压断路器多采用弱电一对一控制方式，断路器跳、合闸线圈仍为强电，两者之间增加转换环节。这样，控制屏能采用小型化弱电控制设备，操动机构强电化，控制距离与单纯的强电控制一样。

（三）具有电磁操动机构用控制开关操作的断路器控制回路

具有电磁操动机构断路器采用三相联动。用控制开关操作的断路器控制回路分析方法如下。

根据断路器的实际状态，确定断路器动合触点或动断触点所处的位置，是闭合还是断开。

根据控制开关的位置，确定哪些触点是接通的。

1. 控制开关

具有电磁操动机构用控制开关操作的断路器控制回路用 LW2-Z 型控制开关，这种控制开关用手柄转动操作，当手柄转动至不同位置时，每个触点盒内的触点接通情况就不相同（见表4-3），从而实现对断路器的控制。LW2-Z 型控制开关手柄共有六个位置："预备合闸""合闸""合闸后""预备跳闸""跳闸""跳闸后"。之所以设置"预备合闸"和"预备跳闸"，目

表4-3　　　　　　　　LW2-Z-1a、4、6a、40、20、20/F8 型控制开关触点表

有"跳闸"后位置的手柄（正面）的样式和触点盒（背面）接线图	合跳	1 2-3 4	5 6 8 7	9 10 11 12	13 14 16 15	17 18 19 20	21 22 23 24
手柄和触点盒型式	F8	1a	4	6a	40	20	20
触点号位置	—	1-3 / 2-4	5-8 / 6-7	9-10 / 9-12 / 10-11	13-14 / 14-15 / 13-16	17-19 / 18-20	21-23 / 21-22 / 22-24

触点号位置		1-3	2-4	5-8	6-7	9-10	9-12	10-11	13-14	14-15	13-16	17-19	18-20	21-23	21-22	22-24
跳闸后	▭•	—	•	—	—	—	—	—	—	—	•	—	—	•	—	—
预备合闸	▯	•	—	—	•	—	—	—	•	—	—	—	—	—	—	•
合闸	⬦	—	•	•	—	•	—	—	—	—	•	•	—	•	—	—
合闸后	▯	•	—	•	—	—	—	—	—	•	—	•	—	•	—	—
预备跳闸	▭•	—	•	—	•	—	—	•	•	—	—	—	—	—	•	—
跳闸	⬦	—	—	—	•	—	•	—	•	—	—	—	—	—	—	•

注　"•"表示触点接通；"—"表示触点断开。

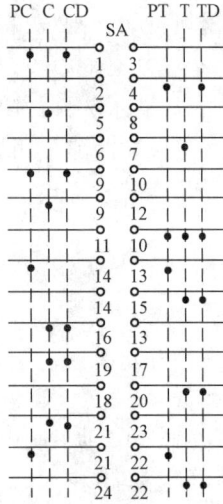

图 4-19　LW2-Z-1a、4、6a，
40、20、20/F8 型触点
通断图形符号

的是帮助运行人员判断所操作的设备是否正确，减少误操作的可能。"合闸后"和"跳闸后"为两个固定位置，当手柄转到该位置时，将在该位置维持，触点盒内的触点也就相应地停留在该位置。"合闸"和"跳闸"是两个操作位置，当手柄转到该位置时，断路器执行操作命令，松开手柄后它会自动返回到"合闸后"或"跳闸后"位置。

合闸操作程序为：预备合闸→合闸→合闸后。

跳闸操作程序为：预备跳闸→跳闸→跳闸后。

在断路器控制回路中，表示控制开关 SA 触点通断情况的图形符号如图 4-19 所示，其中水平线是开关的接线端子引线，6 条垂直虚线表示手柄处于 6 个不同的操作挡位，即 PC（预备合闸）、C（合闸）、CD（合闸后）、PT（预备跳闸）、T（跳闸）、TD（跳闸后），水平线下方的黑点表示该对触点在此位置时是闭合的。

2. 手动合闸

图 4-20 所示为用 LW2 型控制开关操作电磁操动机构断路器控制回路图。

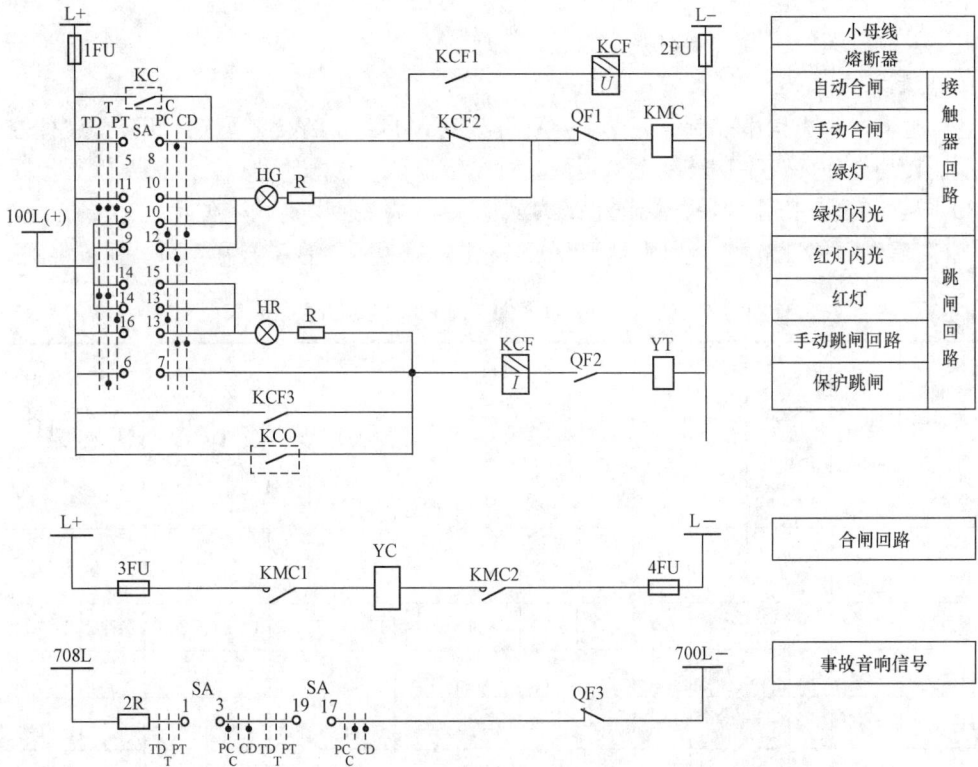

图 4-20　具有电磁操动机构用控制开关控制的断路器控制回路

SA—控制开关；KC—自动装置出口中间继电器；L+、L−—控制电源小母线；KMC—合闸接触器；KCF—防跳继电器；
YC—合闸线圈；YT—跳闸线圈；HR—红灯；HG—绿灯；708L—事故音响小母线；700L−—信号小母线；
100L（+）—闪光小母线；PC—预备合闸；C—合闸；CD—合闸后；PT—预备跳闸；T—跳闸；TD—跳闸后

（1）初始状态。

1）断路器处于断开位置，其动断触点闭合，动合触点断开；在图4-20中用到了断路器QF的两对动断触点（QF1、QF3）和一对动合触点QF2。

2）控制开关SA在跳闸后位置（TD位置），在图4-20中可查到SA触点：10—11；14—15闭合。

回路"L+→1FU→SA11—10→HG及其附加电阻→QF1→KMC线圈→2FU→L–"接通，绿灯HG发平光，不仅指示断路器正处于跳闸位置，还监视操作电源、熔断器、辅助触点等合闸回路中各元件完好。

（2）预备合闸。先将控制开关SA手柄自水平位置顺时针转动90°至"预备合闸"位置，此时：

1）断路器处于断开位置，其动断触点QF1闭合，动合触点QF2断开。

2）控制开关SA在预备合闸的垂直位置，SA触点：9－10；13－14等闭合。

回路"100L（+）→SA9-10→HG→QF1→KMC线圈→2FU→L–"接通，绿灯HG发闪光。

（3）合闸。经检查确认操作对象无误后，将SA手柄再向顺时针方向转动45°至"合闸"位置。

1）断路器处于断开位置，其动断触点闭合，动合触点断开。

2）控制开关SA在合闸位置，SA：5－8；9－12；13－16等闭合。

回路1："L+→1FU→SA5-8→KCF2→QF1→KMC线圈→2FU→L–"导通，KMC动作，其触点KMC1、KMC2接通。

回路2："L+→3FU→KMC1→YC线圈→KMC2→L–"导通，使断路器合闸线圈YC通电，断路器合闸。断路器合闸后，QF1断开，切断合闸脉冲电流；QF2闭合，准备好跳闸回路。

回路3："L+→1FU→SA13-16→HR及其附加电阻→KCF电流线圈→QF2→YT线圈→2FU→L–"导通，红灯HR亮，指示断路器已合闸。放开SA手柄，手柄自动复归至"合闸后"（垂直）位置。

（4）合闸后。

1）断路器在合闸位置，其动合触点QF2闭合，动断触点QF1、QF3断开。

2）控制开关SA在合闸后的垂直位置，SA触点：1－3；9－10；13－16；17－19等闭合。

回路："L+→1FU→SA13-16→HR及其附加电阻→KCF电流线圈→QF2→YT线圈→2FU→L–"接通，红灯HR亮，指示断路器在合闸位置，跳闸回路完好。

3. 手动跳闸

手动控制跳闸时，将手柄逆时针方向旋转90°至"预备跳闸"位置，红灯闪亮，检查确认无误后，将手柄再向逆时针方向旋转45°至"跳闸"位置，跳闸线圈YT回路接通，断路器跳闸。断路器辅助触点QF2切断跳闸脉冲电流，QF1接通HG回路，绿灯HG发平光，显示断路器已跳闸完毕。放开SA手柄后，手柄自动复归至"跳闸后"（水平）位置。

4. 故障跳闸

以线路断路器为例进行分析，在线路正常运行时：

（1）断路器处于合闸位置，其动合触点QF2闭合，动断触点QF1、QF3断开。

（2）控制开关SA在合闸后的垂直位置，SA触点：1－3；9－10；13－16；17－19等闭合。当线路发生短路时，线路保护动作，线路保护出口中间继电器KCO触点闭合。

回路1："L+→1FU→KCO动合触点→KCF电流线圈→QF2→YT线圈→2FU→L–"导通，接通跳闸回路，断路器跳闸，动合触点QF2断开，动断触点QF1、QF3闭合。

回路2："100L（+）→SA9-10→HG 及其附加电阻→QF1→KMC 线圈→2FU→L–"接通，绿灯 HG 发闪光，以提示值班人员处理。

回路3："708L→2R→SA1-3→SA19-17→QF3→700L–"接通，发出喇叭音响。

5. 自动合闸

通过发电厂自动装置，如备用电源自动投入装置发合闸命令，使中间继电器 KC 励磁，KC 动合触点闭合，回路"L+→1FU→KC 动合触点→KCF2→QF1→KMC 线圈→2FU→L–"导通，KMC 动作，其触点 KMC1、KMC2 接通，接通合闸线圈回路，断路器自动合闸。断路器合闸后，其动合触点 QF2 闭合，动断触点 QF1、QF3 断开；回路："100L（+）→SA13-15→HR 及其附加电阻→KCF 电流线圈→QF2→YT 线圈→2FU→L–"导通，红灯 HR 发闪光，以提示值班人员处理。

6. 防跳跃闭锁

当断路器合闸于有故障的线路或设备时，继电保护装置将动作跳闸。此时若操作人员仍将控制开关 SA 保持在"合闸"位置，或因 SA 开关内部损坏，导致 SA5–8 不能断开，断路器将再合闸。因线路或设备上有故障，继电保护又会动作跳闸，从而发生重复跳、合现象，这种现象称为断路器"跳跃"，这将会造成断路器开断能力下降，甚至引起断路器爆炸等事故。所以必须采取措施防止"跳跃"现象。对于没有机械"防跳跃"功能的操动机构，均应在控制回路中增加电气"防跳跃"设施。

图 4-20 所示的控制回路具有电气"防跳跃"功能。其中 KCF 为"防跳跃"继电器，它有两个线圈：一个是电流启动线圈，串联于跳闸回路中，这个线圈的额定电流应根据串联的跳闸线圈的动作电流来选择，并要求其动作电流略小于跳闸线圈的动作电流，以保证跳闸操作时 KCF 能可靠动作，此电流线圈的电阻极小，对跳闸回路影响甚微；另一个线圈为电压自保持线圈，经过自身的动合触点 KCF1 并联于合闸接触器的线圈回路。此电压线圈的电阻很大，不影响合闸回路的动作。在合闸回路串入了动断触点 KCF2。

防跳跃继电器 KCF 的工作原理如下：用控制开关 SA 操作合闸时，如果线路或设备有故障，其继电保护装置动作，出口中间继电器 KCO 动作，接通跳闸回路，使断路器跳闸。在跳闸回路接通时刻，KCF 动作，其动断触点 KCF2 断开合闸回路，动合触点 KCF1 接通 KCF 的电压自保持线圈回路。此时，如果合闸正电源未断开（如 SA5—8 断不开等原因），则由于 KCF 电压线圈一直自保持，其动断触点 KCF2 切断了合闸回路，使断路器不能再次合闸，直到 SA5—8 触点断开后，KCF 电压自保持回路断开，才能恢复正常状态。

动合触点 KCF3 的作用是为了保护 KCO 触点。当跳闸回路接通时，KCF3 接通使 KCF 动作并自保持，直至断路器跳闸后由 QF 辅助触点 QF2 切断跳闸电流，从而可避免由 KCO 触点切断跳闸电流而烧坏。

（四）具有弹簧操动机构 SF$_6$ 断路器控制回路

1. 弹簧操动机构断路器控制回路的特点

在电磁操动机构合闸瞬间，是由合闸线圈通入大电流，产生强大的电磁冲击力，带动断路器合闸。无操作时不需要储能。而弹簧操动机构用弹簧预先储存的能量进行合闸，用储能电动机回路代替了电磁机构的合闸线圈回路。由图 4-21 可知，在合闸回路中串入了行程开关闭锁触点 SQ1，只有在弹簧拉紧（储能），行程开关 SQ1 闭合后，才允许断路器合闸。同时当断路器储能弹簧未拉紧时，行程开关触点 SQ4 闭合发出"弹簧未储能"（2HL）信号。

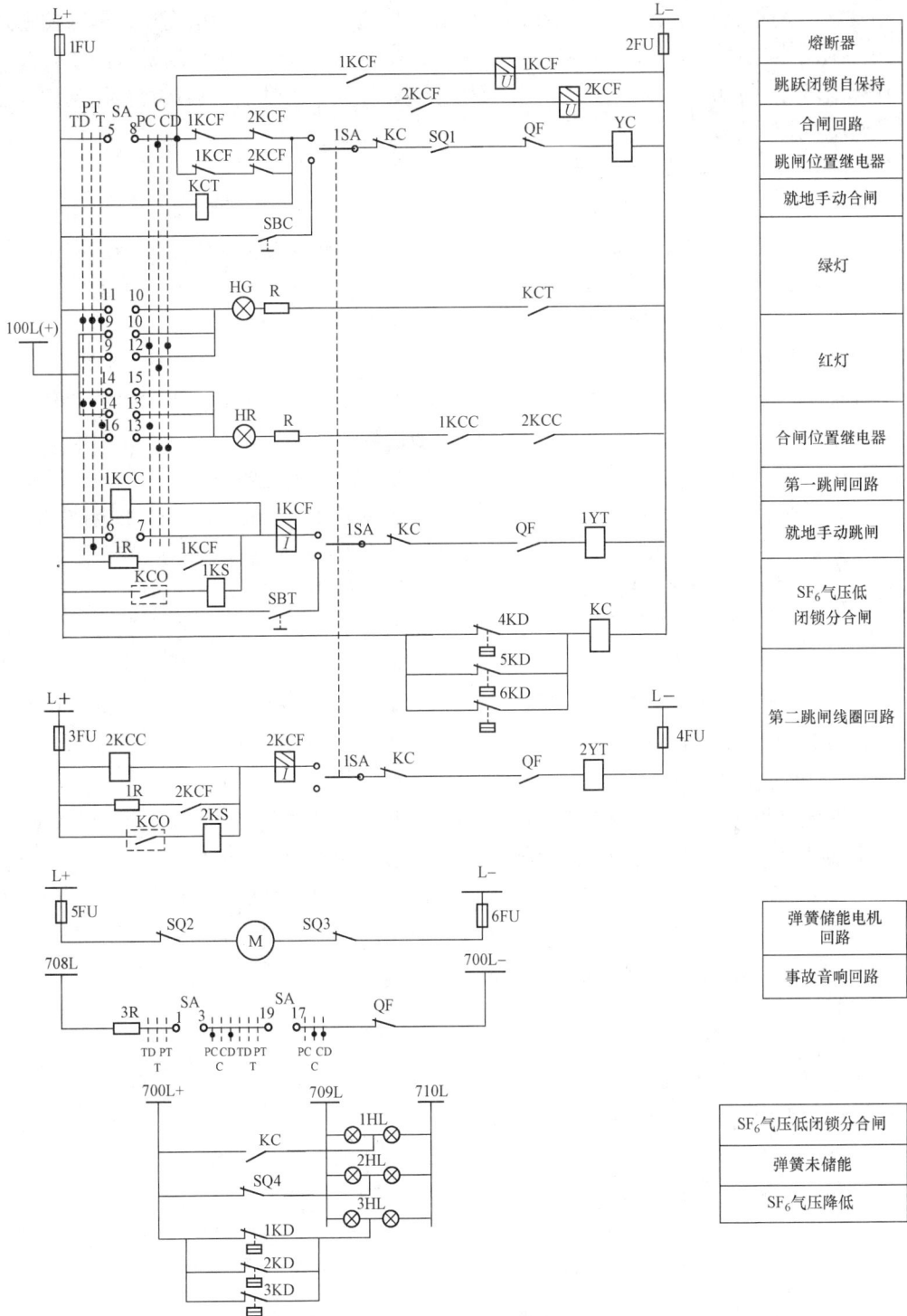

图 4-21　具有弹簧操动机构 SF$_6$ 断路器控制回路

SA—控制开关；1SA—远方/就地切换开关；KC—SF$_6$ 气压低闭锁分合闸中间继电器；L+、L-—控制电源小母线；
1KCF、2KCF—防跳继电器；1KS、2KS—信号继电器；YC—合闸线圈；YT—跳闸线圈；HR—红灯；HG—绿灯；
708L—事故音响小母线；700L—信号小母线；100L+—闪光小母线；SQ1～SQ4—弹簧机构行程开关触点；1KD～6KD—
SF$_6$ 气压表或密度继电器触点；SBC—就地手动合闸按钮；SBT—就地手动分闸按钮；KCO—继电保护出口继电器

当发出断路器合闸指令时，合闸线圈 YC 回路接通，合闸线圈吸引衔铁，解除拉紧弹簧的锁扣，利用事先拉紧弹簧的储能拉动联动机构使断路器合闸。弹簧操动机构的跳、合闸线圈动作电流较小（220V 时为 0.5～2A），可用控制开关或中间继电器触点直接控制，不需要通过接触器间接控制。

2. 弹簧操动机构自动储能过程

在图 4-21 中，储能电动机电源引自 L+、L-小母线，只要装入熔断器 5FU、6FU，电动机即启动并拉紧弹簧。弹簧拉紧后与弹簧联动的行程开关触点 SQ2、SQ3 断开，从而切断电动机电源。断路器合闸后，断路器合闸弹簧放松，行程开关 SQ2、SQ3 触点重新闭合，电动机再启动拉紧弹簧，准备下次合闸。

3. 双重跳闸回路

220kV 及以上线路中断路器的重要性极高，其控制回路应满足双重化的要求。要准确可靠地切除电力系统中的故障，除了继电保护装置要准确、可靠地动作外，作为继电保护的执行元件——断路器是否能可靠地动作，这对于切除故障是至关重要的。显然，在电力系统发生故障时，即使继电保护装置正确动作，但如断路器失灵而拒动时，故障仍不能被切除，势必酿成严重的后果。断路器的工作可靠性与灭弧装置（灭弧室）、操动机构、控制回路和控制电源有关。在未采用双重化设计时，在超高压电网的断路器所有拒动事故中，大部分是控制回路不良引起的。采用了双重化设计后，这种拒动的概率大大降低。所以，为了保证可靠地切除故障，220kV 及以上电压等级线路断路器的跳闸回路采用双重化设置是非常必要的。所谓跳闸回路双重化，是在断路器中设置两组跳闸线圈 1YT、2YT，两组独立的跳闸回路，两组跳闸回路的控制电源分别取自不同的熔断器 1FU、2FU；3FU、4FU。

4. 位置继电器

位置继电器包括合闸位置继电器与跳闸位置继电器。在两个跳闸回路中，分别串联合闸位置继电器 1KCC、2KCC 线圈；在合闸回路中，串联跳闸位置继电器 1KCT 线圈。若断路器处在正常合闸运行位置，两跳闸回路完好，1KCC、2KCC 均励磁，则红灯 HR 亮；若断路器处在断开位置，1KCT 动作，则绿灯 HG 亮。跳闸位置继电器 KCT 和合闸位置继电器 1KCC、2KCC 分别监视合闸回路和跳闸回路，当 KCT 与 1KCC 或 2KCC 两线圈同时失磁时，发控制回路断线信号。

5. "近控/远控"操作

在断路器操动机构箱内装有近控/远控切换开关 1SA，正常运行时，1SA 置于"远方"位置，1SA 上触点接通，由控制室用控制开关 SA 操作，当发出合闸命令时，SA5-8 接通，使合闸线圈 YC 电路接通，使断路器三相同时合闸；当发出跳闸操作命令时，SA6-7 触点接通，分闸线圈 YT 回路接通，断路器三相同时分闸。若因检修、调试工作需要，可将 1SA 置于"就地"位置，此时 1SA 下触点接通，可在机构箱内先按 SBT（或 SBC）使断路器跳（合）闸。

6. SF_6 气体密度监视

当三相 SF_6 断路器中有一相漏气到报警压力值时，报警触点 1KD～3KD 之一闭合，发出"SF_6 气压降低"信号（3HL）；当三相 SF_6 断路器中有一相漏气到闭锁压力值时，密度继电器触点 4KD～6KD 之一闭合，继电器 KC 动作，KC 三对动断触点都断开，切断 YC 及 1YT、2YT 线圈电路，断路器不能实现跳、合闸动作，只能保持于原先的位置，同时发出"SF_6 气压低闭锁分合闸"信号（1HL）。

（五）信号系统

在发电厂中设置信号装置，其用途是供值班人员经常监视各电气设备和系统的运行状态。按信号的性质可分为以下几种。

（1）事故信号。它反映发电厂电气设备或线路发生事故，断路器跳闸的信号。一般用电喇叭和对应跳闸断路器绿灯闪光表示。

（2）预告信号。它反映机组及设备运行时的不正常状态。一般用警铃和对应故障内容的光字牌点亮表示。如变压器出现过负荷时，警铃响，"变压器过负荷"光字牌点亮。

（3）位置信号。它指示断路器、隔离开关、变压器有载调压分接开关的位置状态。如断路器合闸后红灯亮，断路器跳闸后绿灯亮，断路器事故跳闸后绿灯闪光。

（4）继电保护和自动装置的动作信号。微机保护中一般可显示事故时继电保护动作情况。

计算机监控系统在电厂应用后，使信号系统发生了很大变化。声音信号和光信号也有其他形式，但两者有较大的区别。

六、断路器运行监视及异常处理

（一）断路器运行检查及注意事项

（1）各厂制定了配电装置标准及非标准运行方式，运行人员要严格按要求进行操作。

（2）断路器投入前应检查机械位置指示器指示及断路器拐臂位置应正确，且与断路器位置相符。

（3）断路器金属架构与接地网连接完好；必须对断路器做分合闸试验，试验应全部正常，试验完毕后必须保持断路器三相均在断开位置，且计数器数值一致。

（4）断路器设备附近无影响安全的异物。

（5）断路器各连接部分无松动、过热现象，无异常声响。

（6）瓷套管无放电闪络现象。

（7）断路器各部分不漏油、不漏气，油位、油压、油色、气压正常。

（8）断路器应无异常声音及异味。

（9）断路器事故跳闸后应检查有无喷油、漏油、漏气现象；油色、油位、油压、气压、SF_6压力是否正常，有无烟火及焦臭味；各部件有无变形、过热现象；套管有无裂纹及其他异常现象。

（10）三相断路器计数器动作情况是否正确。

（二）断路器操作要求及注意事项

（1）当正常远控操作断路器出现不能分合时，应查明原因消除后再行操作。

（2）当断路器的操动机构因压力异常导致断路器分合闸闭锁时，严禁解除闭锁进行操作。

（3）断路器禁止在带电的情况下，进行手动机械操作。

（4）断路器合闸或分闸后，应检查三相电流是否正常，指示灯指示是否正确；断路器、隔离开关操作后，需检查相应的位置继电器切换是否正常，相关保护面板上的运行方式显示是否符合实际。

（三）断路器异常处理

1. 运行中的断路器发现下列现象之一，应立即联系调度停电处理

（1）当操作油压降低至分闸闭锁、油泵闭锁压力，找不到原因或不能很快使压力恢复至

正常值时。

（2）当 SF_6 气体压力降至闭锁分合闸值，又不能很快充压恢复压力时。

（3）氮气（N_2）压力低信号发出，由检修人员确认需补充氮气时。

（4）灭弧室瓷套、支柱瓷套严重损坏，造成放电或漏气时。

（5）真空断路器出现真空破坏的嗞嗞声。

（6）引线接触处严重发热烧熔或烧断。

2．断路器合不上的原因及处理

（1）直流电压偏低或接地。

（2）合闸操作熔断器及元件回路（如操作把手触点、断路器辅助触点、跳跃闭锁继电器触点、油压、气压及 SF_6 压力等）接触不良或断线。

（3）执行同步合闸操作的断路器把手位置放错。

（4）合闸线圈层间短路、断线。

（5）机械部分卡塞。

（6）操动机构卡塞。

（7）保护装置动作。

（8）根据以上原因视情况由值班人员或通知检修人员及时处理。

3．断路器拉不开的原因及处理

（1）直流电压偏低或接地。

（2）操作熔断器及跳闸回路元件（如操作把手触点、跳跃闭锁继电器线圈、油压、气压及 SF_6 压力等）接触不良或断线。

（3）跳闸线圈断线。

（4）机械部分卡塞。

（5）根据以上原因，视情况由值班人员或通知检修人员及时处理。

4．断路器大量漏气或漏油时的处理

（1）断路器 SF_6 压力下降或操作气压下降，油压下降并发出压力低报警，此时应检查漏气、漏油原因，发现漏气、漏油处后将有关阀门关闭，隔绝泄漏处。

（2）断开控制电源。

（3）短时可补压至正常时，可恢复断路器操作。

（4）短时不能恢复时，如是线路断路器，则可用旁路断路器代替线路断路器运行等。

（5）立即通知检修人员尽快消除。

5．断路器自动跳闸

（1）现象。事故喇叭响；跳闸断路器红灯熄灭，绿灯闪光，电流表指示为零，有关光字牌信号发出。

（2）原因及检查。

1）系统故障，继电保护动作。

2）误碰机械或在二次回路上工作时误动。

3）断路器机械故障。

4）二次回路有接地，直流两点接地。

5）就地事故按钮按下。

任务三　同　期　操　作

教学目标

知识目标：掌握同期点断路器控制回路构成及分析方法。

能力目标：①能识别同期点；②能说出同期回路的构成；③能说出同期点断路器控制回路与非同期点断路器控制回路的区别；④能说出手动准同期操作的过程及注意事项。

任务描述

同期点断路器控制回路分析。

任务准备

①阅读资料，各组制订实施方案；②绘出同期点断路器控制回路；③各组互相考问；④教师评价。

任务实施

同期点断路器控制回路图。

相关知识

同期点、准同期、自同期、同期装置、同期开关。

发电机组在投入电力系统并列运行以前，与系统中的其他发电机是不同步的。如果要使其与系统中已运行的其他发电机并列运行，则必须按一定的要求完成各种操作。这种将发电机投入电力系统并列运行的操作，称为并列操作或同期操作。用于完成并列操作的装置，称为同期装置。

并列操作是发电厂一项重要且需经常进行的操作，必须认真对待，以便在并列操作以后，发电机能很快达到同步运行的目的。正常运行时，随着负荷的波动，电力系统中发电机运行的台数也要经常变动。同步发电机要经常进行并列操作，以便将机组投入系统并列运行。发生事故时，也往往要通过并列操作，将备用发电机迅速投入电网运行，以迅速恢复整个系统的正常运行。

并列操作必须准确无误，若操作不当或发生误操作，将会对电力系统带来极其严重的后果。

（1）可能产生巨大的冲击电流，甚至比机端短路电流还要大得多。

（2）会引起系统电压严重下降。

（3）使电力系统发生振荡以致使系统瓦解。

（4）冲击电流所产生的强大电动力，可能对电气设备造成严重的损坏。

为了使并列操作后发电机迅速拉入同步，在操作之前一般都应该根据不同的并列方法使待并发电机满足一定的条件。不论采取哪一种操作方法，应该共同遵循的基本要求和原则如下：

（1）并列操作时，冲击电流应尽可能小，其瞬时最大值不应超过允许值（如 1～2 倍的额定电流）。

（2）发电机投入系统后，应能迅速拉入同步运行状态，其暂态过程要短，以减少对电力系统的扰动。

一、同步发电机并列方式

在电力系统中，目前采用的并列有两种方式，即准同期和自同期。两种并列方式可以是手动操作的，也可以是自动的。

1. 准同期并列

通常发电机采用的准同期并列方式有自动准同期、半自动准同期和手动准同期三种。

调整发电机频率、电压，合上发电机-变压器组主断路器，全部由运行人员来操作完成的，称为"手动准同期"并列。

调整发电机频率、电压，合上发电机-变压器组主断路器，全部由同期自动装置来完成的，称为"自动准同期"并列。

当调整发电机频率、电压及合发电机-变压器组主断路器三项中，有任一项是由自动装置来完成，其余仍由手动来完成时，称为"半自动准同期并网"。

准同期并列是将未投入系统的发电机加上励磁，并调节其电压和频率，在满足并列条件时将发电机投入系统。如果断路器在理想情况下合闸，发电机没有冲击电流，这样将不会产生电流或电磁力矩的冲击，这是准同期并列的最大优点。但是，在实际的并列操作中，很难实现上述理想条件，总要产生一定的电流冲击和电磁力矩冲击。一般说来，只要这些冲击不大，不超过允许范围，就不会对发电机产生危害。如果两者间频率差别较大，即发电机在并列前的转速太快或者太慢，则并列后会很快地带上过多的有功负荷或吸收过多的无功功率，甚至可能失去同步。如果两者间电压差别较大，则在合闸时会出现无功性质的冲击电流。如果合闸时的相角差较大，则会出现有功性质的冲击电流。为减少这种冲击，在实际操作中，在合闸前应调节待并发电机或待并系统的电压与频率，同时满足如下三个准同期并列条件。

（1）频率条件：应使待并发电机的频率接近系统频率，一般频率差应不超过 0.2%～0.5%。

（2）电压条件：应使待并发电机的电压与系统的电压接近相等，一般电压差应不超过 5%～10%。

（3）相角条件：当上述两个条件已被调节得符合要求时，就应在断路器两侧电压的相角相重合前，稍为提早一些时间，给断路器发出合闸脉冲，以便在合闸瞬间，断路器两侧电压间的相角差恰好趋于零，这时的冲击电流最小。通常此相角差不宜超过 10°。

由于准同期并列能通过调节待并发电机的频率、电压和相角，使上述三个条件得到满足，所以合闸后冲击电流很小，能很快拉入同期，对系统的扰动也最小。因此，在电力系统正常运行情况下，一般都采用准同期并列操作。

采用准同期方式时，必须防止非同期并列，否则可能使发电机遭到破坏。如果在发电机和系统之间的相位差等于 180°时合闸，发电机定子绕组的冲击电流将比发电机出口的三相短路电流大一倍，还将产生很大的冲击电磁力矩。在最不利情况下，有阻尼绕组水轮发电机的最大冲击电磁力矩可能达至额定力矩的 8～26 倍，而出口三相突然短路时的最大电磁力矩也只有额定值的 3～8 倍。上述情况说明，非同期并列可能使发电机严重损坏。例如，1977 年某厂有一台发电机在准同期并列过程中发生非同期合闸，结果使发电机受到重大冲击，造成定子绕组绝缘损坏而短路，使发电机受到严重损坏。

造成非同期并列的主要原因有：二次接线出现错误；同期装置动作不正确；运行人员误操作等。为了防止出现上述危险，要求有关同期接线必须正确无误，同期装置或仪表的误差必须满足要求，手动准同期操作时要由有经验的运行人员操作等。

2. 自同期并列

系统发生事故时，电压和频率可能降低和不断发生变化，此时，准同期方式并列将发生困难，因此便出现了自同期的并列方式。自同期是将未加励磁电流的同步发电机升速至接近系统频率，在滑差角频率不超过允许值，且机组的加速度小于某一给定值的条件下，先把发电机投入系统，随即将励磁电流加到转子中去。在正常情况下，经过 1～2s 后，电力系统即可将并列的发电机拉入同步。自同期并列对于相角及电压条件没有要求，而转速条件也可放得较宽。通常的允许滑差，在正常时为 2%～3%，事故情况下可达 10%。

自同期并列的最大特点是并列过程迅速、操作简单。由于待并发电机在投入系统时未加励磁，故这种并列方式从根本上消除了非同期并列的可能性。同时，并列操作比较简单，不存在调节和校准电压和相角的问题，只是调节发电机的转速，易于实现操作过程的自动化。此外，自同期方式还可大大缩短并列所需时间。采用自同期并列的水轮发电机，从发出开机脉冲至发电机并入系统，一般只需要 20～40s 甚至更短的时间。自同期并列的这一优点，为电力系统发生事故出现低频率、低电压时，启动备用机组创造了很好条件，这对于防止系统瓦解和事故扩大，以及较快地恢复系统的正常工作起着重要的作用。

应用自同期并列方式使发电机投入系统时，因为发电机没有加励磁，这相当于系统经过很小的发电机次暂态电抗而短路，所以合闸时的冲击电流较大，这会引起系统电压短时下降。冲击电流引起的电动力，可能对定子绕组绝缘和定子绕组端部产生不良影响，冲击电磁力矩也将使机组大轴产生扭矩，并引起振动，但一般说来，冲击电流和冲击电磁力矩均比发电机出口突然三相短路时小，且衰减较快。

随着微机自动准同期装置的推广和普及，自动准同期的准确性、可靠性得到了保证，并列过程的时间也大大缩短，其快速性完全可以与自同期一较高低，故自同期并列方式使用越来越少。

二、同期点选择和同期电压引入

1. 同期点选择

一般说来，如果一个断路器断开后，两侧都有电源且可能不同步，则这个断路器就是同期点。为了实现与系统的并列运行，发电厂同期点断路器必须由同期装置来进行并列操作（即同期合闸）。

在发电厂内，下列断路器应能进行同期操作：发电机出口断路器、发电机–双绕组变压器单元接线的高压侧断路器、发电机–三绕组变压器单元接线的各电源侧断路器、双绕组变压器低压侧或高压侧断路器、三绕组变压器各电源侧断路器、分段断路器、母联断路器、旁路断路器、35kV 及以上系统联络线断路器、发变组高压侧断路器、高压厂用变压器（高厂变）6kV断路器、启动/备用变压器（启备变）6kV 断路器，以及其他可能发生异步合闸的断路器。

2. 同期电压引入

采用准同期方式并列时，需比较待并发电机与系统电压的幅值、频率和相位。为此，需将待并发电机和系统的电压引至同期装置，以便进行比较判断。引入同期装置的电压，通常取自不同的电压互感器。

在发电厂中，若升压变压器采用 Yd11 接线时，这种变压器两侧相应电压的相位是不同的，由于用来取得同期电压的互感器可能安装在不同地方，有的安装在发电机电压侧，有的安装在升高电压侧，且互感器本身也有各种不同的接线，因此可能出现这种情况，即从互感器二次绕组取得而引入同期装置的电压相位，与同期点两侧待并发电机和系统的实际电压相位不符，这样就可能造成非同期合闸。为了避免这种情况，必须保证从互感器取得的电压相位与同期点两侧实际的电压相位相符。对于引入电压相位不符的情况，应根据具体情况，或采用改变电压互感器连接方式，或采用"转角变压器"，对电压相位进行校正。此外，同期装置的输入电压均为 100V，所以应保证同期装置所用电压互感器二次电压为 100V。

三、微机型数字式自动准同期装置

1. 概述

发电厂的主控室或单元控制室应装设自动准同期装置和带有同期闭锁的手动准同期装置。网控室一般装设带有同期闭锁和自动合闸的手动准同期装置，该装置只具有同期闭锁、自动检测同期条件和自动合断路器功能，要使两系统的频率、电压差达到同期条件范围之内，还需手动调整待并机组频率、电压来完成。

国内 200MW 以上机组，普遍使用了微机型数字式自动准同期装置。

2. 微机型数字式自动准同期装置原理框图

微机型数字式自动准同期装置以单片机为核心，配以高精度交流变换器（小 TV），准确快速的交流采样，计算断路器两侧电压、频率及相角差，输入/输出光电隔离，装置能自检，参数设置方便，可实现监控。

它的突出特点是能自动识别差频和同频同步性质，确保以最快的时间和良好的控制技术促成同期条件的实现，并且不失时机地捕捉到第一次出现的并网机会；以精确严密的数学模型，确保差频并网（发电机对系统或两解列系统间的线路并网）时，捕捉第一次出现的零相差，进行无冲击并网。

目前，正广泛被采用的微机型数字式自动准同期装置是基于恒定越前时间原理研制生产的。恒定越前时间准同期装置的一个重要特点，就是要找出某一恒定的越前时间，作为合闸操作的一个重要条件，并应不断检查频差条件和压差条件是否均已满足。假如频差或压差任一条件不能满足，即进行闭锁装置的操作，这时，将会通过均频部分，鉴别待并发电机转速的快慢，相应发出均频脉冲（减速或增速脉冲）；或通过均压部分，检查发电机电压的高低，相应发出均压脉冲（降压或升压脉冲）；微机型数字式自动准同期装置最终要在符合并列条件时，在规定的恒定越前时间发出合闸脉冲，使发电机实现准同期并列。为了实现上述各种功能，现代微机数字式自动准同期装置通常包括四个部分，在图 4-22 中虚线示出了各部分的关系。

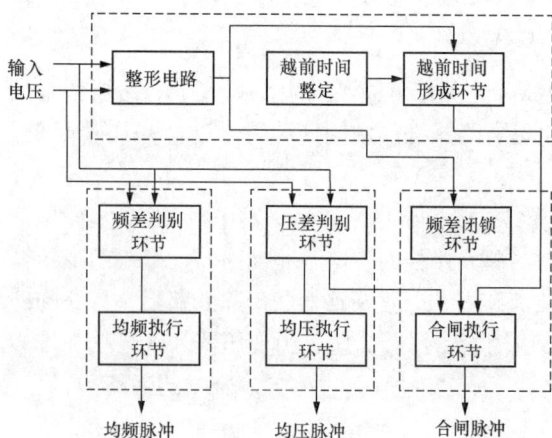

图 4-22 微机型数字式自动准同期装置原理框图

3. 微机型数字式自动准同期装置的投退

以 SID-2CM 微机型数字式自动准同期装置为例介绍。

（1）SID-2CM 微机型数字式自动准同期装置的投入。

1）投入或检查准同期控制装置的直流电源应正常。

2）检查同期控制装置面板上的方式选择开关在"工作"位置。

3）将同期控制装置盘的方式切换开关（DTK）切至"自准"位置。

4）将机组 DEH（数字电液调节系统）同期控制投入"自动"。

5）检查同期控制装置盘交、直流电源中间继电器动作，面板的电源指示灯亮。

6）按下同期控制装置启动按钮，"自动同期装置投入"光字亮。

7）检查同期控制装置工作（调压、调速、相位表转动）应正常。

（2）SID-2CM 微机型自动准同期装置的退出。

1）确认自动准同期装置已将发电机并入电网。

2）将同期装置盘的方式切换开关（DTK）切至"停用"位置。

3）检查同期控制装置盘交、直流电源中间继电器返回，面板的电源指示灯灭。

4）退出自动准同期控制装置的直流电源。

4. 自动准同期装置与 DEH 的联合动作

大型汽轮发电机组均配有数字电液调节系统（DEH），具有从汽轮机冲转直到带满负荷的全过程自动化功能。当转速接近额定转速时，DEH 发出信号，自动将自动准同期装置投入，实现自动调节转速、自动调节电压、自动发出合闸脉冲，完成同期任务，并自动接带 5%初负荷，直到带满负荷。

任务四　厂用电动机连锁

教学目标

知识目标：①掌握对厂用电动机连锁的基本要求；②掌握机炉各系统之间的联系。

能力目标：能正确分析厂用电动机连锁控制电路。

任务描述

厂用电动机连锁控制电路读图练习。

任务准备

①阅读资料，各组制订实施方案；②绘出本次操作的厂用电动机连锁控制电路；③各组互相考问；④教师评价。

任务实施

厂用电动机连锁控制电路图识读。

相关知识

手车式开关柜；电气连锁；热工连锁。

一、手车式开关柜

手车式开关柜属于户内金属铠装移开式开关设备（简称为小车开关），主要用于 6～12kV 三相交流 50Hz 单母线及单母线分段接线的成套配电装置，完成发电厂厂用电系统的受电、送电及大型高压电动机启动等，实现控制保护与监测。现以应用较广的 KYN28A-12 型小车开关为例进行介绍。

1. 型号及含义

KYN28A-12 型小车开关的型号含义如下：

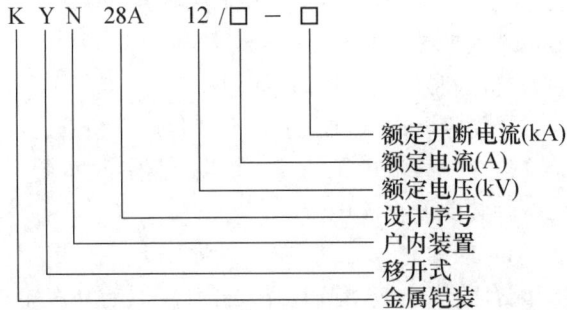

```
K  Y  N  28A  12 /□ — □
                        │ 额定开断电流(kA)
                        │ 额定电流(A)
                        │ 额定电压(kV)
                        │ 设计序号
                        │ 户内装置
                        │ 移开式
                        │ 金属铠装
```

2. 柜体特征

小车开关由柜体和可抽出部件（中置式手车）两部分构成。其中柜体由手车室、母线室、电缆室、仪表室、活动帘门、导轨等构成。根据用途不同，可移动手车分为断路器手车、电压互感器和避雷器手车、计量手车以及隔离手车等。KYN28A-12 型手车式开关柜示意图如图 4-23 所示。

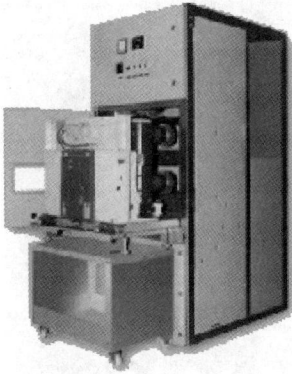

图 4-23　KYN28A-12 型手车式开关柜示意图

（1）柜体结构。柜体分成手车室、母线室、电缆室、仪表室。三个高压隔室均设有各自的压力释放通道及释放口，用以在故障时内部故障电弧由释放口释放，防止事故和防护人身安全。

（2）手车及推进机构。手车用的底盘车用冷轧钢板经冷加工弯折后铆接而成，机械连锁安全、可靠、灵活。由于手车的独特设计，抽出和插入极为方便。同类型的手车具有极好的互换性。手车在开关柜中的位置可分为工作位置、试验位置和隔离位置。

1）工作位置：此位置开关柜内的主回路是接通的，辅助回路也是接通的。

2）试验位置：此位置开关柜内的主回路是断开的，而且动、静触头被活动帘门分隔，但辅助回路可以接通。

3）隔离位置（检修位置）：主回路和辅助回路均断开。

手车在柜内有工作位置和试验位置的定位机构。即使在柜门关闭的情况下，也可进行手车在两个位置之间的移动操作。手车采用丝杆推进机构，操作轻便、灵活。

手车的推入与退出是借助于"转运车"来实现的。转运车高度可以调整，用转运车接轨与柜体导轨衔接时，手车方能从转运车推入手车室内或从手车室内接至转运车上。为保护手车的平稳推入与退出，转运车与柜体间分别设置了左右两个导向杆（导向孔）和中间锁杆（锁孔），位置一一对应。在手车欲推入或退出时，转运车必须先推至柜前，分别调节四个手轮的高度，使托盘接轨的高度与柜体手车导轨高度一致，并将托盘前的左右两个导向杆与中间锁杆分别插入柜体左右侧导向孔和中间锁孔内，锁钩靠拉簧的作用将自动钩住柜体中隔板，转运车即与柜体连在一起，即可进行手车的推入与退出工作。

手车推入时，先用手向内侧拨动锁杆与手车托盘解锁，接着将断路器小车直接推入断路器小室内，松开双手并锁定在试验/断开位置，此时可对手车进行推入操作。插入手把，即可摇动手车至工作位置。手车到工作位置后，推进手柄即摇不动，同时伴随有锁定响动声，其对应位置指示灯也同时指示其所在位置。手车的机械装置使断路器分闸，因此当断路器手车在从试验位置摇至工作位置或从工作位置退至试验位置过程中，断路器始终处于分闸状态。

（3）隔室。除仪表室外，其他三隔室都分别设有泄压排气通道和泄压窗，当产生内部故障电弧时，柜顶泄压窗将被自动打开，释放内部压力，以确保操作人员和开关柜的安全。

手车室：隔室两侧安装有导轨，供手车在柜内移动，静触头盒、活门安装在手车室的后壁上，当手车从断开/试验位置移至工作位置时，提门机构将上下活门自动打开；当反方向移动（拉开）时，活门则自动关闭。同时由于上、下活门分开运动，在检测时，可将带电侧的活门锁定，从而保证检修维护人员不触及带电体。手车室门上有一操作孔，在手车室门关闭时，手车同样能被操作。

母线室：主母线作垂直立放布置，支母线通过螺栓直接与主母线和静触头盒连接，不需要其他中间支撑。母线穿越邻柜经穿墙绝缘套管，这样可以有效防止内部故障电弧的蔓延。为方便主母线安装，在母线室后部设置了可拆卸的封板。

电缆室：开关设备采用中置式，因而电缆室空间较大，电缆（头）连接端距柜底 700mm以上，电流互感器直接装在手车室的后隔板的位置上、接地开关装在电缆室后壁上，避雷器安装于隔室后下部。在电缆连接端，通常每相可并接 1～3 根单芯电缆，必要时可并接 6 根单芯电缆。电缆室封板为可拆卸式开缝的不导磁金属板，施工方便。

仪表室：仪表室内可安装继电保护元件、仪表、带电显示器及其他二次元件，控制线路敷设在柜内走线槽内并有金属盖板，其左侧线槽是为控制小线的引进和引出预留的，开关柜内部的小线敷设在右侧，在仪表室的顶板上还留有便于施工的小母线穿越孔。接线时，仪表室顶盖板可供翻转，便于小母线的安装。

（4）防误操作连锁装置。开关设备应满足"五防"闭锁要求。

1）仪表室门上装有提示性的信号指示或编码插座，以防止误合、误分断路器。

2）手车在试验或工作位置时，断路器才能进行合分操作，而且一旦断路器合闸后，手车将无法从工作位置拉出或从试验位置推入——防止带负荷误推拉断路器手车。由于在工作位置和试验位置设置有行程开关（或位置开关），行程开关的动合辅助触点串联在断路器的合闸回路中，当断路器手车在试验/工作位置之间时，该动合辅助触点断开，切断了断路器的合闸回路，断路器不能进行合闸。

3）仅当接地开关处在分闸状态时，断路器手车才能从试验/断开位置移至工作位置或从工作位置移至试验/断开位置——防止带接地线误合断路器。

4）当断路器手车处于试验/断开位置时，接地开关才能进行合闸操作（接地开关可带电压显示装置）——防止带电误合接地开关。

5）接地开关处于分闸位置时，下门（及后门）无法打开——防止误入带电间隔。

（5）二次插头及连锁。二次插头（或称二次插件）的动触头盒通过一个波纹伸缩管连至断路器手车上，二次静触头座装在开关柜手车室的右上方，断路器手车只有在试验/断开位置时，才能插上和解除二次插头，手车处于工作位置时由于机械连锁的作用，二次插头被锁定。

二、厂用电动机连锁回路

在火力发电厂的生产过程中，当某些辅机（或设备）正常工作状态遭到破坏时，立即通过电气二次回路，迅速相应地改变另一些辅机的工作状态（投、切），实现这种连锁关系的电气二次回路称为连锁回路。

连锁回路按专业分工分为电气连锁和热工连锁；按照连锁的性质分为按工艺流程设置的连锁回路、同一类型电动机中工作与备用电动机之间的连锁。

以按生产工艺流程设置的连锁回路为例，介绍厂用电动机连锁回路。

1. 特点

生产工艺流程设置的连锁回路具有顺序启动、连锁跳闸的特点。

（1）顺序启动，指电动机在手动或自动启动时，必须按照工艺流程要求的顺序才能启动，否则厂用电动机断路器就合不上。如制粉系统正常启动顺序为：排粉机→磨煤机→给煤机。

（2）连锁跳闸，指系统正常运行并投入连锁后，当其中某个环节的电动机跳闸，连锁回路接通使系统中按启动顺序排在该电动机后的所有电动机自动跳闸，使系统全部或部分设备停止运行。如制粉系统正常停止顺序为：给煤机→磨煤机→排粉机，一旦运行中因故排粉机跳闸，将引起磨煤机和给煤机依次自动跳闸。

2. 锅炉电动机总连锁

锅炉电动机总连锁，又称为锅炉大连锁，主要包括以下内容：

图 4-24 所示为引风机电动机控制电路，采用弹簧操动机构真空小车开关控制。

（1）当一侧旋转式空气预热器电动机（KY）手动或自动跳闸时，将连锁启动旋转式空气预热器辅助电动机（KF）。

当两侧旋转式空气预热器电动机（1KY、2KY）均跳闸时，将连锁跳两台引风机（1XF～2XF）。

图 4-24 所示电路接线有以下特点：

1）连锁转换开关 SA3 具有"远方""就地"两个位置。

当 SA3 在"远方"位时，触点 1—2、5—6、9—10 闭合，1—2、5—6 接通可以接收来自 DCS 的启/停操作指令，9—10 接通是为了实现锅炉连锁。

当转换开关在"就地"位时，触点 3—4、7—8 闭合，可在开关柜上按 SB1、SB2 试验合闸或分闸。

2）QF.1KY 和 QF.2KY 分别是控制两台旋转式空气预热器断路器的动断辅助触点，当两台旋转式空气预热器跳闸时，QF.1KY 和 QF.2KY 均闭合，连锁跳引风机。

3）引风机油站为引风机轴承提供润滑油和动叶调节油，是引风机安全运行的必要条件，当引风机油站故障时，连锁触点 J 闭合，连锁跳引风机。

4）跳闸位置继电器 KCT 和合闸位置继电器 KCC 分别监视合闸回路和跳闸回路，当断路器在闭合位置，发生跳闸回路断线时，将发出控制回路断线信号。

5）当小车开关处于工作位置时，行程开关 GLX 闭合，SA 处于"远方"位时，可以接受来自 DCS 的合闸命令（其中包括热控连锁合闸指令）；当小车开关在试验位置时，行程开关 SLX 闭合时，可以通过按钮 SB1 手动合闸试验，通过 SB2 手动分闸试验。

从图 4-24 中还可以看出，电动机保护跳闸信号则可直接通过 KCO.1 作用于跳闸。另外，由于引风机在锅炉安全运行中的重要地位，一般不设母线低电压保护。SB3 是安装在引风机旁的事故按钮。

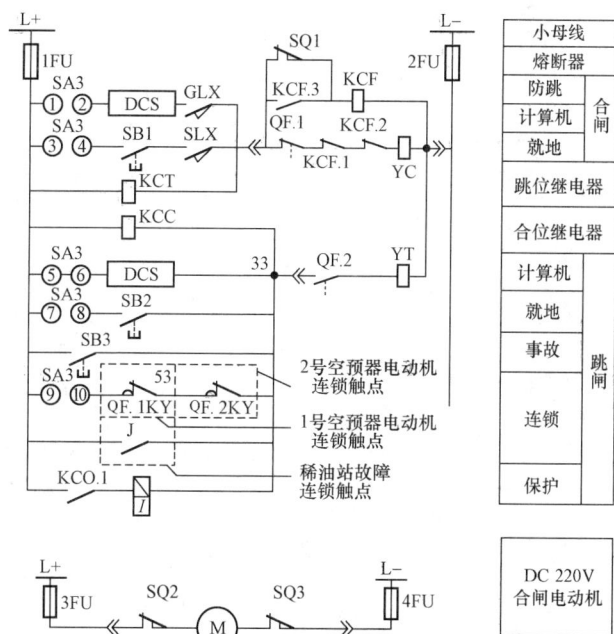

图 4-24　引风机电动机控制电路

GLX—小车开关工作位置行程开关；SLX—小车开关试验位置行程开关；SQ1、SQ2、SQ3—弹簧操动机构行程开关；

DCS—计算机控制系统；SB1—就地合闸按钮；SB2—就地跳闸按钮；SB3—事故紧急停机按钮；

SA3—连锁开关；KCO.1—继电保护出口触点

（2）当一台引风机跳闸时，由热控装置关闭该风机挡板，相应调整其他风机的风量和锅炉负荷，此时连锁装置不应动作。

当两台引风机均跳闸（手动或自动）时，连锁跳全部送风机（1～2SF）和一次风机（1～2YF）。

（3）当一台送风机或一台一次风机手动或自动跳闸时，由热控装置关闭该风机挡板，并相应调整其他风机的风量和锅炉负荷，此时，连锁装置不应动作。

当两台送风机或两台一次风机均跳闸时，将连锁跳四路给粉电源（1～4FY）和四台排粉机（1～4PF），停止一切燃料进入炉膛。

另外，当送风机或一次风机所在母线电压降低到 $45\%U_N$ 并持续达 9s 时，经总连锁开关 SA 跳该母线上送风机和一次风机。

（4）互相独立的制粉系统中各设单独的连锁开关。当制粉系统连锁开关 SA 投入时，两台送风机或两台一次风机跳闸时，将连锁跳排粉机（PF），再由排粉机连锁跳该系统的磨煤机（MM）和相应的给煤机（GM）。

可见，锅炉燃烧系统、风烟系统的连锁通过排粉机与制粉系统联系。

磨煤机电动机控制回路如图 4-25 所示，磨煤机电动机采用弹簧操动机构真空小车开关控制，具有以下特点：

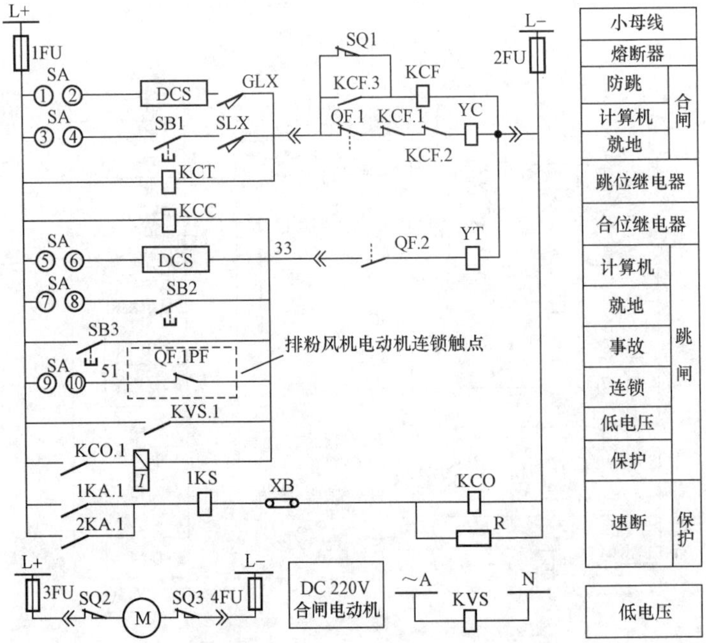

图 4-25　磨煤机电动机控制回路

GLX—小车开关工作位置行程开关；SLX—小车开关试验位置行程开关；SQ1、SQ2、SQ3—弹簧操动机构
行程开关；DCS—计算机控制系统；SB1—就地合闸按钮；SB2—就地跳闸按钮；SB3—事故紧急停机按钮；
KVS—低电压继电器；SA—制粉系统小连锁开关

1）磨煤机不仅可以由运行人员在 DCS 系统操作站上启停（包括热工连锁动作），还可以由运行人员就地开关柜上操作分合闸按钮 SB1、SB2 进行分、合闸操作。

制粉系统小连锁开关 SA 具有"远方""就地"两个位置。当 SA 处于"远方"位时，SA 触点 1—2、5—6、9—10 接通，SA1—2 接通可以接收 DCS 系统来的合闸指令（L+→1FU→SA1-2→DCS→GLX 动合→QF.1 动断→KCF.1 动断→KCF.2 动断→YC 线圈→2FU→L−）；SA5—6 接通可以接收 DCS 系统来的分闸指令（L+→1FU→SA5-6→DCS→QF.2 动合→YT 线圈→2FU→L−）；SA9—10 接通是为了实现制粉系统连锁指令，当排粉风机跳闸时，触点 QF.1PF 闭合，连锁磨煤机跳闸（L+→1FU→SA9-10→QF.1PF→QF.2 动合→YT 线圈→2FU→L−）。当 SA 处于"就地"位时，触点 3—4、7—8 接通，可以接收开关柜上的按钮分、合指令。事故按钮 SB3 在电动机旁，供事故状态下紧急停电动机使用。

2）断路器防跳跃。当弹簧操动机构合闸弹簧释放能量时，SQ1～SQ3 闭合，SQ1 闭合后，KCF 线圈励磁，动合触点 KCF.3 闭合自保持，动断触点 KCF.1、KCF.2 断开，切断了合闸回路，从而防止断路器多次重合；SQ2、SQ3 闭合，接通弹簧储能电动机回路，弹簧开始储能，直到储能完毕后，SQ1～SQ3 断开，SQ2、SQ3 使储能电动机停止，SQ1 使 KCF 线圈失磁，动断触点 KCF.1、KCF.2 闭合，准备好合闸回路。

3）磨煤机供电母线低电压保护。当 6kV 母线低电压时，6kV 电压互感器控制回路中的低电压保护启动，0.5s 后，KVS 励磁，KVS.1 闭合，磨煤机跳闸（L+→1FU→KVS.1→QF.2 动合→YT 线圈→2FU→L−），对于中间仓储式制粉系统，短时停运不会影响机组负荷，故 0.5s 就启动跳闸。

4）电动机采用电流速断保护。当电动机内部发生故障时，电流速断保护瞬时动作，1KA.1 或 2KA.1 动合触点闭合，继电保护出口中间继电器 KCO 励磁，KCO.1 动合触点闭合，作用于断路器跳闸，同时，信号继电器 1KS 动作发信号。XB 为继电保护投退连接片，当 XB 处于断开位置时，电流速断保护退出，不能作用于断路器跳闸。

（5）旋转式空气预热器、引风机、送风机、磨煤机等均应有相应的辅机（如压力油泵、润滑油泵等）和热工保护，启动时均应满足热工连锁的有关条件，这些条件输入 DCS 计算机系统后，由 DCS 控制是否能进行分、合闸。

任务五　智能化开关设备认知

教学目标

知识目标：①了解智能化开关设备的概念；②掌握智能化开关设备工作状态的监测与诊断；③掌握 PASS 组合式智能化开关的结构及特点；④掌握智能一体化开关柜与普通开关柜的区别。

能力目标：①能分析智能化开关设备的主要功能；②能说出 PASS 的智能化设计方面的特点；③能说出开关设备智能化接入方式。

任务描述

智能化开关设备认知。

任务准备

①阅读资料，各组制订实施方案；②拟出智能化开关设备结构图、监测与诊断方案；③各组互相评价；④教师评价。

任务实施

在智能变电站中完成。

相关知识

智能化开关设备主要功能；状态的监测与诊断；开关设备智能化接入方式。

一、智能化开关设备的概念

近年来，随着电气技术、自动化技术、通信技术的不断发展，出现了将保护、监测、控制等功能集于一体的开关，有些还能检测自身运行工况，进行运行状态自诊断和操作过程智能控制，实现智能操作。

智能化开关设备是指配有电子设备、通信接口、传感器和执行器，不但具有分合闸基本功能，而且在监测和诊断方面具有附加功能的开关。一般来说，智能化电气设备除满足常规电气设备的原有功能外，其功能主要表现为：①在线监视功能，监测电、磁、温度、开关机械、机构动作等状态并进行状态评估；②智能控制功能，能够完成最佳开断、定相位合闸、定相位分闸、顺序控制等；③数字化的接口，能通过数字化接口传输位置信息、其他状态信息、分合闸命令；④电子操作，具有电子控制的可控操动机构，动作可靠性和寿命高。

高压开关设备是电力系统中非常重要的组成部分，高压开关设备智能化水平高低会对整个电网安全性、稳定性带来直接影响。

二、智能化开关设备相关技术

1. 智能化开关设备工作状态的监测与诊断

监测与诊断是智能化开关设备的重要环节，计算机技术、传感技术与微电子技术的进步，使智能化开关设备的监测与诊断的要求得以实现。它包含了以下具体功能：

（1）灭弧室电寿命的监测与诊断。通过监测累计开断电流和合分次数，根据每次开断电流计算不同开断电流下的磨损量，就可以预测和评估灭弧系统的电寿命。通常可采用记录合分次数、开断电流加权累计值、越限报警的方法来监测电寿命。对于真空断路器来讲，灭弧室除了电寿命外，还有真空度的监测。

（2）机械故障的监测与诊断。大量统计资料表明，开关设备的故障 70%～80%出在操动机构和控制回路。断路器的机械部分比较复杂，且长期不动作，监测较为困难，常需要监测分合闸回路电特性、分合闸机械特性、关键部分的机械振动波形信号等状态，采用多种技术综合判断。

（3）绝缘状态的监测。监测气体压力、局部放电，用以预报绝缘等故障。

（4）载流导体及接触部位温度的监测。利用红外光辐射或感温元件测量温度信号，测量导体和母线连接处因接触电阻增大而导致的温度增加。

2. 智能化开关设备的智能操作

开关的智能操作是智能化开关设备最典型的应用，它是将智能化技术引入开关的电气性能中，使开关能更好地完成开断任务和提高开断的可靠性，提高其综合技术性能无论是对生产运行还是研究制造，都具有十分重要的作用。

（1）智能操作的内涵。开关智能操作包括以下两方面：

1）要求开关的操作过程可根据电网或设备的不同工况自动选择和调整，使系统处于最理想的工作条件。如对于智能式断路器的分断操作，小负荷时触头以较低的速度分断，既可保证所需的灭弧能量，又可减少机械损耗；而在接到短路信号时则以全速分断，获得电气和机械性能上的最佳开断效果。这种变速操作打破了传统断路器单一分闸特性的概念，实际上是操作过程的智能化。

2）要求开关在零电压下关合，在零电流下分断，即开关的同步分断与选相合闸。同步分断可以大大提高开关的分断能力，一台低成本的小容量开关可分断十倍以上容量的电流；选相合闸可以避免系统的不稳定，克服容性负荷的合闸涌流与过电压。

总的来看，智能化开关设备的操作过程为：不断从电力系统采集特定信息，据此判别开关的工作状态并随时处于操作准备状态。当继电保护装置向开关发出分闸信号或正常操作命令后，控制单元根据一定的算法求得开关操动机构最佳过程，并驱动操动机构调整至该状态，从而实现最优操作。

（2）开关的同步分断与选相合闸。现代传感器可方便地取到交流电压或电流变化率的零点信号，从而控制操作信号发出时刻。同步分断是在电压或电流的指定相位完成电路的断开或闭合，它们都能大幅度降低合闸操作过程中的过电流和过电压，从而提高开关的寿命和整个电力系统的稳定性。选相合闸是指采用一定技术使开关在指定相角处合闸。

（3）程序控制操作。为了降低开关操作复杂程度，提高操作效率和可靠性，减少人为操作失误引起的电网事故，出现了一种对紧凑型开关实现程序化控制的应用。在紧凑型开关柜中，对开关分合闸、开关手车的移进移出、接地开关开合等操作，可以实现电动式控制，其控制可以由计算机软件完成。即将所有操作步骤固化在程序中，并按照编排的程序和闭锁条件逐批逐模块执行。采用程序化控制可大大简化操作，自动判断约束条件，避免误操作。

（4）电子操作。电子操作是一种尽可能地用电子控制取代机械传动、连锁与脱扣的机构。它依赖电力电子器件，保证了执行指令的时间精度可达到微秒级，使机构的响应时间可控，能在所希望的相位上动作，解决了目前开关设备的操动机构因环节多、累计运动公差大而导致响应时间分散性大的问题。此外，电子操作能直接与数字电路接口，驱动电路简单，所需功率很小。目前，电子操动机构主要有电容励磁直流电磁机构、永磁操动机构。

实现电子操作首先要解决能量转换问题。中压开关使用储能弹簧作为能量，能量释放时间控制分散性大，而经典直流电磁机构的电磁铁励磁时间很短，仅几毫秒到十几毫秒，但对电源功率要求高，经济性和可控性都比较差。而在脉冲功率技术中的电容器放电条件下，直流电磁机构的要求很容易实现，且电容器的充电电源功率可以很小，交直流灵活。同时，电容器储存电能的效率及可控性均远优于力学储能形式，用电容器做励磁电源的改进型直流电磁机构可以用于开关的精确操作。

电子操作的反应速度和完善的功能还要求彻底改造传统机构的传动系统，应用新的机理减少环节。永磁操动机构就是利用永磁铁实现锁扣功能，大大减少了传动环节。永磁铁通过磁路的闭合提供了锁扣的力量，励磁绕组通电时可改变磁路中的合成磁通，并驱动铁芯运动形成另一闭合的磁路，使传统机构数以百计的传动零件减少到几个零件，大大提高了反应速度、精度以及整机可靠性。永磁操动机构出现的初衷正是以简化部件、提高可靠性为目的，但它更深远的意义是大大提高了机构的可控性，由原来毫秒级的机构控制时间分散性进步到微秒级的电信号控制，由机械储能、机械脱扣进步到电储能、电信号直接触发动作。

三、智能化开关设备

（一）PASS 组合式智能化开关

1. 概述

PASS（Plug And Switch System，接插式开关电器）设备是一种介于常规空气绝缘开关设备（AIS）和气体绝缘开关设备（GIS）之间的新型户外封闭式组合电器。它以 GIS 技术为基础，将一个开关间隔所有必要的设备如断路器、隔离开关、接地开关、电流互感器等全部集成在同一个充满 SF_6 气体的封闭金属（铸铝）罩壳中作为一个模块，并且根据变电站的接线要求，装上两只或三只套管，通过绝缘套管与变电站母线和进出线相连接，每相为独立支架。三相 PASS 模块组件即相当于一个完整高压间隔，除母线外其他带电设备全部封闭组装。PASS 设备具有结构简单、紧凑、可靠性高、安装维护简便等特点，为变电站的建设、改造、扩建提供了新的选择。图 4-26 所示为 PASS 智能化开关系统和组合开关结构图。

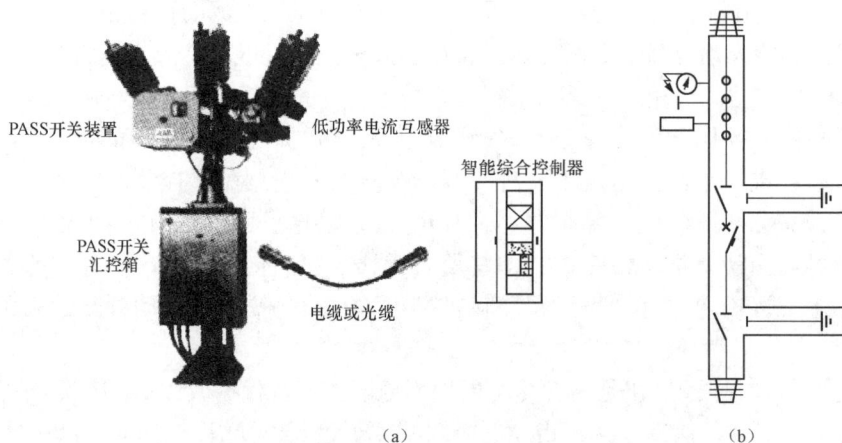

图 4-26　PASS 智能化开关系统图和组合开关结构图

从结构与性能上看，它具有以下特点：

（1）所有一次部分均设计在同一 SF_6 气室中，取消出线隔离开关及接地开关等，继承了 GIS 的优点，同时简化了设备，价格比 GIS 低。所有操作功能都融合在一个操作箱内，可动元件少，布置紧凑。

（2）在一次设备中采用了智能化传感器技术和微处理技术，通过数字通信实现对设备的在线监测、诊断、过程监视和站内计算机监控。从 PASS 开关到继电保护、测量计量及监控系统均采用光缆连接，二次电缆少。

（3）用一次设备的在线监测、自动状态校核和缺陷报警等代替传统的定期检查试验和预防性试验，将定期检查改变为"状态检修"，运行人员可根据设备运行状况及趋势分析结果，安排检修和维护时间。这样既减少了设备停电检修的概率和时间，减少了运行成本，也减少了人为因素造成的设备损坏。

（4）采用了预安装技术，整套设备在出厂前安装、调试完毕。设备运抵现场后，一个 PASS 间隔在数小时之内即可安装完毕，实现了"即插即用"功能。检修时整体更换，无须拆装和调试，减少了停电时间。

2. PASS 的智能化设计方面的特点

采用带铁芯的低功率电流互感器来代替常规的电流互感器，将常规的保护、测控单元直接就地安装，将 PASS 开关装置、采集开关状态物理量的传感器和智能综合控制器组合起来，采用屏蔽电缆或者光纤连接，实现 PASS 开关智能化。

（1）采用带铁芯的低功率电流互感器（LPTA）。PASS 开关上采用带铁芯的低功率电流互感器（LPTA），可以实现体积很小但测量范围却很广的设计目的。

（2）采用监控传感器。采用的传感器有气体密度测量传感器，测量电压电流的传感器，用于监测开关、隔离开关、接地开关的传感器，反映物理现象的传感器（如电弧放电、温度、湿度等）。这些传感器必须满足高可靠性和寿命要求。

（3）PASS 开关智能综合控制器。PASS 开关智能综合控制器主要由以下几部分组成：PASS 开关运行状态和运行参数信息采集系统，PASS 开关就地控制和保护单元，PASS 开关运行状态分析系统，光纤通信系统，信息记录、故障分析和定位单元。各个功能部分由独立的智能模块各自完成，并通过通信有机连成一体，同时通过互为热备用的双光纤以太网接口，与变电站的上一级监控系统连接，完成数据交换和控制功能。它可以完成断路器、隔离开关的一切在线监测功能，本间隔内所有综合自动化要求的保护、测控、"五防"、通信功能、显示人机界面等功能。

（二）智能一体化开关柜

智能一体化开关柜是将永磁真空断路器、电子式互感器、间隔智能化单元、数字化电表集成在一起的智能化一次设备。其中智能单元集成了保护、测量、控制、状态监测等功能，并具有网络通信接口，如支持 IEC 61850 标准，则可以直接接入数字化变电站中。目前，国内已有多家企业研发了相关产品，图 4-27 所示为一种智能一体化开关柜的原理及结构图。

（三）开关设备智能化接入

完全满足数字化变电站需要的智能化开关设备还较少，为使开关设备适应数字化的要求，目前多采用"智能终端装置+传统断路器"，完成智能断路器的功能，或在低压部分直接采用智能化开关柜。

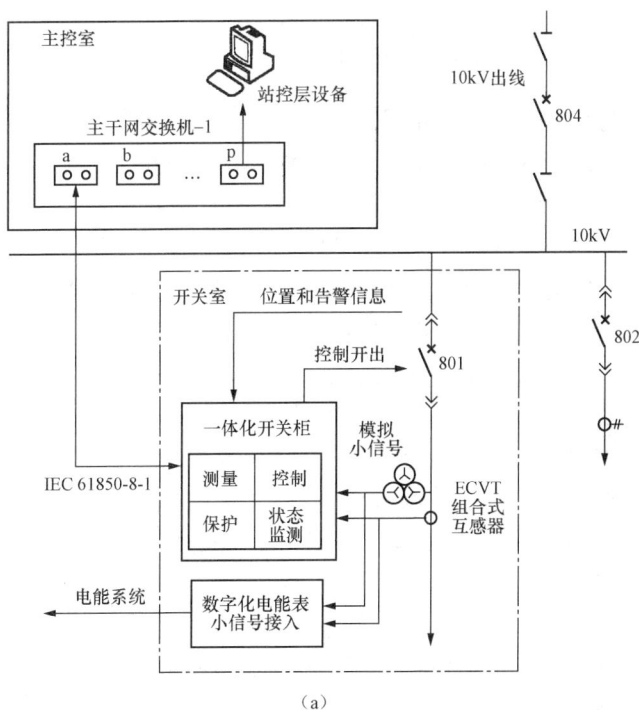

（a）

图 4-27 一种智能一体化开关柜原理及结构图（一）

（a）原理图

（b）

图 4-27 一种智能一体化开关柜原理及结构图（二）

（b）结构图

项目总结

本学习项目主要介绍电弧的基本知识，为理解开关电器的工作打下基础；介绍了低压断路器的运行与控制，特别要掌握脱扣器的工作原理；重点介绍了高压断路器的作用及类型、SF_6 断路器和真空断路器的基本结构及操动机构，要学会分析断路器、同期点断路器控制回路的工作原理，掌握断路器运行监视及异常处理的基本知识；介绍了厂用电动机连锁控制的基本原则，要掌握厂用电动机连锁控制电路的分析方法。对目前智能变电站中出现的智能型开关电器的相关技术也进行了介绍，要掌握其与常规开关电器的差别。

复习思考

4-1 电弧产生的条件是什么？电弧有哪些主要特点？

4-2 开关电器中熄灭电弧的方法有哪些？

4-3 低压断路器的作用是什么？当电路发生过载或短路时，低压断路器为什么会自动跳闸？

4-4 热脱扣器、过电流脱扣器、失压欠压脱扣器、分励脱扣器各有何作用？

4-5 智能型过电流控制器具有哪些动作特性？试说明"短延时"动作特性的用途。

4-6 高压断路器的作用是什么？高压断路器由哪几个主要部分组成？

4-7 高压断路器的开断能力如何衡量？

4-8 试解释自动重合闸循环的意义。

4-9 断路器的控制回路应满足哪些基本要求？

4-10 断路器控制回路包含哪些基本回路？

4-11 在灯光监视的断路器控制回路中，红绿灯的作用是什么？

4-12 SF_6 指针式密度控制器有何作用？

4-13 什么叫断路器跳跃？防跳跃的措施有哪些？跳跃闭锁继电器防跳跃原理是怎样的？

4-14 弹簧操动机构未储能时，断路器合闸回路为什么不通？

4-15 试述电磁操动机构断路器控制回路的分闸操作过程。

4-16 试述液压操动机构中压力开关（微动开关）的作用。压力开关与断路器控制回路有何关系？

4-17 当线路发生短路时，根据图 4-20 分析线路断路器事故跳闸的过程。

4-18 事故信号与预告信号有何主要区别？

4-19 高压断路器"远方/就地"切换开关应如何切换？

4-20 220kV 及以上高压断路器的跳闸回路采用双重化设置有何意义？

4-21 如何判断断路器确已断开？

4-22 高压断路器大量漏气或漏油时，应如何处理？

4-23 试说明高压断路器本体、操动机构、继电保护之间的关系。

4-24 手车在开关柜中的位置有哪几种？二次插件的作用是什么？

4-25 手车开关设备满足"五防"闭锁要求是如何实现的？

4-26 F-C 回路与断路器相比有什么不同？

4-27 F-C 回路的基本工作原理是怎样的？

4-28 厂用电动机连锁回路有何作用？结合图 4-25（磨煤机电动机控制回路），说明当排粉风机跳闸时，连锁磨煤机跳闸的过程。

4-29 在图 4-25（磨煤机电动机控制回路）中，GLX 与 SLX 在什么条件下才闭合？

4-30 准同步并列的条件有哪些？如果不满足这些条件，会有什么后果？

4-31 微机自动准同步装置的任务是什么？

4-32 微机自动准同步装置如何检测准同步条件？

4-33 发电机采用准同期并列时应满足哪些条件？

4-34 发电厂设置同期点的原则是什么？

4-35 自动准同期装置与 DEH 的联合动作是怎样的？

4-36 什么是智能化开关系统？

4-37 开关智能化控制的内容有哪些？

项目五

隔离开关运行与控制

项目描述

本项目学习隔离开关及其操动机构的基本结构及工作过程，隔离开关主闸刀和接地闸刀的作用及操作。

教学目标

知识目标： ①掌握隔离开关及其操动机构的基本结构及工作过程；②掌握隔离开关主闸刀与接地闸刀的作用及操作；③掌握隔离开关的作用。

能力目标： ①能正确进行隔离开关操作；②能正确进行隔离开关接地闸刀操作；③能正确判断隔离开关位置；④能进行具有"就地/遥控"隔离开关的控制电路分析；⑤能说明电气五防功能的含义及电气闭锁。

教学环境

高压配电装置。

任务一 隔离开关结构与用途认知

教学目标

知识目标： ①掌握隔离开关的结构特点；②掌握隔离开关的用途。

能力目标： ①能正确说出隔离开关基本结构及类型；②能正确说明断路器与隔离开关的结构区别及二者的配合关系；③能正确说明隔离开关接地闸刀作用及与主闸刀配合关系；④能正确判断隔离开关位置。

任务描述

隔离开关认识。

任务准备

①阅读资料，各组制订实施方案；②分析危险点；③做好安全措施；④教师评价。

任务实施

在高压配电装置中进行隔离开关认识。

相关知识

隔离开关作用；带负荷拉隔离开关；带地线（接地闸刀）推隔离开关；带电推接地闸刀。

隔离开关是电力系统使用最广泛的一种开关电器，其结构简单，但是，它没有灭弧装置，不能用来关合或开断电路中的负荷电流和短路电流。

一、隔离开关作用及分类

1. 隔离开关作用

（1）将被检修的设备与带电部分隔开；在电气设备检修时，用隔离开关将需要检修的电气设备与其他带电部分可靠隔离，以保证工作人员和设备的安全。

（2）拉合电压互感器和避雷器。

（3）改变中性点的运行方式。

（4）母线倒闸操作；在采用双母线接线的电气主接线中，利用与母线相连的隔离开关，将电气设备或线路从一组母线切换到另一组母线上。

（5）拉合空载母线及一定容量的变压器和一定长度的空载线路。关合或开断母线和直接接在母线上设备的电容电流；关合或开断相关电气运行规程规定的电压等级和容量的空载变压器；关合或开断相关电气运行规程规定的电压等级和长度的空载线路等。

2. 隔离开关分类

隔离开关根据安装地点的不同分为户内式和户外式；根据极数可分为单极和三极；按有无接地闸刀分为带接地闸刀和不带接地闸刀；根据动触头的运动方式分为转动式和插入式，转动式隔离开关在垂直于绝缘子的平面内转动，而插入式的绝缘子则在接通或开断时沿自身轴转动。

二、隔离开关的基本要求

（1）隔离开关在分闸位置时，应具有明显可见的断口，使运行人员能清楚地观察隔离开关的分、合状态。

（2）隔离开关断口绝缘应稳定可靠，确保运行检修人员的人身安全。即使在恶劣的气象条件下，也不会发生漏电或闪络现象。

（3）隔离开关应具有足够的动稳定和热稳定能力，即使在各种严重的工作条件下，触头仍能正常分、合及可靠接触。

（4）隔离开关与断路器配合使用时，必须装设机械或电气闭锁及微机闭锁，以保证正确的操作顺序，避免"带负荷拉隔离开关"事故的发生。如图 5-1 所示，在线路停电时，应先断开线路断路器 QF，再断开线路侧隔离开关 2QS，最后断开母线侧隔离开关 1QS；在线路送电时，应先合上母线侧隔离开关 1QS，再合上线路侧隔离开关 2QS，最后合上线路断路器 QF。如果在线路停电操作过程中，在断路器 QF 未断开前，就断开隔离开关 1QS 或 2QS，就会发生严重事故——"带负荷拉隔离开关"，在被拉开的 1QS 或 2QS 断口上产生电弧，电弧可能会闪到操作人员及监护人员身上，造成人员伤亡，也可能电弧闪到母线上，造成母线短路，

微课5.1

认识隔离开关

微课5.2

隔离开关的基本要求

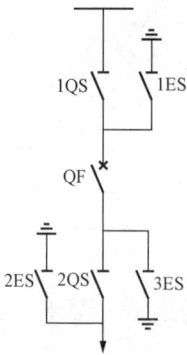

图 5-1 线路示意图

使母线上所有电源断路器跳闸，引起大面积停电。

（5）有的隔离开关带有接地闸刀，接地闸刀的作用是使被检修的设备或线路与地等电位，与接地线的作用相同。在图 5-1 中，隔离开关 1QS 带有一侧接地闸刀 1ES，隔离开关 2QS 带有两侧接地闸刀 2ES、3ES，在检修线路断路器 QF 时，为保证检修的安全，在 QF 所在线路停电后，应合上 1ES、3ES；在线路停电检修时，应合上 2ES，以保证线路上工作人员的安全。在主闸刀和接地闸刀之间应具有机械或电气闭锁，以保证正确的动作次序。在隔离开关 1QS 断开后，接地闸刀 1ES 才有可能合上，避免带接地闸刀合闸事故发生；在接地闸刀 1ES 断开后，隔离开关 1QS 才有可能合上，避免带电合接地闸刀事故发生。

（6）隔离开关应具有足够的机械强度，尽量缩小外形尺寸。

三、隔离开关型号及技术参数

1. 隔离开关型号含义

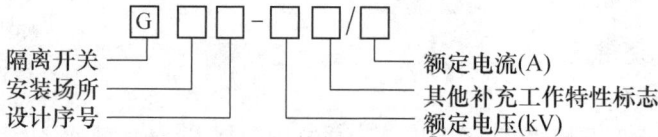

安装场所字母代号：N—户内，W—户外。

其他补充工作特性的字母代号：T—统一设计，G—改进型，D—带接地闸刀，K—快分型，C—瓷套管出线。

2. 隔离开关技术参数

隔离开关主要技术参数有额定电压、额定电流、额定短时耐受电流、额定峰值耐受电流。额定电压表示隔离开关在运行中长期承受的系额定统最高电压；额定电流表示隔离开关长期通过的工作电流。额定短时耐受电流又称热稳定电流，是指在某一规定时间内，隔离开关允许通过的能满足热稳定要求的短路电流有效值。额定峰值耐受电流是指隔离开关允许通过的能满足动稳定要求的最大峰值电流。

四、户外式隔离开关

在 35kV 及以上系统，隔离开关广泛采用户外式结构。户外式隔离开关的工作条件恶劣，因此，要求具有较高的绝缘强度和机械强度。为了保证隔离开关在覆冰的情况下可靠操作，有些隔离开关应采用破冰机构。户外式隔离开关按其绝缘支柱结构的不同分为单柱式、双柱式和三柱式。

GW5-110D、GW4-110D 隔离开关的外形如图 5-2 所示。GW5-110D 型隔离开关由三个单极组成，每极主要由底座、棒式绝缘子、接线座、左右闸刀、接地静触头、接地闸刀和接线夹几部分组成。两个支柱绝缘子成 V 形布置，固定在一个底座上。底座上装有两个轴承座，瓷柱可在轴承上旋转 90°，两个轴承之间用伞齿轮啮合。隔离开关的闸刀分成左右两半，操作时两瓷柱同步反向旋转，带动左右两半闸刀转动，以实现分、合闸操作。

GW4-110D 型隔离开关，采用双柱水平开启式结构，主要由底座、绝缘支柱及导电回路组成。每极有两个绝缘支柱，分别固定在底座两端的轴承座上，以交叉连杆连接，可以水平转动。每个绝缘支柱上分别装有触头，触头在两个支柱的中间接触。操作时，由传动轴通过

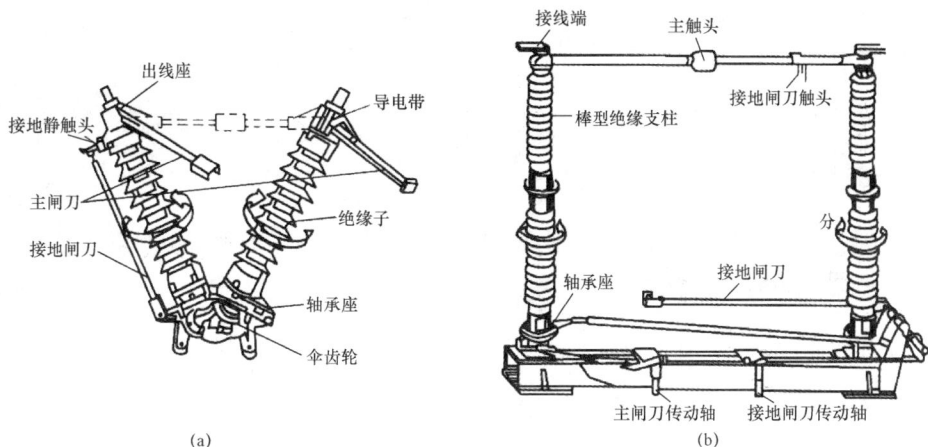

图 5-2　110kV 隔离开关外形图

（a）GW5-110D；（b）GW4-110D

机构带动两个绝缘支柱向相反方向各自转动 90°，使闸刀在水平面上转动，以实现分、合闸操作。接地闸刀和主闸刀各自具有不同的操动机构，通过机械闭锁装置互相闭锁，避免带电合接地闸刀。对于具有双接地闸刀的隔离开关，一定要分清使用的接地闸刀连接的位置，弄清接地的目的，防止接地闸刀合错，如线路侧隔离开关带有双接地闸刀时，如线路检修，则应合上靠线路侧接地闸刀；断路器检修时，应合上靠断路器侧接地闸刀。在操作接地闸刀前，一定要先在接地闸刀的静触头三相验电无电压的前提下才能操作。

GW16/17-126 型高压隔离开关为垂直隔离断口，GW17 型为水平隔离断口。图 5-3 所示的 GW16-126 型高压隔离开关在合闸位置。其动触头系统是单臂折叠式。传动部件密封在主闸刀导电管内部，不受外界环境的影响。主闸刀导电管内的平衡弹簧用来平衡主闸刀的重力矩，使分、合闸动作十分轻便平稳，动触头采用钳夹式结构夹紧静触头导线杆，夹紧力由导电管内的夹紧弹簧来保证。采用顶压脱扣装置来保障隔离开关的可靠合闸，在风力、地震力、电动力等外力的作用下，隔离开关将始终保持在良好的工作状态。

图 5-3　GW16-126 型高压隔离开关示意图

任务二　隔离开关控制电路分析

教学目标

知识目标：①掌握断路器与隔离开关的连锁要求；②掌握隔离开关主闸刀与接地闸刀的连锁要求。

能力目标：①能进行具有"就地/遥控"隔离开关的控制电路分析；②能说明电气五防功能的含义及电气闭锁。

任务描述

隔离开关的控制电路分析。

任务准备

①阅读资料，各组制订实施方案；②绘出本次操作的隔离开关的控制电路图和连锁电路；③各组互相考问；④教师评价。

任务实施

在高压配电装置进行隔离开关控制电路分析。

相关知识

隔离开关的控制回路；断路器与隔离开关的连锁；隔离开关主闸刀与接地闸刀的连锁；电气五防；电磁锁。

一、隔离开关的操动机构

隔离开关的主闸刀由电动机构、气动机构或手力机构做三极联动操作，隔离开关电动机构如图 5-4 所示。所配接地闸刀一般由手动机构做三极联动操作，220kV 以上的隔离开关接地闸刀采用电动操动机构。

图 5-4　隔离开关电动机构示意图

二、隔离开关的控制回路

三相交流操作的隔离开关原理接线图如图 5-5 所示。

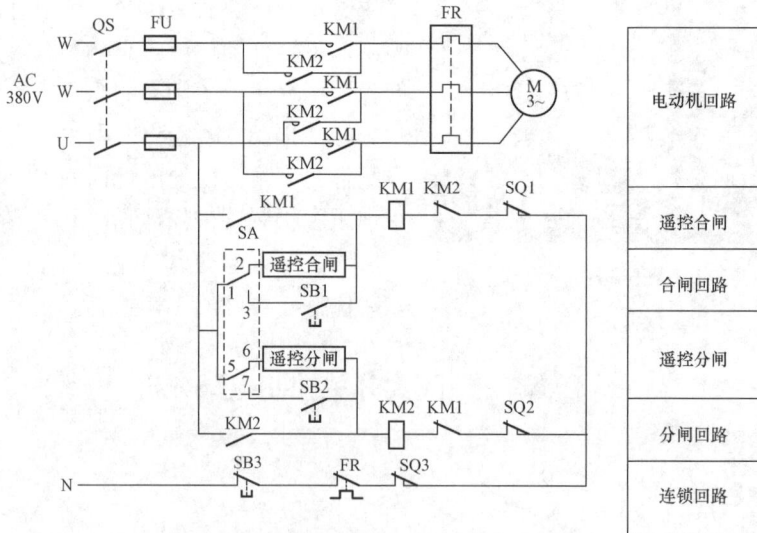

图 5-5　三相交流操作的隔离开关原理接线图

SQ1—合闸行程开关；SQ2—分闸行程开关；SQ3—手动/电动操作闭锁行程开关；SB1—合闸按钮；

SB2—分闸按钮；SB3—停止按钮；SA—"远方/就地"切换开关；KM1—合闸接触器；KM2—分闸接触器；

FR——热继电器；FU—熔断器；M—电动机

由图 5-5 可见，隔离开关采用电动操作时，SQ3 动断触点是闭合的，当"闭锁条件"满足时，其电动操作原理如下：

（1）就地电动合闸。将"远方/就地"切换开关 SA 转至"就地"位置，SA1—3 闭合，手动按下 SB1 按钮，则接触器 KM1 线圈励磁，KM1 主触点闭合，电动机 M 开始执行合闸命令；同时，KM1 线圈通过 KM1 动合触点实现自保持，通过 KM1 动断触点断开 KM2 线圈回路，实现互锁。当隔离开关到达合闸终了位置时，行程开关 SQ1 断开，则 KM1 线圈失电，电动机停止转动，合闸完成。

（2）遥控合闸。将"远方/就地"切换开关 SA 转至"远方"位置，SA1—2 闭合，当发出遥控合闸命令后，则接触器 KM1 线圈励磁，其余动作过程与上相同。

（3）手力操作。当将手力操作摇把插入时，图 5-5 中 SQ3 动断触点断开，切断了电动操作电路，通过手力操作，完成隔离开关的分、合闸。

（4）就地电动分闸。将"远方/就地"切换开关 SA 转至"就地"位置，SA5—7 闭合，手动按下 SB2 按钮，则接触器 KM2 线圈励磁，KM2 主触点闭合，电动机 M 反向转动，执行分闸命令；同时，KM2 线圈通过自身动合触点实现自保持，通过 KM2 动断触点断开 KM1 线圈回路，实现互锁。当隔离开关到达分闸终了位置时，行程开关 SQ2 断开，则 KM2 线圈失电，电动机停止转动，分闸完成。

（5）遥控分闸。将"远方/就地"切换开关 SA 转至"远方"位置，SA5—6 闭合，当发出遥控分闸命令后，则接触器 KM2 线圈励磁，其余动作过程与上相同。

三、隔离开关操作闭锁条件

隔离开关由于没有灭弧装置，不能用来关合或开断电路中的负荷电流和短路电流，否则会发生严重事故。为了防止误操作的发生，保证人身安全，隔离开关操作应具有防止带负荷拉、合隔离开关，防止带电挂接地线或合接地闸刀；防止带接地线或接地闸刀合隔离开关的措施。图 5-6 中左侧为母联回路一次电路图，右侧为母联回路中隔离开关 1QS、2QS 主闸刀与接地闸刀操作闭锁接线图。

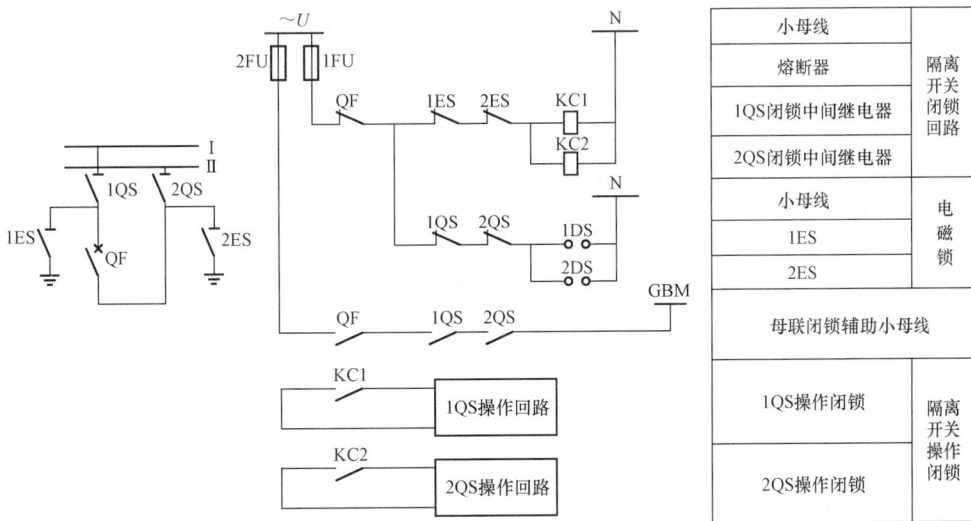

图 5-6　母联回路隔离开关主闸刀与接地闸刀操作闭锁接线图

1. 1QS（2QS）操作闭锁条件

从图 5-6 可见，只要中间继电器 KC1（KC2）动合触点闭合，就可以操作 1QS（2QS）。当母联开关 QF、1QS 的接地闸刀 1ES、2QS 的接地闸刀 2ES 都在断开位置时，KC1（KC2）线圈励磁，KC1（KC2）动合触点闭合，允许操作 1QS（2QS）。母联回路隔离开关 1QS 控制电路原理接线图如图 5-7 所示，KC1 动合触点即为 1QS 操作闭锁条件。

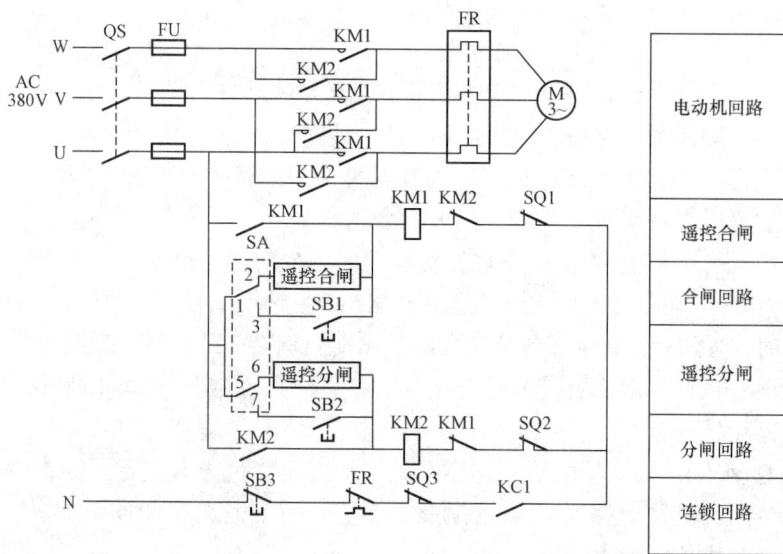

图 5-7　母联回路隔离开关 1QS 控制电路原理接线图

2. 1ES（2ES）操作闭锁条件

1QS 的接地闸刀 1ES、2QS 的接地闸刀 2ES 采用电磁锁 1DS（2DS）实现防误闭锁，电磁锁由锁头和电钥匙两部分构成。只有当电磁锁 1DS（2DS）的锁头两端有电压时，电钥匙插入锁头才能打开电磁锁。从图 5-6 可见，当母联断路器 QF、1QS、2QS 都在断开位置时，电磁锁 1DS（2DS）的锁头两端有电压，可以打开电磁锁 1DS（2DS）；当母联断路器 QF、1QS、2QS 中任一个在闭合位置时，电磁锁 1DS（2DS）的锁头两端没有电压，电磁锁 1DS（2DS）不能打开，此时接地闸刀 1ES（2ES）被金属销卡住，不能转动，防止误操作发生。

任务三　隔离开关运行与维护

教学目标

知识目标：①掌握隔离开关正常巡视项目；②掌握隔离开关操作方法；③掌握隔离开关常见异常及处理方法。

能力目标：①能进行隔离开关正确操作；②能处理隔离开关常见异常情况。

任务描述

隔离开关运行与维护。

任务准备

①阅读资料，各组制订实施方案；②写出本次操作的操作步骤，进行危险点分析；③各组互相考问；④教师评价。

任务实施

在高压配电装置中进行隔离开关控制电路操作。

相关知识

隔离开关拒合、隔离开关拒分；误拉隔离开关。

一、隔离开关正常巡视项目

（1）绝缘子是否完整，有无裂纹和放电现象。

（2）操动机构的操动连杆及部件，有无开焊、变形、锈蚀、松动、脱落现象，连接轴销子、紧固螺母等是否完好。

（3）闭锁装置是否完好，销子是否锁牢，辅助触点位置是否正确且接触良好，机构外壳接地是否良好。

（4）隔离开关合闸后，两触头是否完全进入刀嘴内，触头接触是否良好，无过热现象。

（5）隔离开关通过短路电流后，应检查隔离开关的绝缘子有无破损和放电痕迹，以及动静触头、接头有无熔化现象。

（6）检查隔离开关三相一致，机构终点位置与辅助触点位置相对应。

（7）新投入及检修后的隔离开关应进行检查，并进行两次拉合试验，要求灵活，接触良好，闭锁可靠。

二、隔离开关操作

（1）操作隔离开关，一定要仔细核对其编号，检查断路器三相确在断开位置，检查接地闸刀确在断开位置，接地线已拆除。

（2）送电时，先推母线侧隔离开关，再推负荷侧隔离开关，停电时相反。

（3）操作过程中，发现误合隔离开关时，不准将误合的隔离开关拉开；只有在弄清了情况并采取了安全措施后，才允许将误合隔离开关拉开。操作过程中，发现误拉隔离开关时，不准把已拉开的隔离开关重新合上。

（4）严禁带负荷拉隔离开关，所装电气和机械防误闭锁装置不能随意退出；当隔离开关电动操作失灵时，严禁用顶接触器的方法操作隔离开关，更不允许手动操作。

（5）隔离开关操作完毕后，应断开其动力电源。

三、隔离开关异常及处理

1. 隔离开关发热处理

（1）汇报调度立即设法减小或转移负荷，加强监视。

（2）10kV 母线侧或线路侧隔离开关发热到比较严重的程度时，应用旁路断路器代其运行。

（3）高压室内的发热隔离开关，在监视期间，应采取通风降温措施。

（4）汇报上级，将该隔离开关停电，做好安全措施，等候处理。

2. 隔离开关拒合时处理

（1）核对设备编号及操作程序是否有误，检查断路器是否在断开位置。

（2）若无上述问题，应检查接地闸刀是否完全拉开到位，将接地闸刀拉开到位后，可继续操作。

（3）无上述问题时，应检查机构卡滞部位，如属于机构不灵活，缺少润滑，可加注机油，多转动几次，然后再合闸；如果是传动部分问题，无法自行处理，应利用旁路断路器代路的方法，先恢复供电，汇报上级，隔离开关能停电时，由检修人员处理。

3. 隔离开关拒分时处理

（1）首先核对设备编号，看操作程序是否有误，检查断路器是否在断开位置。

（2）无上述问题时，可反复晃动操作把手，检查机械卡滞部位，如属于机构不灵活，缺少润滑，可加注机油，多转动几次，拉开隔离开关，如抵抗力在隔离开关的接触部位、主导流部位，不许强行拉开，应采取旁路断路器代路的方法，将故障隔离开关停电检修。

4. 误拉隔离开关时处理

（1）拉开瞬间若发现弧光很大，应立即推上。

（2）若全部拉开后，即使误拉隔离开关，也不得推上，只有在断开断路器后，再作相应处理。

项目总结

本项目主要介绍了隔离开关的基本结构、类型和用途，通过学习要求掌握隔离开关及其操动机构的基本结构及工作过程，掌握隔离开关主闸刀与接地闸刀的作用及操作方法，能正确进行隔离开关操作，能正确进行隔离开关接地闸刀操作；能区分隔离开关的位置，能进行具有"就地/遥控"隔离开关的控制电路分析；能说明电气五防功能的含义及电气闭锁。

复习思考

5-1 用隔离开关可以进行哪些操作？

5-2 隔离开关的主要用途是什么？为何不能用隔离开关接通和切断负荷电流和短路电流？

5-3 接地闸刀的作用是什么？它与主闸刀如何实现闭锁？

5-4 隔离开关拒合时应如何处理？

5-5 发现误拉隔离开关，应如何处理？

5-6 根据图 5-6（母联回路隔离开关主闸刀与接地闸刀操作闭锁接线图），分析 1QS 的操作闭锁条件。

5-7 根据图 5-7（母联回路隔离开关 1QS 控制电路原理接线图），分析 1QS 遥控合闸的工作过程。

电气一次系统基本操作

项目描述

本项目学习电气主接线的类型、倒闸操作原则、特点及应用；分析发电厂变电站典型电气主接线；分析自用电系统的运行，认知厂用电电压等级、厂用电源类型及供电方式，分析厂用电接线原则及典型厂用电接线，分析所用电接线及供电方式。

教学目标

知识目标：掌握电气一次系统的特点和基本操作方式。

能力目标：①能识别电气主接线和厂用电接线；②会分析电气主接线的运行方式；③能进行电气一次系统的基本操作。

教学环境

发电厂、变电站仿真机。

任务一　电气主系统运行

教学目标

知识目标：①掌握电气主接线类型及特点；②熟悉倒闸操作的基本原则和方法；③掌握各种类型电气主接线的结构及特点。

能力目标：①能正确说出各类电气主接线的优缺点；②能正确识别电气设备的运行方式；③能正确进行单母线接线的改进措施分析。

任务描述

分析对电气主接线的基本要求，分析有母线类（单母接线、双母接线）和无母线类接线（单元接线、角形接线、桥式接线）的特点及应用；分析各类发电厂、变电站典型的电气主接线。

任务准备

①阅读资料，各组制订实施方案；②分析危险点；③做好安全措施；④教师评价。

🚀 任务实施

在变电站仿真机或发电厂仿真机中进行。

🔧 相关知识

对电气主接线的评价；母线及旁路母线；单母线接线；双母线接线；3/2 接线；桥式接线；单元接线。

一、电气主接线概述

1. 电气主接线的定义

发电厂（变电站）的电气主接线是电力系统接线的重要组成部分，是由发电机、变压器、断路器等电气设备通过连接线，按其功能要求组成的电路，也称之为一次接线。

电气主接线的主要设备及其连接情况用电气主接线图表示。电气主接线图是用规定的各种电气设备的文字和图形符号按实际运行原理排列和连接，详细地表示电气设备的基本组成和连接关系的接线图。它不仅表示出各种电气设备的规格、数量、连接方式和作用，而且反映了各电力回路的相互关系和运行条件，构成了发电厂或变电站电气部分的主体。为了读图的清晰和方便，电气主接线图通常用单线图绘制，只是将不对称部分（如接地线、互感器等）局部用三线图表示。绘制电气主接线图时，一般断路器、隔离开关画为不带电、不受外力的状态，但在分析主接线运行方式时，通常按断路器、隔离开关的实际开合状态绘制。某 2×300MW 机组电厂电气主接线如图 6-1 所示。

2. 电气主接线的作用

电气主接线与电力系统整体及发电厂或变电站本身运行的可靠性、灵活性和经济性密切相关，而且对发电厂或变电站的电气设备选择、配电装置布置、继电保护与自动装置的配置和控制方式发挥着决定性的作用。

3. 电气主接线的基本要求

（1）可靠性。供电可靠性是电力生产和分配的首要要求，主接线首先应满足这个要求。

主接线的可靠性应与系统的要求、发电厂、变电站在系统中的地位和作用相适应，还应根据各类负荷的重要性，按不同要求满足各类负荷对供电可靠性的要求。主接线的可靠性在很大程度上取决于设备的可靠程度，采用可靠性高的设备可简化接线。主接线可靠性的具体要求如下：

1）断路器检修时，不宜影响对系统的供电。

2）断路器或母线故障以及母线检修时，尽量减少停运的回路数和停运时间，并保证对一类负荷及全部或大部分二类负荷的供电。

3）尽量避免全厂（站）停运的可能性。

（2）灵活性。主接线应满足调度、检修及扩建的灵活性。

1）调度灵活性，应可以灵活地投入和切除发电机、变压器和线路，调配电源和负荷，满足系统在事故、检修以及特殊运行方式下的系统调度要求。

2）检修灵活性，可以方便地将断路器、母线及保护装置按计划检修退出运行，进行安全检修而不会影响电力系统运行和对用户的供电。

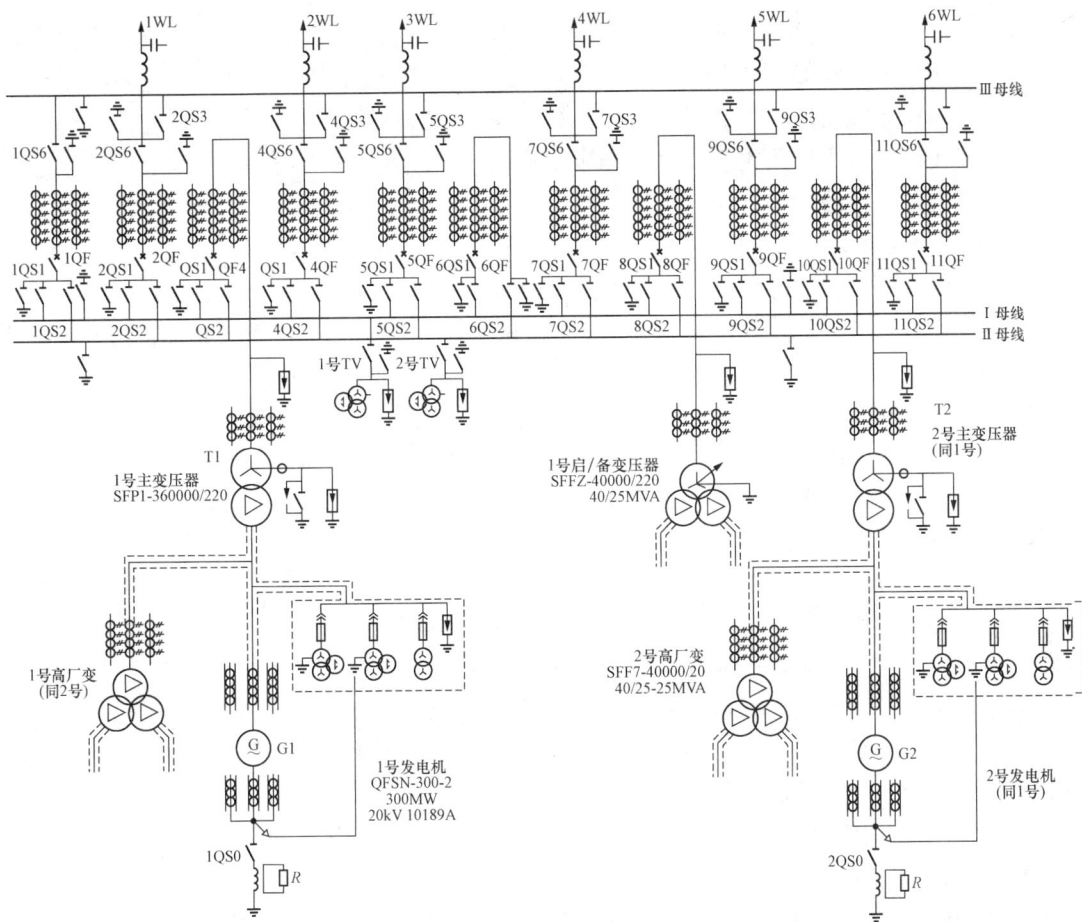

图 6-1　某 2×300MW 机组电厂电气主接线

3）扩建灵活性，可以容易地从初期接线过渡到最终接线，并考虑便于分期过渡和扩建，使电气一、二次设备及装置改变连接方式的工作量最小。

（3）经济性。主接线在满足可靠性、灵活性要求的前提下做到经济合理。

1）投资省。主接线力求简单，以节省断路器、隔离开关、互感器等一次设备；使继电保护和二次回路不过于复杂，以节省二次设备和控制电缆；要能限制短路电流，以便于选择价格合理的电气设备或轻型电器；能满足安全运行和保护要求时，110kV 及以下终端或分支变电站可采用简易电器。

2）占地面积少。

3）电能损失少，年运行费用低。

另外，电气主接线还应简单清晰、操作方便。复杂的接线不利于操作，还往往造成误操作而发生事故；但接线过于简单，又给运行带来不便，或造成不必要的停电。

4. 电气主接线的基本形式

母线是电气主接线和配电装置的重要环节，当同一电压等级配电装置中的进出线数目较多时，常需设置母线，以便实现电能的汇集和分配。所以，电气主接线一般按有无母线分类，可分为有母线类和无母线类接线。

有母线类的电气主接线形式包括单母线类接线和双母线类接线。单母线类接线包括单母线接线、单母线分段接线、单母线分段带旁路母线接线等形式；双母线类接线包括双母线接线、双母线分段接线及双母线带旁路母线、3/2接线等多种形式。

无母线类的电气主接线主要有单元接线、桥式接线、多角形接线等。

二、单母线类接线

（一）单母线接线

1. 单母线接线分析

单母线接线如图6-2所示。其特点是每一回路均装有一台断路器QF和隔离开关QS。断路器用于在正常或故障情况下接通与断开电路，断路器两侧装有隔离开关，用于停电检修断路器时作为明显断开点隔离电压；靠近母线侧的隔离开关称为母线侧隔离开关（如3QS），靠近引出线侧的称为线路侧隔离开关（如4QS）。在电源回路中，若断路器断开之后，电源不可能向外送电能时，断路器与电源之间可以不装隔离开关，如发电机出口。若线路对侧无电源，则线路侧也可不装设隔离开关。

2. 单母线接线的优缺点

单母线接线的优点是：接线简单、清晰，设备少，操作方便，投资少，便于扩建和采用成套配电装置。

单母线接线的缺点是：不够灵活可靠，在母线和母线隔离开关检修或故障时，均可造成整个配电装置停电；引出线的断路器检修时，该支路要停电。

3. 单母线接线的操作

线路1WL停电时：断开3QF→拉开4QS→拉开3QS。

线路1WL送电时：推上3QS→推上4QS→合上3QF。

上述断路器与隔离开关的操作顺序必须严格遵守，严防带负荷拉合隔离开关等误操作事故发生。停电时先断开线路断路器后拉开隔离开关，是因为断路器有灭弧能力而隔离开关没有灭弧能力，必须用断路器来切断负荷电流。若直接用

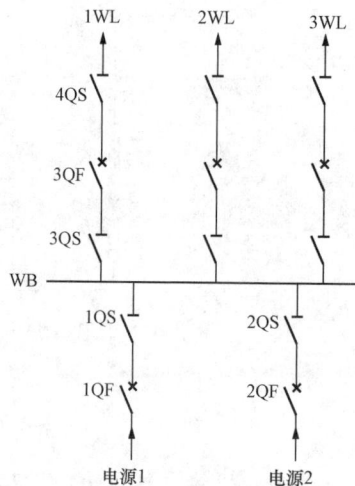

图6-2 单母线接线

隔离开关来切断电路，则会产生电弧造成短路等事故。而停电操作时，隔离开关的操作顺序是先拉开负荷侧隔离开关4QS，后拉开母线侧隔离开关3QS。这是因为，如果在断路器未断开的情况下，发生线路带负荷拉隔离开关，将发生电弧短路，故障点在线路侧，继电保护装置将跳开断路器3QF，切除故障，这样只影响到本线路，对其他回路设备（特别是母线）运行影响甚少。若先拉开母线侧隔离开关3QS，后拉开负荷侧隔离开关4QS，则故障点在母线侧，继电保护装置将跳开与母线相连接的所有电源侧断路器，导致全部停电，扩大事故影响范围。送电操作的顺序分析与停电操作时相似，读者可以自行分析。

母线停用时，将线路1WL～3WL停电，然后将电源1和电源2停电即可。母线侧隔离开关如3QS检修时，由于其静触头连接在母线上，所以，必须将母线WB停电，即整个配电装置都停电。

4. 适用范围

单母线接线一般只适用于不重要负荷和中、小容量的水电站和变电站中，主要用于变电站安装一台变压器的情况，出线回路数并与电压等级有关，6～10kV配电装置的出线回路数

不超过 5 回，35～66kV 不超过 3 回，110～220kV 不超过 2 回。

由于厂用电系统中的母线等设备全部封闭在高低压开关柜中，这些开关柜具有五防功能，发生母线短路的可能性极小。因此，单母线接线广泛应用于中小型发电厂的厂用电系统中。

（二）单母线分段接线

1. 单母线分段接线分析

为了改善单母线接线的工作性能，可利用分段断路器 QFd 将母线适当分段，构成如图 6-3 所示的单母线分段接线。图中，母线分为 I 母线和 II 母线，电源 1 和线路 1WL、2WL 工作在 I 母线，电源 2 和线路 3WL、4WL 工作在 II 母线，I、II 母线通过分段断路器 QFd 及两侧隔离开关相连。当对可靠性要求不高时，也可以用隔离开关进行分段。

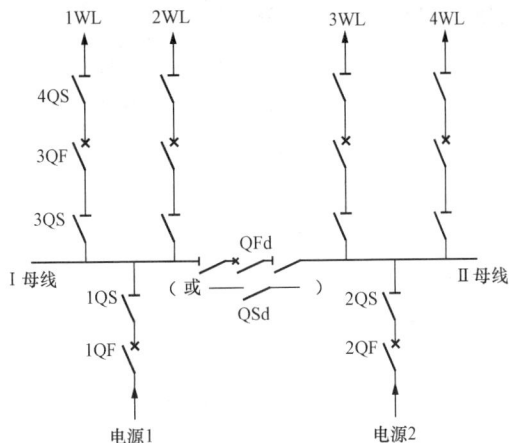

图 6-3　单母线分段接线

母线分段的数目，取决于电源的数目、容量、出线回路数、运行要求等，一般分为 2～3 段。应尽量将电源与负荷均衡地分配于各母线段上，以减少各分段间的功率交换。对于重要用户，可从不同母线段上分别引出两回及以上回路向其供电。

正常运行时，单母线分段接线有两种运行方式。

（1）分段断路器闭合运行（并列运行）。正常运行时分段断路器 QFd 闭合，两个电源分别接在两段母线上；两段母线上的电源及负荷应均匀分配，以使两段母线上的电压均衡。在运行中，当任一段母线发生故障时，继电保护装置动作跳开分段断路器和接至该母线段上的电源断路器，另一段母线则继续供电。该运行方式下，有一个电源故障时，仍可以使两段母线都工作，可靠性比较好。但是线路故障时短路电流较大。

（2）分段断路器断开运行（分列运行）。正常运行时分段断路器 QFd 断开，每个电源只向接至本段母线上的引出线供电。当任一电源出现故障，接至该电源的母线停电，导致部分用户停电，为了解决这个问题，可以在分段断路器 QFd 上装设备用电源自动投入装置，或者重要用户可以从两段母线引接采用双回路供电。分段断路器断开运行的优点是可以限制短路电流。

用隔离开关 QSd 分段的单母线分段接线，当分段隔离开关 QSd 合上，两段母线并列运行时，若任一段母线故障，将造成全部停电，停电后可将分段隔离开关 QSd 断开，恢复无故障段母线的工作，只需短时停电。

2. 单母线分段的优缺点

单母线分段接线的优点是：

（1）当母线发生故障时，仅故障母线段停止工作，另一段母线仍继续工作。

（2）两段母线可看成是两个独立的电源，提高了供电可靠性，可对重要用户供电。

单母线分段接线的缺点是：

（1）当一段母线故障或检修时，该段母线上的所有支路必须断开，停电范围较大。

（2）任一支路断路器检修时，该支路必须停电。

（3）当出线为双回路时，常使架空线出现交叉跨越。

（4）扩建时需向两个方向均衡扩建。

3. 适用范围

（1）6～10kV 配电装置的出线回路数为 6 回及以上；当变电站有两台主变压器时，6～10kV 宜采用单母线分段接线。

（2）35～66kV 配电装置出线回路数为 4～8 回时。

（3）110～220kV，出线回路数为 3～4 回时。

为克服出线断路器检修时该回路必须停电的缺点，可采用增设旁路母线的方法。

（三）单母线分段带旁路母线接线

1. 接线分析

为保证在进出线断路器检修时不中断对用户的供电，单母线分段接线可增设旁路母线和旁路隔离开关。正常时旁路母线不带电，旁路母线接线有三种形式。

（1）设有专用旁路断路器。进出线断路器检修时，可由专用旁路断路器代替，通过旁路母线供电，对单母线分段的运行没有影响。如图 6-4 所示，正常运行时，旁路母线不带电。

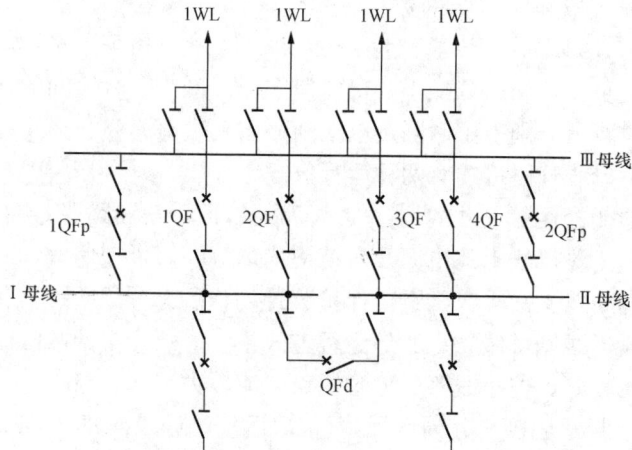

图 6-4　单母线分段带旁路接线（专用旁路断路器）

（2）分段断路器兼作旁路断路器。不设专用旁路断路器，而以分段断路器兼作旁路断路器用，正常运行时，旁路母线不带电，如图 6-5 所示。

（3）旁路断路器兼作分段断路器。不设专用旁路断路器，而以旁路断路器兼作分段断路器用。如图 6-6 所示，该接线两段母线并列运行时旁路母线带电。

后两者可节约旁路断路器和配电装置间隔的投资，适用于出线回路数不多的情况。

单母线分段带旁路母线接线方式具有较高的可靠性及灵活性，应用于出线回路不多，负荷较为重要的中小型发电厂中。

2. 典型操作

以图 6-7 所示的单母分段带旁路母线接线为例，分段断路器 QFd 兼作旁路断路器 QFp，并设有分段隔离开关 QSd。旁路母线平时不带电，按单母线分段并列方式运行，当需要检修某一出线断路器（如 3QF）时，可通过倒闸操作，由分段断路器代替旁路断路器，使旁路母线经 7QS、QFp、10QS 接至 I 母线，或经 8QS、QFp、9QS 接至 II 母线而带电运行，并经过被检修断路器所在回路的旁路隔离开关（如 1QSp）构成向该线路供电的旁路通路，然后，即可断开该出线断路器（如 3QF）及两侧隔离开关进行检修，而不中断其所在线路（如 1WL）的供电。此时，两段工作母线既可通过分段隔离开关 QSd 并列运行，也可以分列运行。

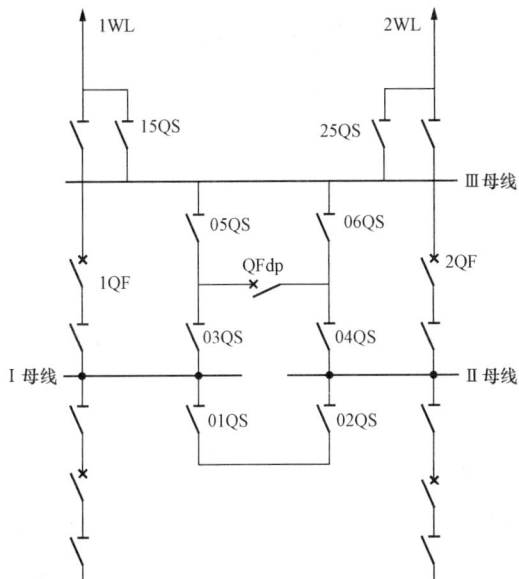

图 6-5 单母线分段带旁路接线（分段断路器
　　　　兼作旁路断路器）

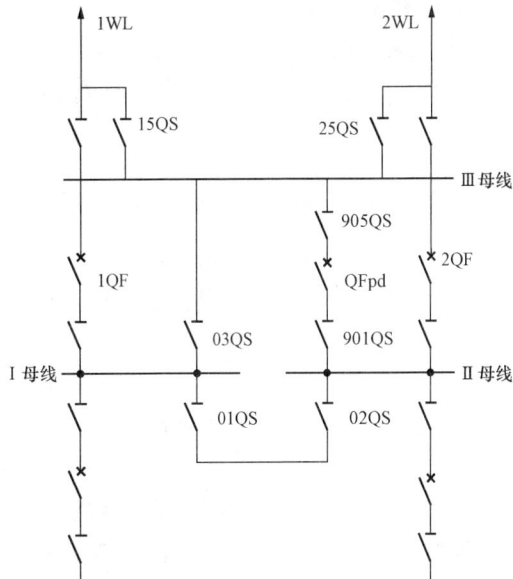

图 6-6 单母线分段带旁路接线（旁路断路器
　　　　兼作分段断路器）

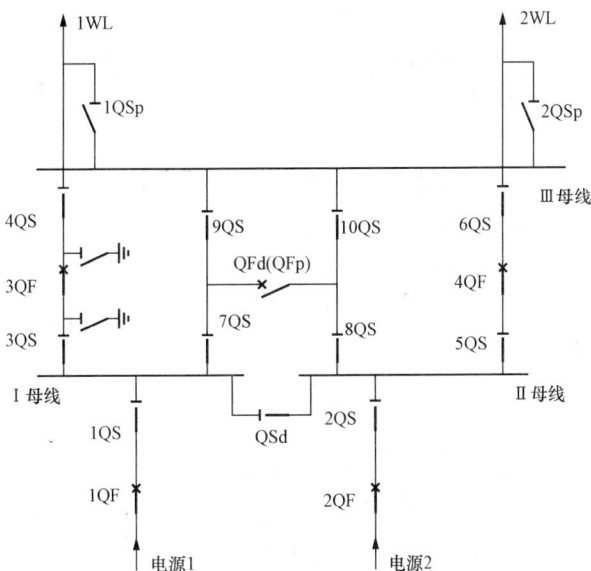

图 6-7 单母线分段带旁路接线运行方式图

【例 6-1】 电路运行方式如图 6-7 所示，写出线路 1WL 不停电检修 3QF 的基本操作顺序。

解 （1）推上 QSd，保持电源一和电源二并列运行。

（2）断开 QFd。

（3）拉开 8QS。

（4）推上 10QS。

（5）合上 QFp，检查旁路母线是否完好，由Ⅰ母线→7QS→QFp→10QS→Ⅲ母线。

（6）断开 QFp。

（7）推上 1QSp。

（8）合上 QFp，为线路 1WL 建立连接至Ⅰ母线上运行的新通道。

（9）断开 3QF。

（10）拉开 4QS。

（11）拉开 3QS。

（12）对断路器 3QF 两侧验电。

（13）推上断路器 3QF 两侧接地闸刀。

本例操作中请注意：

（1）向旁路母线充电还可以由Ⅱ母线→8QS→QFp→9QS→Ⅲ母线。

（2）在没有检查母线是否完好前，向母线充电只能用断路器进行，不能用隔离开关向母线充电；否则，一旦母线上有故障存在时，将造成人身伤亡或造成故障范围扩大。

（3）当电路中既有断路器又有隔离开关时，应用断路器切断电路。

（4）操作时一定要依据设备的实际运行位置进行，不能假设断路器所处的位置状态；否则，会引起误操作事故发生。

（5）为便于理解，可以一边操作，一边在所操作设备旁做上记号，如断路器合上时用"I"、断开时用"O"，直到操作全部完成。操作后的电路运行方式如图 6-8 所示。

3．适用范围

单母线分段带旁路接线，主要用于 6～10kV 出线较多，而且对重要负荷供电的配电装置中；35kV 及以上有重要联络线路或较多重要用户时也采用。

三、双母线类接线

（一）双母线接线

1．接线分析

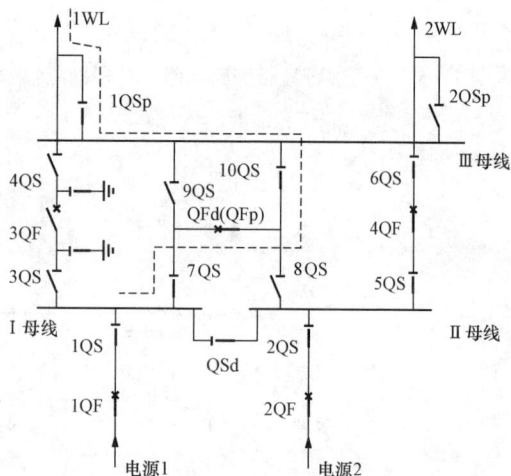

图 6-8　旁代操作后的电路运行方式图

如图 6-9 所示，这种接线设置有两组母线Ⅰ母线、Ⅱ母线，其间通过母线联络断路器 QFc 相连，每回进出线均经一台断路器和两组母线隔离开关可分别接至两组母线。正是由于各回路设置了两组母线隔离开关，可以根据运行的需要，切换至任一组母线工作，从而大大改善了运行的灵活性。双母线接线有两种运行方式。

（1）双母线同时工作。正常运行时，母联断路器闭合运行，两组母线并列运行，电源和负荷平均分配在两组母线上。这是双母线常采用的运行方式。

由于母线继电保护的要求，一般某一回路固定在某一组母线上，以固定连接的方式运行。

（2）一组母线运行，一组母线备用。正常运行时，母联断路器断开运行，电源和负荷都接在工作母线上。

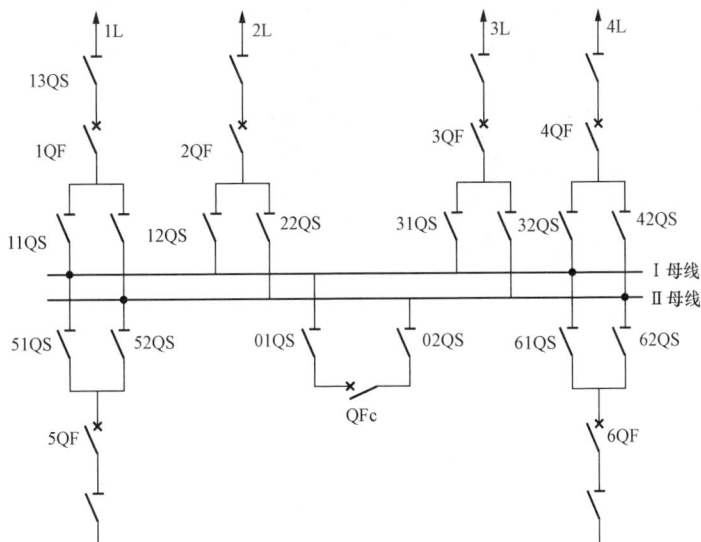

图 6-9　双母线接线

2. 优缺点分析

双母线接线的优点是：

（1）供电可靠。通过两组母线隔离开关的倒换操作，可以轮流检修一组母线而不影响正常供电；一组母线故障后，能迅速恢复供电；检修任一回路的母线隔离开关，只需要停该回路；可利用母联断路器替代出线断路器工作，使出线断路器检修期间能继续向负荷供电。

（2）调度灵活。各个电源和各回路负荷可以任意分配到某一组母线上，能灵活地适应电力系统中各种运行方式调度和潮流变化的需要。

（3）扩建方便。向双母线的左右任一方向扩建，均不影响两组母线的电源和负荷的均匀分配，不会引起原有电路的停电。当有双回架空线路时，可以顺序布置，以致连接不同的母线段时，不会如单母线分段那样导致进出线交叉跨越。

（4）便于试验。当个别回路需要单独进行试验时，可将该回路分开，单独接至一组母线上。

双母线接线的缺点是：

（1）增加了一组母线及母线设备，每一回路增加了一组隔离开关，投资费用增加，配电装置结构较为复杂，占地面积也较大。

（2）当母线故障或检修时，隔离开关为倒闸操作电器，容易误操作。

（3）检修出线断路器时该回路仍然需要停电。

3. 典型操作

母线倒闸操作是采用双母线接线的一项重要操作，以图 6-10 所示接线方式为例。

（1）Ⅰ母线运行转检修操作。

【例 6-2】　电路正常运行方式：两组母线并列运行，1WL、1QF、2QF 接Ⅰ母，2WL、3QF、4QF 接Ⅱ母，写出Ⅰ母线停电检修的操作步骤。

解　（1）确认 QFc 在合闸运行，取下 QFc 操作电源小开关。

（2）推上 4QS。

（3）拉开 3QS——以上两步操作将电源一转移至Ⅱ母线。

（4）推上 6QS。

（5）拉开 5QS——以上两步操作将线路 1WL 转移至Ⅱ母线，Ⅰ母线变成空载母线。

（6）装上 QFc 操作电源小开关。在此过程中，操作隔离开关之前取下 QFc 操作电源小开关，是为了在操作过程中母联断路器 QFc 不跳闸，确保所操作隔离开关两侧可靠地等电位，因为如果在操作过程中母联断路器跳闸，则可能会造成带负荷拉开（推上）隔离开关，造成事故。

（7）断开 QFc，检查 QFc 确已断开。

（8）拉开 1QS。

（9）拉开 2QS，使Ⅰ母线不带电。

（10）退出Ⅰ母线电压互感器，按检修要求做好安全措施，即可对Ⅰ母线进行检修，而整个操作过程没有任何回路停电。

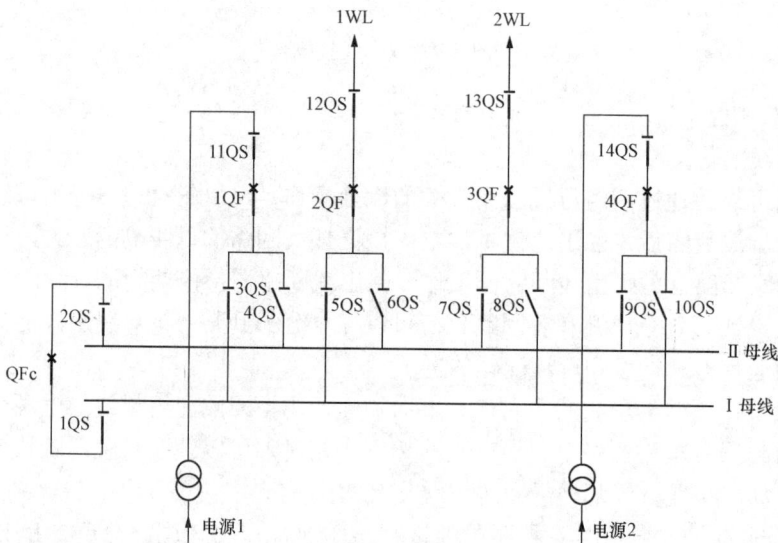

图 6-10　双母线接线运行方式图

（2）工作母线运行转检修操作。

正常运行方式：Ⅰ母线工作，1WL、2WL、1QF、2QF、3QF、4QF 接Ⅰ母线；Ⅱ母线停电备用。

操作步骤如下：

依次推上母联断路器两侧的隔离开关，再合上母联断路器 QFc，向Ⅱ母线充电，检验Ⅱ母线是否完好，若Ⅱ母线存在短路故障，母联断路器立即跳闸，若Ⅱ母线完好时，合上母联断路器后不跳闸。

然后取下母联断路器操作电源小开关，依次推上与Ⅱ母线相连的各回路隔离开关，再依次拉开与Ⅰ母线相连的各回路隔离开关，装上母联断路器的操作电源小开关。由于母联断路器连接两组母线，因此依次推上、拉开以上隔离开关只是转移负荷，而不会产生电弧。

最后断开母联断路器，依次拉开母联断路器两侧的隔离开关。至此，Ⅱ母线转换为工作母线，Ⅰ母线转换为备用母线，在上述操作过程中，任一回路的工作均未受到影响。

（3）母线隔离开关检修的操作。

操作步骤：只需将需检修的隔离开关所在的回路单独倒接在一组母线上，然后将该组母线和该回路停电并做好安全措施，该隔离开关就可以停电检修了，具体操作步骤参考操作（1）"母线运行转检修操作"。

（4）某回路断路器拒动，利用母联断路器切断该线路的操作。

操作步骤：首先利用倒母线的方式，将拒动断路器所在的回路单独倒接在一组母线上，使该回路通过母线与母联断路器形成串联供电电路（此时双母线运行方式成单母线运行，另一母线成为联络线），然后断开母联断路器切断电路，即可保证该回路断电。具体操作步骤读者可以参考前面相关操作自己练习。

4. 适用范围

双母线在我国具有丰富的运行和检修经验。当出线回路数或母线上电源较多、输送和穿越功率较大、母线故障后要求迅速恢复供电、母线或母线设备检修时不允许影响对用户的供电、系统运行调度对接线的灵活性有一定要求时采用，各级电压采用的具体条件为：

（1）6～10kV配电装置，当短路电流较大、出线需要带电抗器时。

（2）35～66kV配电装置，当出线回路数超过8回或连接的电源较多，负荷较大时。

（3）110～220kV配电装置，当出线回路数为6回及以上时。

（4）220kV配电装置，当出线回路数为4回及以上时。

（二）双母线分段接线

双母线分段接线主要适用于进出线回路数甚多时，双母线分段的原则如下：

（1）当220kV进出线回路数为10～14回时，在一组母线上用断路器分段，称为双母线三分段接线。

（2）当220kV进出线回路数为15回及以上时，两组母线均用断路器分段，称为双母线四分段接线。

（3）在6～10kV进出线回路数较多或者母线上电源较多，输送的功率较大时，为了限制短路电流或系统解列运行的要求，选择轻型设备，提高接线的可靠性，常采用双母线分段接线，并在分段处装设母线电抗器。

图6-11所示为双母线三分段接线，工作母线用分段断路器00QF分为两段（Ⅰ母线、Ⅱ母线），每段母线与备用母线之间分别通过母联断路器01QF、02QF连接。这种接线较双母线接线具有更高的可靠性和更大的灵活性。工作母线的任一分段检修时，将该段母线所连接的支路倒至备用母线上运行，仍能保持单母线分段运行的特点。当具有三个或三个以上电源时，可将电源分别接到Ⅰ母线、Ⅱ母线和Ⅲ母线上，用母联断路器连通Ⅲ母线与Ⅰ母线或Ⅱ母线，构成单母线分三段运行，可进一步提高供电可靠性。

（三）双母线带旁路母线接线

1. 接线分析

双母线带旁路接线就是在双母线接线中设置旁路母线（Ⅲ母线）后构成的，设置旁路母线的目的，是为了在检修任一回路的断路器时，不中断该回路的工作。

有专用旁路断路器的双母带旁路接线如图6-12所示，旁路断路器可代替出线断路器工作，使出线断路器检修时，线路供电不受影响。双母带旁路接线正常运行多采用两组母线固定连接方式，即双母线同时运行的方式，此时母联断路器处于合闸位置，并要求某些出线和电源固定连接于Ⅰ母线上，其余出线和电源连至Ⅱ母线。两组母线固定连接回路的确定既要考虑供电可靠性，又要考虑负荷的平衡，尽量使母联断路器通过的电流很小。

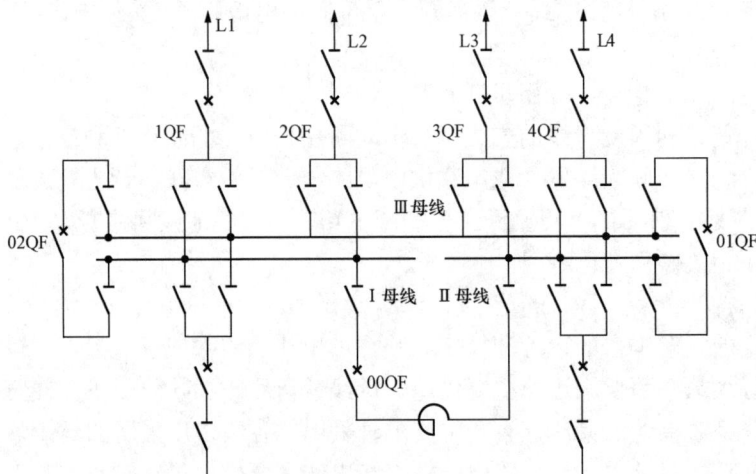

图 6-11　双母线三分段接线

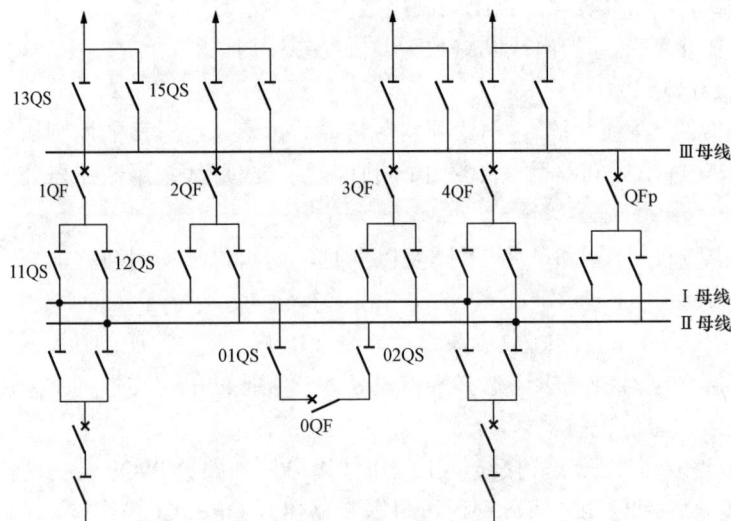

图 6-12　有专用旁路断路器的双母带旁路接线

　　双母带旁路接线采用固定连接方式运行时，通常设有专用的母线差动保护装置。运行中，如果一组母线发生短路故障，则母线保护装置动作跳开与该母线连接的出线、电源和母联断路器，维持未故障母线的正常运行。然后，可按操作规程的规定将与故障母线连接的出线和电源回路倒换到未故障母线上恢复送电。

　　用旁路断路器代替某出线断路器供电时，应将旁路断路器 QFp 与该出线对应的母线隔离开关推上，以维持原有的固定连接方式。

　　当出线数目不多，安装专用的旁路断路器利用率不高时，为了节省投资，可采用母联断路器兼作旁路断路器的接线，具体连接如图 6-13 所示。

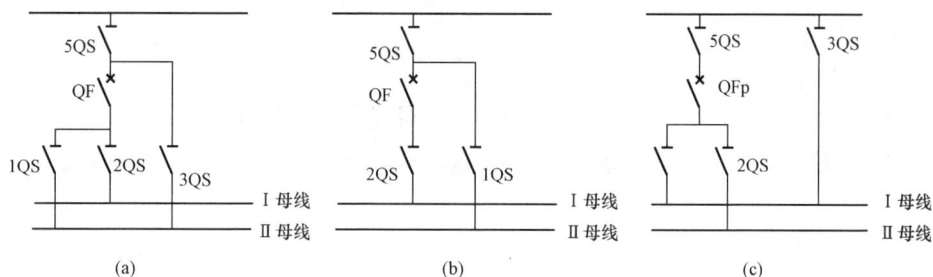

图 6-13 母联兼旁路断路器接线

（a）两组母线带旁路；（b）一组母线带旁路；（c）设有旁路跨条

2. 典型操作

在图 6-14 所示具有专用旁路断路器的双母带旁路接线中，正常运行时，旁路母线Ⅲ母线及旁路设施不投入，Ⅰ、Ⅱ母线通过母联回路并列运行，1G 和 1WL 等工作在Ⅰ母线，2G 和 2WL 等工作在Ⅱ母线。凡拟利用旁路母线系统的电源或出线回路，均需相应装设可接至旁路母线的旁路隔离开关，如 1QSp～4QSp，1QSp 是为了检修发变组出口断路器 1QF 而设，2QSp 是为了检修线路 1WL 断路器 2QF 而设等。由图 6-14 所示接线构成的配电装置中，所有断路器安装在母线的同一侧，采用单列布置。

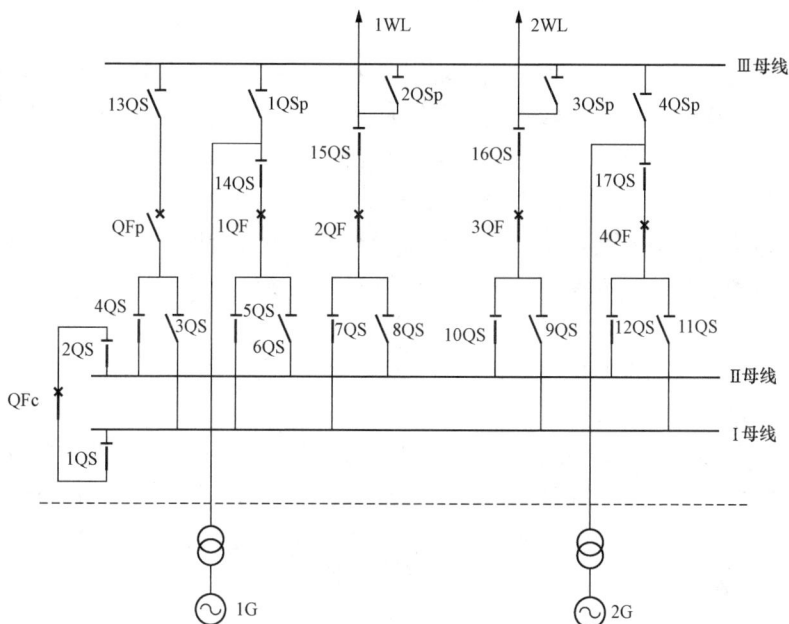

图 6-14 双母线带旁路接线（虚线以上部分）运行方式图

【例 6-3】 图 6-14 所示的双母线带旁路母线的运行方式，写出发电机 1G 不停机检修 1QF 的基本操作步骤。

解 （1）推上 3QS。

（2）推上 13QS。

（3）合上 QFp——检查旁路母线是否完好，由Ⅰ母线→3QS→QFp→13QS→Ⅲ母线。

（4）断开 QFp。

（5）推上 1QSp。

（6）合上 QFp——为发电机 1G 建立连接至 I 母线上运行的新通道。

（7）断开 1QF——断开 1QF 后，发电机 1G 发出的电能→1QSp→13QS→QFp→3QS→I 母线。

（8）拉开 14QS。

（9）拉开 5QS。

（10）对断路器 1QF 两侧验电。

（11）推上断路器 1QF 两侧接地闸刀或装设接地线。

思考：1QF 检修转运行操作步骤。

3. 优缺点分析

双母带旁路接线大大提高了主接线系统的工作可靠性，当电压等级较高，线路较多时，因一年中断路器累计检修时间较长，这一优点更加突出。而母联断路器兼作旁路断路器的接线经济性比较好，但是在旁代过程中需要将双母线同时运行改成单母线运行，降低了可靠性。

4. 适用范围

一般用在 220kV 线路 4 回及以上出线或者 110kV 线路有 6 回及以上出线的配电装置。

（四）一个半断路器接线（又称为 3/2 接线）

1. 接线分析

一个半断路器有两组母线，每一回路经一组断路器接至一组母线，两个回路间有一组断路器联络，形成一串，每回进出线都与两组断路器相连，而同一串的两个回路共用三组断路器，故而得名一个半断路器接线或 3/2 接线。正常运行时，两组母线同时工作，所有断路器均闭合。图 6-15 所示为一个半断路器的接线图。

一个半断路器接线兼有环形接线和双母线接线的优点，克服了一般双母线和环形接线的缺点，是一种布置清晰、可靠性高、运行灵活性好的接线。

2. 优缺点分析

一个半断路器接线的主要优点是：

（1）高度可靠性。

1）每一回路两组断路器供电，任意一组母线故障、检修或一组断路器检修退出工作时，均不影响各回路供电。例如，500kV II 母线故障时，保护动作，3QF、6QF、9QF 跳闸，其他进出线能继续工作，并通过 I 母线并联运行；500kV I 母线检修，只要断开 1QF、4QF、7QF、11QS、41QS、71QS 等即可，不影响供电，并可以检修 I 母线上的 11QS、41QS、71QS 等母线隔离开关；1QF 检修时，只需断开 1QF 及 11QS、12QS 即可。

2）在事故与检修相重合情况下的停电回路不会多于两回。靠近母线侧断路器故障或拒动，只影响一个回路工作。联络断路器故障或拒动时，引起两个回路停电。例如，1QF 故障，2QF、4QF 和 7QF 跳闸，只影响 WL1 出线停运；2QF 故障，1QF、3QF 跳闸，将使 1T 和 1WL 停运；500kV I 母线检修（1QF、4QF、7QF 断开），II 母线又发生故障时，母线保护动作，3QF、6QF、9QF 跳闸，但不影响电厂向外供电，但若出线并未通过系统连接，则各机组将在不同的系统运行，输出功率可能不均衡，母线上线路串的出线将停电；2QF 检修，II 母线故障，1T 停运；2QF 检修，I 母线故障，则 1WL 停运；2WL 线路故障，4QF 跳闸，而 5QF

拒动，则由 6QF 跳闸，使 2T 停运。若 5QF 跳闸，4QF 拒动，扩大到 1QF、7QF 跳闸，使 Ⅰ母线停运，但不影响其他进出线运行；一组断路器检修，另外一台断路器故障，一般情况只使两回进出线停电，但在某些情况下，可能出现同名进出线全部停电的情况。如图 6-15（a）所示，当只有 1T、2T 两串时（即只有第一和第二串，没有第三串时），2QF 检修，6QF 故障，则 3QF、5QF 跳闸，则 1T、2T 将停运，即两台机组全停。又如 1WL、2WL 系同名双回线，当 2QF 检修，又发生 4QF 故障，则 1QF、5QF 和 7QF 跳闸，1WL 和 2WL 同时停运。为了防止同名回路同时停电，可按图 6-15（b）来布置同名回路，即将同名回路交叉布置在不同串中的不同母线侧，采用这种方式来提高系统的可靠性。采用这种布置方式时，当 2QF 检修，6QF 故障，3QF、5QF、9QF 跳闸，2T 和 1WL 停运，但 1T 和 2WL 仍继续运行，不会发生同名回路全部停运现象。但交叉布置将增加配电装置间隔、架构和引线的复杂性。

（2）运行调度灵活。正常时两组母线和全部断路器都投入运行，形成环形供电，运行调度灵活。

（3）操作检修方便。隔离开关仅作检修时隔离电源用，避免用隔离开关进行倒闸操作；检修断路器时，不需要带旁路的倒闸操作；检修母线时，回路不需要切换。

（4）结构简单。一个半断路器接线与双母线带旁路母线比较，隔离开关少，配电装置结构简单，占地面积小，土建投资少，隔离开关不当作操作电器使用，不易因误操作造成事故。

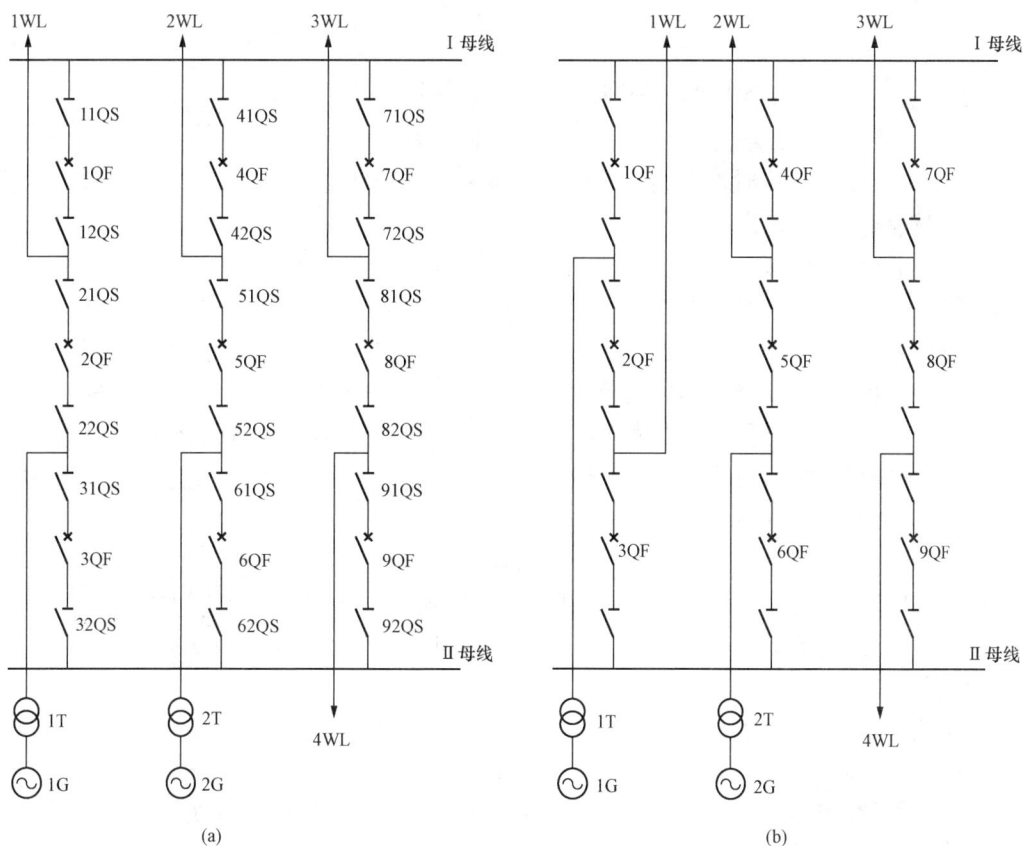

图 6-15　一个半断路器接线

　　一个半断路器接线的缺点是：所用开关电器较多，投资较大，且要求进出线回路数最好为双数。由于每一回路有两个断路器，进出线故障将引起两台断路器跳闸，增加了断路器的维护工作量，另外继电保护和二次线的设置比较复杂。

　　3. 一个半断路器接线成串配置原则

　　为提高供电可靠性，防止同名回路（指两个变压器或两回供电线路）同时停电，可按成串原则布置。

　　（1）同名回路布置在不同串上，把电源与引出线接到同一串上，以免当一串的联络断路器故障或检修，同名回路串的母线侧断路器故障，使同一侧母线的同名回路一起断开。

　　（2）如一串配两条线路时，应将电源线路和负荷线路配成一串。

　　（3）对特别重要的同名回路，可考虑分别交替接入不同侧母线，即"交替布置"。也就是，重要的同名回路交替接入不同侧母线。

　　为使一台半断路器接线优点更突出，接线至少应有三个串（每串为三台断路器）才能形成多环接线，可靠性更高。

　　4. 适用范围

　　目前一个半断路器接线，已较广泛应用于国内外大型发电厂和变电站的 330～500kV 的配电装置中。当进出线回路数为 6 回及以上，在系统中占重要地位时，宜采用一个半断路器接线。

　　（五）双断路器的双母线接线

　　双断路器的双母线接线如图 6-16 所示，图中的每个回路内，无论进线（电源）还是出线（负荷），都通过两台断路器两组母线相连。正常运行时，母线、断路器及隔离开关全部投入运行。这种接线的优点是：

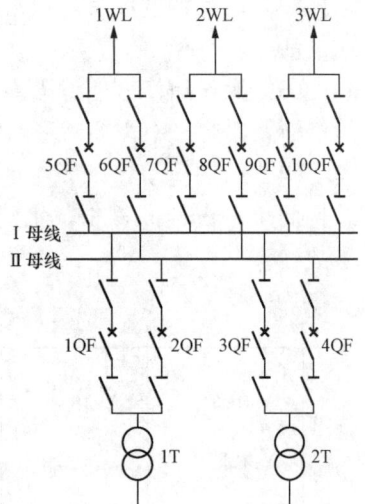

图 6-16　双断路器的双母线接线

　　（1）任何一组母线或任一台断路器因检修退出运行时，不会影响所有回路供电，并且操作程序简单；可以同时检修任一组母线上的隔离开关，而不影响任一回路工作。

　　（2）隔离开关只作检修时隔离电源用，不用于倒闸操作，减少了误操作的可能性。

　　（3）整个接线可以方便地分成两个相互独立的部分，各回路可以任意分配在任一组母线上，所有切换均用断路器进行。

　　（4）继电保护容易实现。

　　（5）任一台断路器拒动时，只影响一个回路。

　　（6）母线故障时，与故障母线相连的所有断路器跳开，不影响任何回路工作。

　　因此，双断路器的双母线接线的供电可靠性高和灵活性强，但所需设备投资太大，限制了它的使用范围。

　　（六）变压器–母线接线

　　变压器–母线接线的特点是：

　　（1）选用质量可靠的主变压器，直接将主变压器经隔离开关接到母线上，对母线运行不产生明显的影响，以节省断路器。

　　（2）出线采用双断路器，以保证高度可靠性，如图 6-17（a）所示。当线路较多时，出线也可采用一个半断路器接线，如图 6-17（b）所示。

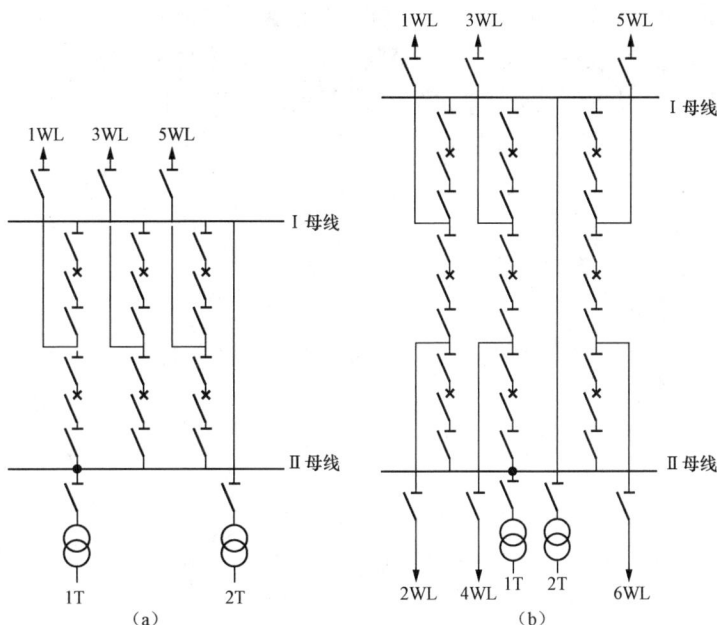

图 6-17　变压器母线组接线

（a）出线为双断路器接线；（b）出线为一个半断路器接线

（3）变压器故障时，连接于母线上的断路器跳闸，但不影响其他回路工作。再用隔离开关把故障变压器退出后，即可进行倒闸操作使该母线恢复运行。

这种接线适用于：①长距离大容量输电线路、系统稳定性问题较突出、要求线路有较高电可靠性时；②主变压器的质量可靠、故障率甚低时。

四、无母线类

（一）单元接线

1. 发电机–变压器单元接线

发电机与变压器直接连接，没有或很少有横向联系的接线方式，称为单元接线。单元接线的共同特点是接线简单、清晰，节省设备和占地，操作简便，经济性好。不设发电机电压母线，发电机电压侧的短路电流减小。其主要接线类型如图 6-18 所示。

图 6-18（a）所示为发电机–双绕组变压器单元接线（简称发变组单元接线），发电机出口不设置母线，输出电能均经过主变压器送至高压电网。因发电机不会单独空载运行，故不需装设出口断路器，有的装一组隔离开关，以便单独对发电机进行试验。

图 6-18（b）所示为发电机–三绕组变压器单元接线，发电机出口应装设出口断路器及隔

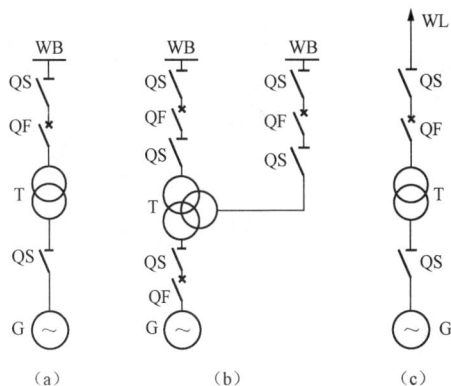

图 6-18　发电机–变压器单元接线

（a）发电机–双绕组变压器单元接线；

（b）发电机–三绕组变压器单元接线；

（c）发电机–变压器–线路单元接线

离开关，以便在变压器高、中压绕组联合运行情况下进行发电机的投、切操作。

图 6-18（c）所示为发电机-变压器-线路单元接线，发电机发出的电能升压后，直接经线路送到系统中，发电机、变压器、线路任何一个故障将全部单元停电。采用发电机-变压器-线路单元接线时，不需要在发电厂建设复杂的开关站，节省了投资。

单元接线的特点如下：

（1）接线简单清晰，电气设备少，配电装置简单，投资少，占地面积小。

（2）不设发电机电压母线，发电机或变压器低压侧短路时，短路电流小。

（3）操作简便，降低故障的可能性，提高了工作的可靠性，继电保护简化。

（4）任一元件故障或检修全部停止运行，检修时灵活性差。

单元接线适用于机组台数不多的大、中型不带近区负荷的区域发电厂以及分期投产或装机容量不等的无机压负荷的中、小型水电站。

2. 扩大单元接线

采用两台发电机与一台变压器组成单元的接线称为扩大单元接线，如图 6-19 所示。在这种接线中，为了适应机组开停的需要，每一台发电机回路都装设断路器，并在每台发电机与变压器之间装设隔离开关，以保证停机检修的安全。装设发电机出口断路器的目的是使两台发电机可以分别投入运行或当任一台发电机需要停止运行或发生故障时，可以操作该断路器，而不影响另一台发电机与变压器的正常运行。

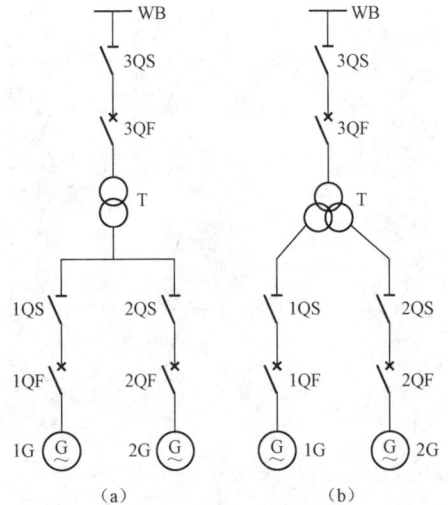

图 6-19　扩大单元接线

（a）发电机-双绕组变压器扩大单元接线；
（b）发电机-分裂绕组变压器扩大单元接线

扩大单元接线与单元接线相比有如下特点：

（1）减小了主变压器和主变压器高压侧断路器的数量，减少了高压侧接线的回路数，从而简化了高压侧接线，节省了投资和场地。

（2）任一台机组停机都不影响厂用电的供电。

（3）当变压器发生故障或检修时，该单元的所有发电机都将无法运行。

扩大单元接线用于在系统有备用容量时的大中型发电厂中。

（二）桥形接线

桥形接线适用于仅有两台变压器和两回出线的装置中，接线如图 6-20 所示。桥形接线仅用三台断路器，根据桥回路（3QF）的位

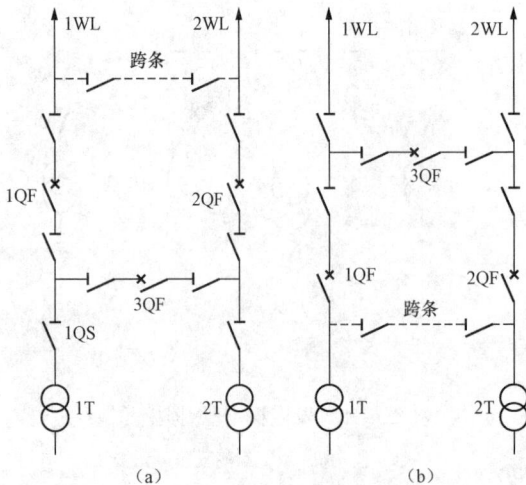

图 6-20　桥形接线

（a）内桥接线；（b）外桥接线

置不同，可分为内桥和外桥两种接线。桥形接线正常运行时，三台断路器均闭合工作。

1. 内桥接线

内桥接线如图 6-20（a）所示，桥回路置于线路断路器内侧（靠变压器侧），此时线路经断路器和隔离开关接至桥接点，构成独立单元；而变压器支路只经隔离开关与桥接点相连，是非独立单元。

内桥接线的特点如下：

（1）线路投入与切除时，操作方便。如线路发生故障，仅故障线路的断路器跳闸，其余三回路可继续工作，并保持相互的联系。

（2）变压器操作复杂。如变压器 1T 检修或发生故障时，需断开断路器 1QF、3QF，使未故障线路 1WL 供电受到影响，然后需经倒闸操作，拉开隔离开关 1QS 后，再合上 1QF、3QF 才能恢复线路 1WL 工作，因此将造成该侧线路的短时停电。

（3）桥回路故障或检修时两个单元之间失去联系；同时，出线断路器故障或检修时，造成该回路停电。为此，在实际接线中可采用设外跨条来提高运行灵活性。

内桥接线适用于两回进线两回出线且线路较长、故障可能性较大和变压器不需要经常切换运行方式的发电厂和变电站中。

2. 外桥接线

外桥接线如图 6-20（b）所示，桥回路置于线路断路器外侧，变压器经断路器和隔离开关接至桥接点，而线路支路只经隔离开关与桥接点相连。

外桥接线的特点如下：

（1）变压器操作方便。如变压器发生故障时，仅故障变压器回路的断路器自动跳闸，其余三回路可继续工作，并保持相互的联系。

（2）线路投入与切除时，操作复杂。如线路检修或故障时，需断开两台断路器，并使该侧变压器停止运行，需经倒闸操作恢复变压器工作，造成变压器短时停电。

（3）桥回路故障或检修时两个单元之间失去联系，出线侧断路器故障或检修时，造成该侧变压器停电，在实际接线中可采用设内跨条来解决这个问题。

外桥接线适用于两回进线两回出线且线路较短、故障可能性小和变压器需要经常切换，及线路有穿越功率通过的发电厂和变电站中。

桥形接线具有接线简单、清晰，设备少，造价低，易于发展成为单母线分段或双母线接线的特点。为节省投资，在发电厂或变电站建设初期，可先采用桥形接线，并预留位置，随着发展逐步建成单母线分段或双母线接线。

（三）多角形接线

多角形接线也称为多边形接线，如图 6-21 所示。它相当于将单母线按电源和出线数目分段，然后连接成一个环形的接线。比较常用的有三角形、四角形接线和五角形接线。

多角形接线特点如下：

（1）投资省，平均每个回路只有一台断路器，每个回路位于两个断路器之间，具有双断路器接线的优点，检修任一断路器都不中断供电，也不需要旁路设施。

（2）所有隔离开关只用作隔离电器使用，不作操作电器用，故容易实现自动化和遥控。

（3）没有汇流母线，在接线的任一段上发生故障，只需切除这一段与其相连的元件，对系统运行影响较小；正常运行时，接线形成闭合环形，可靠性、灵活性较高。

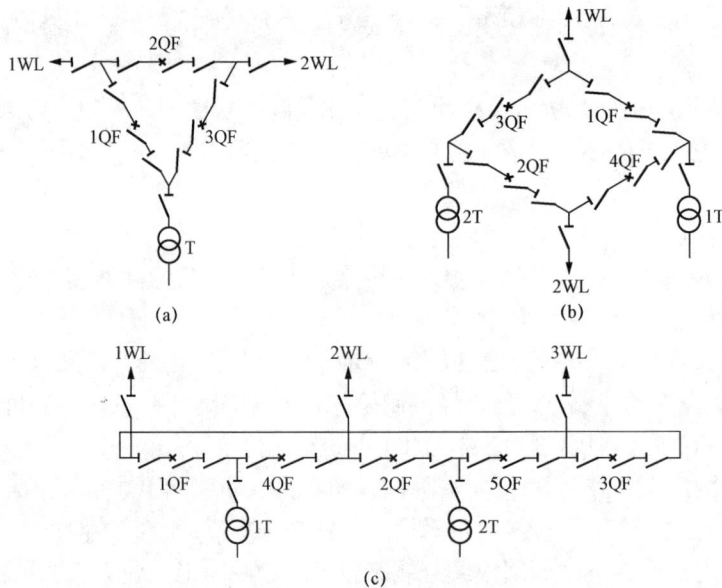

图 6-21　多角形接线

（a）三角形接线；（b）四角形接线；（c）五角形接线

（4）占地面积小。

（5）任一断路器故障或检修时，则开环运行，降低了可靠性，此时若环上某一元件再发生故障，就有可能出现非故障回路被迫切除并将系统解列，并且随着角数的增加更为突出，所以这种接线最多不超过六角。

（6）每个回路连着两台断路器中，每台断路器又连着两个回路，开环和闭环运行时，流过断路器的工作电流不同，使设备选择和继电保护、控制回路接线复杂。

（7）此接线的配电装置不便于扩建和发展。

因此，多角形接线适用于能一次建成的，最终进出线为 3～5 回的 110kV 及以上配电装置，且不宜超过六角形。

五、发电厂电气主接线实例

各类发电厂的电气主接线，主要取决于发电厂装机容量的大小、发电厂在电力系统中的地位、作用以及发电厂对运行可靠性、灵活性的要求。例如，大容量的区域性发电厂是系统中的主力电厂，其电气主接线就应具有很高的可靠性。担任负荷峰谷变化的凝汽式发电机组和水轮发电机组的运行方式经常改变、启停频繁，就要求其电气主接线应具有较好的灵活性。

目前国内外大型发电厂，一般是指安装有单机容量为 200MW 及其以上的大型机组、总装机容量为 1000MW 及其以上的发电厂，包括大容量凝汽式电厂、大容量水电厂、核电厂等。

大型区域性发电厂通常都建在一次能源资源丰富的地方，与负荷中心距离较远，通常以高压或超高压远距离输电线路与系统相连接，在电力系统内地位重要。发电厂内一般不设置发电机电压母线，全部机组都采用简单可靠的单元接线，直接接入 220～1000kV 高压母线中，以 1～2 个升高电压等级将电能送入系统。发电机组采用"机-炉-电单元"集中控制或计算机控制，运行调度方便，自动化程度高。

图 6-22 所示为某大型区域性火电厂的电气主接线。该发电厂位于煤矿附近，水源充足，

没有近区负荷,在系统中地位十分重要,要求有很高的运行可靠性,因此不设发电机电压母线。四台大型凝汽式汽轮发电机组都以发电机−双绕组变压器单元接线形式,分别接入双母带旁路接线的 220kV 高压系统和一个半断路器接线的 500kV 超高压系统中。500kV 与 220kV 系统经自耦变压器 T 相互联络。在采用发电机−双绕组变压器组单元接线的大型发电机出口装设断路器时,便于机组的启停、并网与切除。启停过程中的厂用电源也可以由本单元的主变压器倒送。但大容量发电机的出口电流大,相应的断路器制造困难、价格昂贵。我国目前 300MW 及其以上的大容量机组较多承担基本负荷,不会进行频繁的启停操作,所以一般不考虑装设发电机出口断路器。不过,为了防止发电机引出线回路中发生短路故障,通常选用分相式封闭母线。

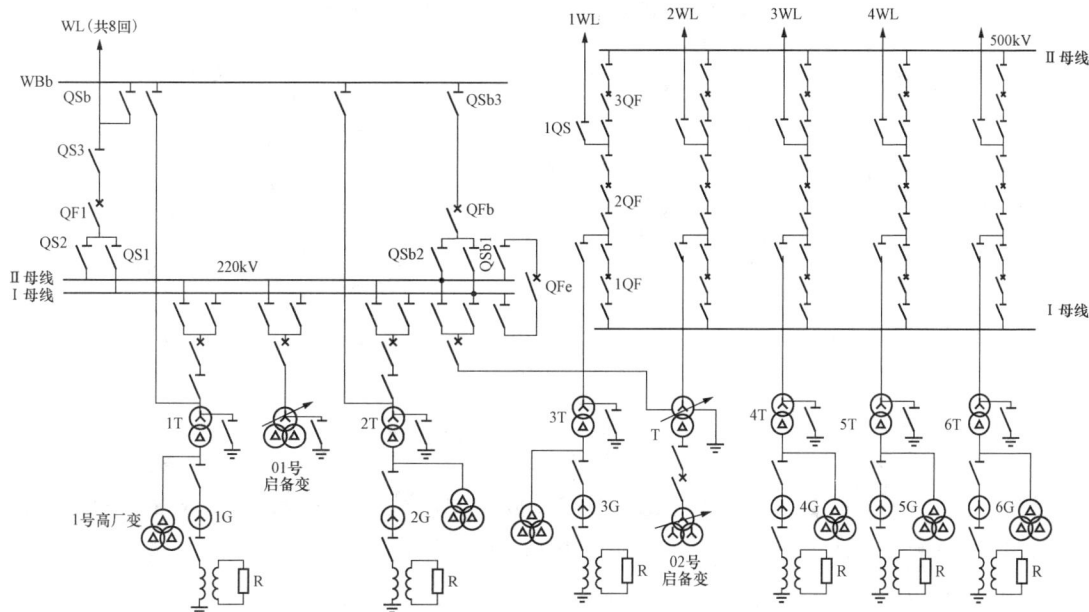

图 6-22　某大型区域性火电厂的电气主接线图

　　每台机组都从各自出口设置一台高厂变,供给 6～10kV 厂用负荷用电;由于在发电机−双绕组变压器组单元接线的大型发电机出口未装设断路器,无法经主变压器倒送机组启动所需的启动电源,因此,在 220kV 系统双母线上连接有一台 01 号启备变,用于从系统向发电厂倒送启动电源和高压厂用电系统的备用电源,在 220kV 系统与 500kV 系统之间设置的联络变压器的第三绕组上连接有一台 02 号启备变,使启动电源和高压厂用电系统的备用电源的可靠性更高。主变压器 2T、4T、6T 采用中性点直接接地方式运行。

　　图 6-23 所示为某中型热电厂的电气主接线简图。该厂邻近负荷中心,装有 4 台 25MW 和 5 台 60MW 热电机组,总容量为 400MW。其中 3 台 25MW 机组接入采用叉接电抗器分段的双母线接线的 6kV 发电机电压配电装置,给附近用户供电;其他机组采用发电机−变压器单元接线,分别接入 35kV 配电装置和 110kV 配电装置,35kV 配电装置出线比较多,采用双母线接线以保证足够的可靠性和灵活性,110kV 出线给较远的负荷供电,并有部分线路与系统相连接,采用双母线带旁路接线,可以保证在出线开关检修或故障时线路不停电,保证电厂与系统的连接。

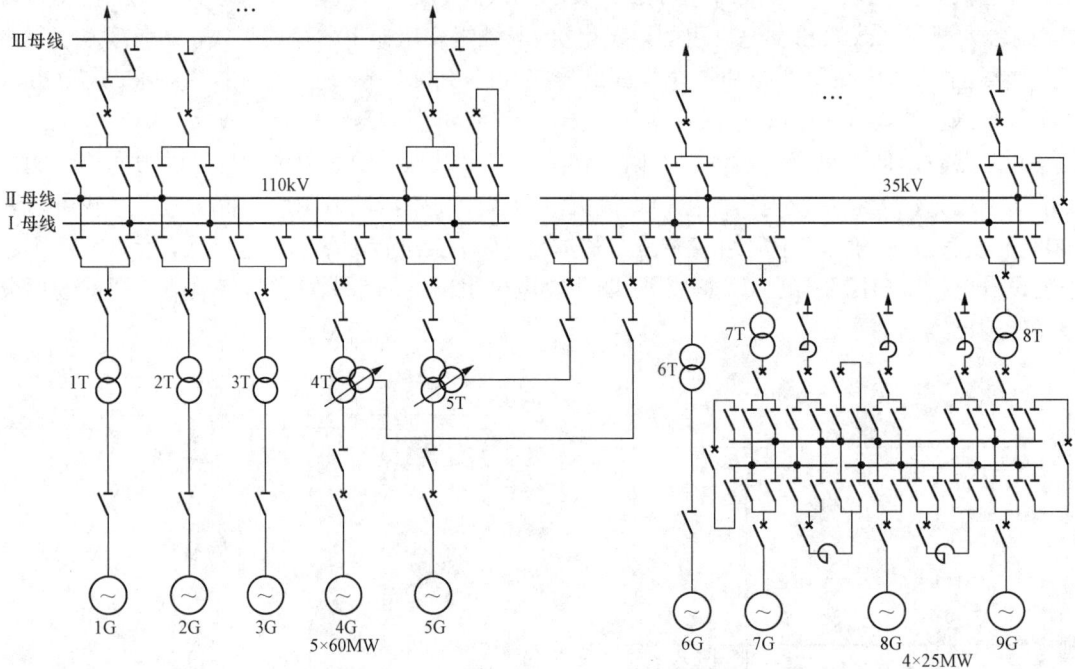

图 6-23　某中型热电厂的电气主接线图

六、变电站的电气主接线实例

1. 枢纽变电站接线实例

枢纽变电站通常汇集着多个大电源和大功率联络线，具有电压等级高、变压器容量大、线路回数多等特点，在电力系统中具有非常重要的地位。枢纽变电站的电压等级不宜多于三级，以免接线过分复杂。

图 6-24 所示为某枢纽变电站，电压等级为 500/220/35kV，安装两台大容量自耦主变压器。500kV 配电装置采用一个半断路器接线，两台主变压器接入不同的串并采用了交叉连接法，供电可靠性高。220kV 侧有大型工业企业及城市负荷，该侧配电装置采用有专用旁路断路器的双母线带旁路接线，可以保证在母线检修、出线断路器检修时线路不停电。主变压器 35kV 侧引接两台无功补偿装置。

2. 地区变电站接线实例

地区变电站主要是承担地区性供电任务，大容量地区变电站的电气主接线一般较复杂，6～10kV 侧常需采取限制短路电流措施；中、小容量地区变电站的 6～10kV 侧，通常不需采用限流措施，接线较为简单。

图 6-25 所示为某中型地区变电站电气主接线简图。110kV 配电装置采用单母线分段带旁路母线接线，分段断路器兼作旁路断路器，各 110kV 线路断路器及主变压器高压侧断路器均接入旁路母线，以提高供电可靠性。35kV 侧线路较多，采用双母线接线。10kV 配电装置采用单母线分段带旁路母线接线，有专用旁路断路器。

3. 终端变电站电气主接线实例

终端变电站的站址靠近负荷点，一般只有两级电压，高压侧电压通常为 110kV，由 1～2

回线路供电，低压侧一般为 10kV，接线较简单，如图 6-26 所示。

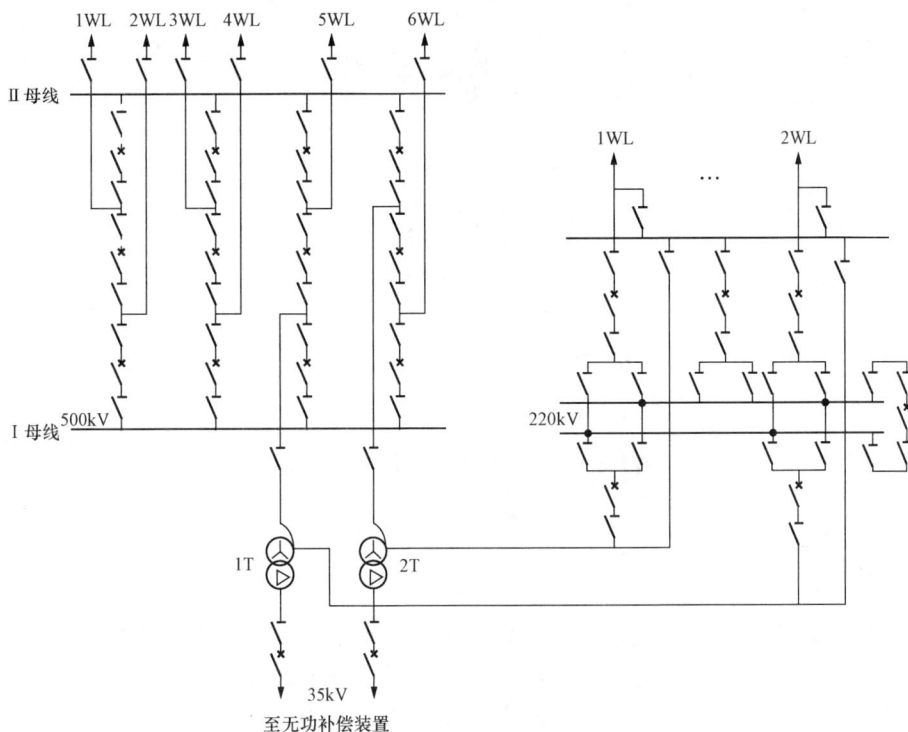

图 6-24　枢纽变电站电气主接线图

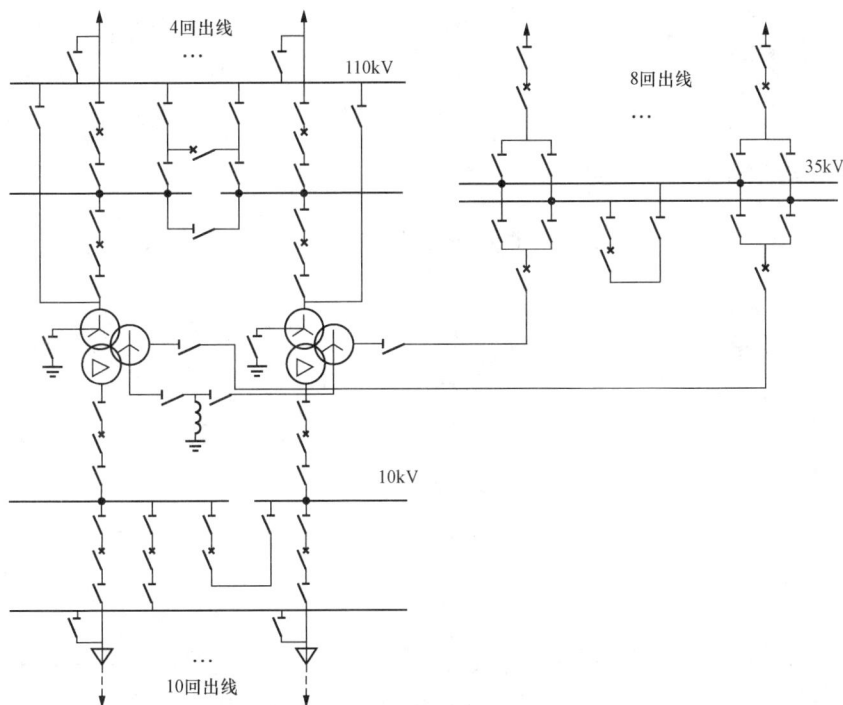

图 6-25　某中型地区变电站电气主接线图

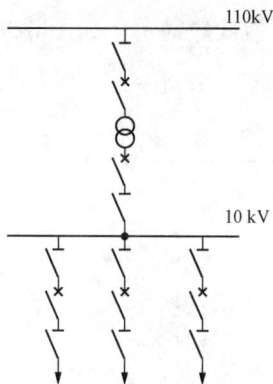

图 6-26　终端变电站电气主接线图

任务二　厂用电系统运行

教学目标

知识目标：①掌握厂用电及厂用电率的概念；②掌握厂用负荷分类及供电要求；③掌握厂用电接线中工作电源、备用电源、启动电源、事故保安电源的引接方式。

能力目标：①能正确区分厂用电接线中工作电源、备用电源、启动电源、事故保安电源的引接方式；②能说明 PC-MCC 接线的特点；③能说明电气主系统与厂用电系统的联系和区别。

任务描述

工作电源、备用电源、启动电源、事故保安电源的作用及引接方式分析。

任务准备

①阅读资料，各组制订实施方案；②绘出本次操作的厂用电接线；③各组互相考问；④教师评价。

任务实施

在发电厂仿真系统中进行。

相关知识

厂用电率；工作电源、备用电源、启动电源、事故保安电源；明备用与暗备用；站用电接线。

在发电厂、变电站生产和变换电能过程中，发电厂、变电站自身所使用的电能，称为厂（站）用电。自用电供电安全与否，将直接影响发电厂、变电站的安全、经济运行。为此，发电厂、变电站的自用电源引接、电气设备的选择和接线等，应考虑运行、检修和施工的需要，以满足确保机组安全、技术先进、经济合理的要求。

现代大容量火力发电厂要求采用计算机控制自动化生产过程，为了实现这一要求，需要许多厂用机械和自动化监控设备为主要设备（如锅炉、汽轮机、发电机等）和辅助设备服务，其中绝大多数机械采用电动机拖动，因此需要向这些电动机、自动化监控设备和计算机供电，这种供电系统称为厂用电系统。

厂用电系统接线合理，对保证厂用负荷连续供电和发电厂安全运行至关重要。由于厂用电负荷多、分布广、工作环境差和操作频繁等原因，厂用电事故在电厂事故中占很大的比例。此外，还因为厂用电系统接线的过渡和设备的异动比主系统频繁，如果考虑不周，也常常会埋下事故隐患。经验表明，不少全厂停电事故是由于厂用电事故引起的，因此，厂用电系统的安全运行非常重要。

一、概述

（一）厂用电及厂用电率

发电厂在生产电能的过程中，需要许多机械为主机和辅助设备服务，以保证电厂的正常生产，这些机械通称为厂用机械。电厂中绝大多数厂用机械，是用电动机拖动的，这些厂用电动机及全厂的运行操作、热工试验和电气试验、机械修配、照明、电热和整流电源等用电设备的总耗电量，称为厂用电。

发电厂在一定时间（例如一月或一年）内，厂用负荷所消耗的电量占发电厂总发电量的百分数，称为发电厂的厂用电率。发电厂的厂用电率计算公式为

$$K_{cy}\% = \frac{A_{cy}}{A_G} \times 100\%$$

式中　A_{cy}——发电厂的厂用电量，kWh；

　　　A_G——发电厂总发电量，kWh。

厂用电率是衡量发电厂经济性的主要指标之一。在运行中，降低厂用电率，可以降低发电成本，增加对用户的供电量，提高电力生产效率。厂用电率的大小取决于电厂类型、燃料种类、燃烧方式、蒸汽参数、机械化和自动化程度、运行水平等因素。一般凝汽式火电厂的厂用电率为5%～8%，热电厂的厂用电率为8%～10%。

（二）厂用电负荷的分类

厂用电负荷，按其在电厂生产过程中的重要性可分为五类。

1. Ⅰ类负荷

Ⅰ类负荷是指短时（即手动切换恢复供电所需的时间）的停电可能影响人身或设备安全，使生产停顿或发电量大量下降的负荷，如给水泵、锅炉引风机、一次风机和送风机、直吹式磨煤机、凝结水泵和凝结水升压泵等。

对Ⅰ类负荷，应由两个独立电源供电，当一个电源消失后，另一个电源应立即自动投入继续供电，因此Ⅰ类负荷的电源应配置备用电源自动投入装置。除此之外，还应保证Ⅰ类负荷电动机能可靠启动。

2. Ⅱ类负荷

Ⅱ类负荷是指允许短时停电，但停电时间过长有可能损坏设备或影响正常生产的负荷，如火电厂的工业水泵、疏水泵、浮充电装置、输煤设备机械、有中间粉仓的制粉系统设备等。

对于Ⅱ类负荷，应由两个独立电源供电，一般备用电源采用手动切换方式投入。允许停

电时间为几分钟至几十分钟。

3. Ⅲ类负荷

Ⅲ类负荷是指较长时间停电不会直接影响发电厂生产的负荷，如中央修配厂、试验室、油处理设备等。对Ⅲ类负荷，一般由一个电源供电，不需要考虑备用。

4. 不停电负荷（"0Ⅰ"类负荷）

不停电负荷是指在机组运行期间，以及正常或事故停机过程中，甚至在停机后的一段时间内，需要进行连续供电的负荷，如电子计算机、热工保护、自动控制和调节装置等。

对于不停电负荷供电的备用电源，首先要具备快速切换特性（切换时交流侧的断电时间要求小于 5ms），其次是要求正常运行时不停电电源与电网隔离，并且有恒频恒压特性。不停电负荷一般由接于蓄电池组的逆变电源装置供电。

5. 事故保安负荷

事故保安负荷是指发生全厂停电时，为保证机炉的安全停运、过后能很快地重新启动，或者为了防止危及人身安全等原因，需要在全厂停电时继续进行供电的负荷。事故保安负荷按对供电电源的要求不同，可分为以下两类：

（1）直流保安负荷（"0Ⅱ"类负荷）。直流保安负荷包括汽轮机直流润滑油泵、发电机氢密封直流油泵、事故照明等。直流保安负荷自始至终由蓄电池组供电。

（2）交流保安负荷（"0Ⅲ"类负荷）。交流保安负荷包括顶轴油泵、交流润滑油泵、功率为 200MW 及以上机组的盘车电动机等。交流保安负荷平时由交流厂用电供电，一旦失去交流电源时，要求交流保安电源供电。交流保安电源可采用快速启动的柴油发电机组供电，该机组应能自动投入（一般快速启动的柴油发电机组恢复供电要有 10～20s 的时间），也可由系统变电站架设 10kV 专线供电。

（三）厂用电的供电电压等级

确定厂用电电压等级，需从电动机的容量范围和厂用电供电电源两方面综合考虑，保证厂用电供电的可靠性和经济性。

厂用电动机的容量相差悬殊，从数千瓦到数千千瓦不等。确定厂用电供电电压，需要从投资和金属材料消耗量以及运行费用等方面考虑。高压电动机绝缘等级高，尺寸大，价格也高，而大容量电动机如采用较低的额定电压，则电流比较大，会使包括厂用电供电系统在内的金属材料消耗量增加，有功损耗增加，投资和运行费用也相应加大。因此，厂用电电压只用一种电压等级是不太合理的。按实践经验，容量在 75kW 以下的电动机采用 380V 电压；200kW 及以上的电动机采用 6kV 电压；1000kW 以上的电动机采用 10kV 电压具有比较好的经济性。

电压等级过多，会造成厂用电接线复杂，运行维护不方便，降低供电可靠性。所以，大中型火力发电厂厂用电，一般均用两级电压，且大多为 6kV 及 380/220V 两个等级。当发电机额定电压为 6.3kV 时，高压厂用电压即定为 6kV，当发电机额定电压为 10.5kV 或更高时，需设高厂变降压至 6kV 供电。有些中型热电厂的发电机额定电压为 10.5kV，厂用电电压采用 3kV 及 380/220kV 两级，这是由于在这类电厂中 200kW 以上的大型电动机不多，而 3kV 的电动机以 75kW 为起点之故。小型火电厂厂用电只设置 380/220V 母线，少量高压电动机直接接于发电机电压母线上。水力发电厂的厂用电动机容量均不大，通常只设 380/220V 一个电压等级。大型水电厂中，在坝区和水利枢纽装设有大型机械，如船闸或升船机、闸门启闭装置等，这些设备距主厂房较远，需在那里设专用变压器，采用 6kV 或 10kV 供电。

二、厂用电电源种类及其引接方式

1. 工作电源及其引接方式

发电厂正常运行时，向厂用负荷供电的电源为厂用工作电源。厂用电的供电可靠性，很大程度决定于厂用工作电源的取得方式。通常要求厂用电的引接方式不仅应保证安全可靠供电，还应该满足厂用负荷的电源与其机、炉、电对应性的要求，并要尽量做到操作简便、费用低。现在发电厂的厂用电一般均由主发电机供电，由主发电机供电这种供电方式具有很高的可靠性，运行简单、调度方便，投资和运行费均较低。由主发电机引接厂用电源的具体方案，取决于发电厂电气主接线方式。当有发电机电压母线时，由各段母线引接厂用工作电源，供给接于该段母线上机组（发电机、汽轮机、锅炉）的厂用负荷。当发电机与主变压器连接成单元接线时，则由主变压器低压侧引接，具体如下：

（1）对小容量机组的发电厂，一般设有发电机电压母线时，厂用高压工作电源从对应高压厂用母线段上引接，如图6-27（a）所示。

（2）对于大容量发电机组，发电机与变压器一般为单元接线，厂用高压工作电源应由发电机出口与主变压器低压侧之间引接，为减小厂用母线的短路电流、改善厂用电动机自启动条件、节约投资和运行费用，厂用高压工作电源多采用一台低压分裂变压器供给两段高压厂用母线（如ⅠA、ⅠB段，ⅡA、ⅡB段）或采用一台低压分裂变压器和一台公用双绕组变压器向高压厂用负荷及公用负荷供电。由于大容量发电机与变压器之间的连接母线采用分相封闭母线，厂用分支母线采用共箱封闭母线，封闭母线之间发生相间短路故障的机会很少，所以厂用分支可不装设断路器，但应安装可拆连接片，以便满足检修的要求，如图6-27（b）所示。

（3）国外有些大机组的高厂变采用了有载调压变压器，通过有载调压变压器从发电机出口引接，发电机出口设置断路器，如图6-27（c）所示。一方面，这样可以很好地保证厂用电的质量，尤其是对于可能进相运行的发电机组。因为发电机进入进相运行时，其功率因数呈超前状态，励磁电流较正常运行时小，发电机的端电压也低，如厂用变压器为有载调压变压器，厂用电的电压质量可以很好地得到保证，否则一旦发电机进相运行，厂用系统便出现低电压工况，这不仅使大容量电动机的启动特别困难，而且对于一般电动机的寿命也极为不利；另一方面，机组启动时，可先断开此断路器，由电力系统经主变压器倒送厂用电，待发电机并网运行后，便自动由发电机供给厂用电源，这种接线方式，可不用再另设启动电源。

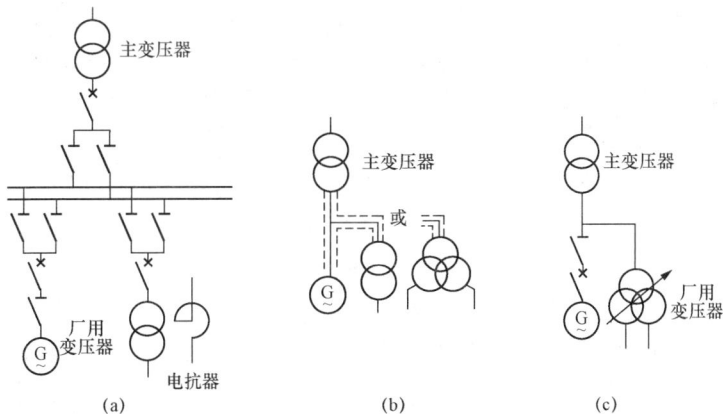

图6-27 高压厂用工作电源的引接方式

（a）从发电机电压母线引接；（b）从主变压器低压侧引接；（c）发电机出口设断路器，采用有载调压变压器低压侧引接

2. 备用电源/启动电源及其引接方式

为了提高可靠性，每一段厂用电母线至少要由两个电源供电，其中一个为工作电源，另一个为备用电源。当工作电源故障或检修时，仍能不间断地由备用电源供电。

启动电源是指厂用工作电源完全消失时（如机组停机后），为了保证机组重新启动而设置的电源。当设有发电机出口断路器时，可由系统经主变压器倒送厂用电；发电机出口不装设断路器时，发电机需设置启动电源。为充分利用启动电源，通常采用启动电源变压器与备用电源变压器合二为一，称其为启动/备用变压器（简称启备变）。

在考虑厂用备用电源的引接时，应尽量保证电源的独立性和可靠性，并在与电力系统联系得最紧密处取得，以便在全厂停电的情况下，仍能从系统获得电源，避免出现工作电源故障后，又失去备用电源的情况发生，高压厂用备用变压器或启备变的引接应遵照以下原则：

（1）无发电机电压母线时，备用电源应由高压母线中电源可靠的最低一级电压母线或由联络变压器的第三（低压）绕组引接，并保证在全厂停电的情况下，能够从外部电力系统取得电源。

（2）当设有发电机电压母线时，应该由发电机电压母线引接一个备用电源。

（3）全厂有两个及以上高压厂用备用变压器或启备变时，每个备用电源应该分别引自相对独立的电源。

（4）当技术经济合理时，也可由外部电网引接专用线路作启动/备用电源供电。

图 6-28 所示为 600MW 汽轮发电机组厂用电接线。厂用电压共分两级，高压厂用电电压采用 6kV；低压厂用电电压采用 380V/220V，发电机出口装断路器，每台机设 6kV 工作 Ⅰ、Ⅱ 段及公用段，其中公用段由发电机出口断路器上方的高公变供电，又都与高备变相连，并与 220kV 系统变电站相连。6kV 中性点接地方式为中值电阻接地，400V 中性点接地方式为直接接地。

高压厂用电系统采用每台机设置一台高压厂用工作分裂绕组变压器及一台高压公用双绕组变压器，高厂变的高压侧电源由本机组发电机出口开关上方引接，高厂变采用有载调压型。每台机组设两段 6kV 工作母线及一段公用母线。机组负荷接在 6kV 工作母线，公用负荷接在 6kV 公用母线，为防止母线故障引起发电机停运，互为备用及成对出现的高压厂用电动机及低压厂用变压器分别从不同的 6kV 工作段及公用段上引接。

系统设置一台高压备用双绕组变压器（1 号高备变，由系统变电站 220kV 线路供电），高压备用变压器 6kV 侧通过共箱封闭母线连接到每台机组的两段 6kV 工作母线及 6kV 公用母线上，作为备用电源，高压备用变压器采用有载调压型。

6kV 厂用电系统接线如图 6-28 所示，6kV 厂用 1A、1B 母线和 6kV 厂用 2A、2B 母线工作电源分别由 1 号高厂变和 2 号高厂变供电，6kV 公用 1C、2C 母线工作电源分别由 1 号高公变和 2 号高公变供电，6kV 输煤 1A、1B 母线工作电源分别由 6kV 公用 1C 和 2C 母线供电。

6kV 厂用 1A、1B、2A、2B 母线和 6kV 公用 1C、2C 母线的备用电源为 1 号高备变。6kV 公用 1C 和 2C 母线中间装有一台联络开关，1C 和 2C 母线段可互为备用。6kV 输煤 1A 和 1B 段母线中间装有一台联络开关，输煤 1A 和 1B 段母线段互为备用。

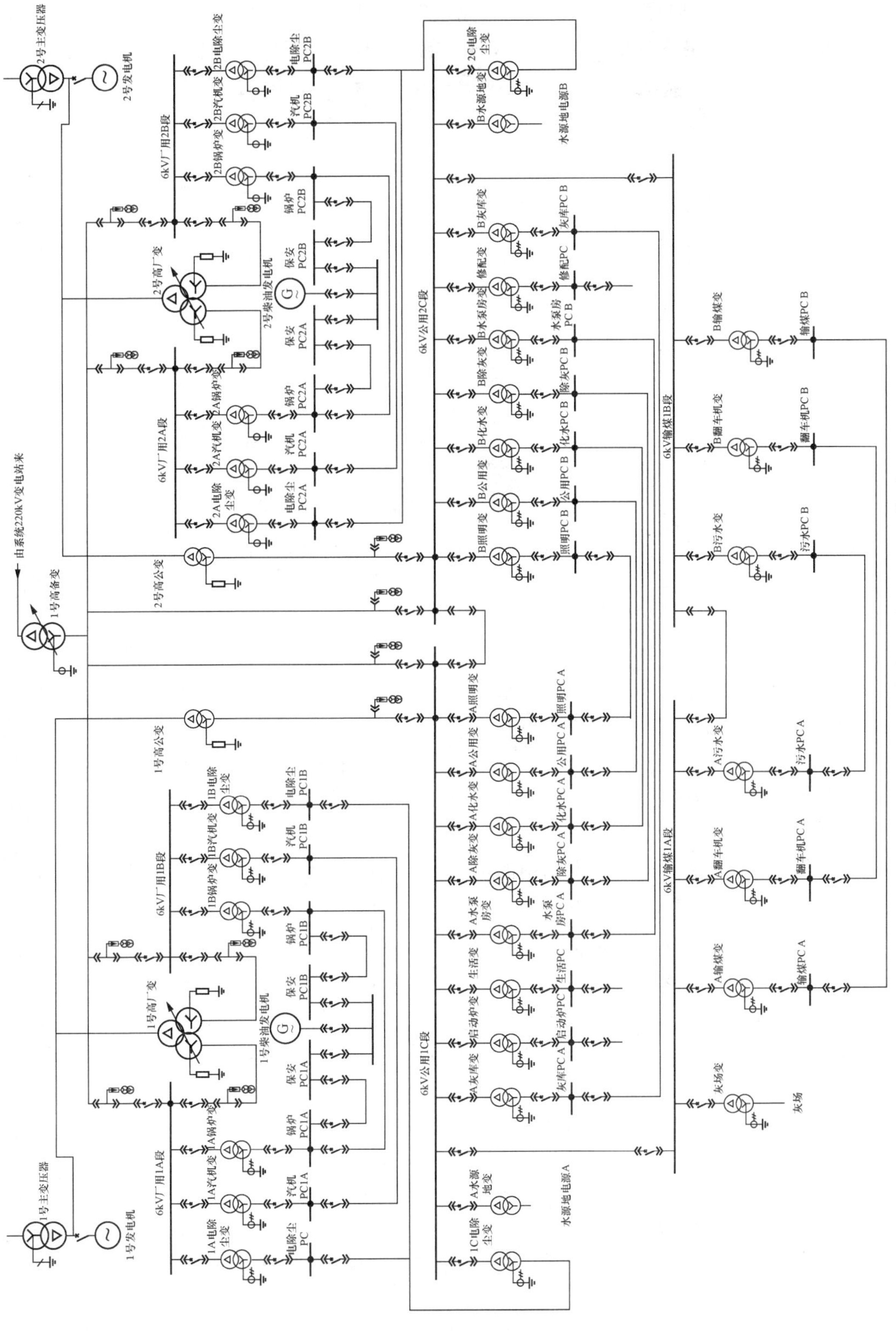

图 6-28　600MW 汽轮发电机组厂用电接线

备用电源有明备用和暗备用两种方式。明备用就是指专门设置备用变压器（或线路）的备用方式。备用变压器（或线路）经常处于备用状态（停运），如图 6-29（a）中的变压器 3T，正常运行时，断路器 1QF～3QF 均为断开状态。当任一台厂用工作变压器退出运行时，均可由变压器 3T 替代工作。备用变压器的容量应等于最大一台工作变压器的容量。

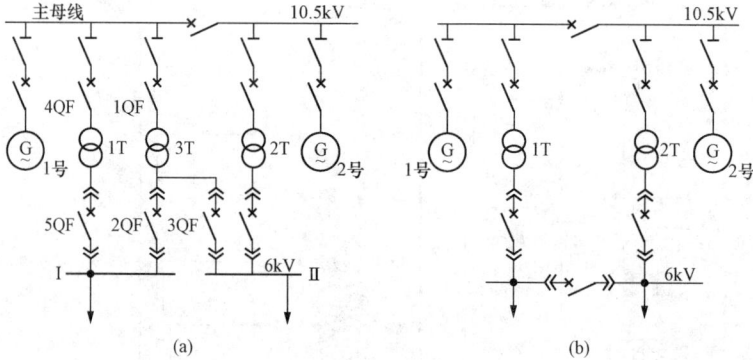

图 6-29　备用电源的两种方式

（a）明备用；（b）暗备用

暗备用是指不设专用的备用变压器，而采用两组变压器互为备用的备用方式。如图 6-29（b）所示，当变压器 1T 退出工作时，该段负荷由变压器 2T 供电。正常工作时，每台变压器只在半载下运行，此方案投资较大，运行费用高。

在大中型火力发电厂中，由于每组机炉的厂用负荷很大，为了不使每台厂用变压器的容量过大，一般均采用明备用方式。中小型水电厂和降压变电站，多采用暗备用方式。

3. 事故保安电源

对于 200MW 及以上的发电机组，为保证在全厂的停电故障中，发电机组能顺利停机，不致造成机组弯轴、烧瓦等重大事故，应设置事故保安电源，并能自动投入，保证事故保安负荷的用电。事故保安电源可分为直流和交流两种。

一般由蓄电池组作为直流事故保安电源，向发电机组的直流润滑系统、事故照明等负荷供电。事故照明电源，由装在主控制室的专用事故照明屏（箱）供电，直流电源均采用单回路供电。事故照明屏顶有事故照明小母线，各处的事故照明线路均自小母线引出，并有交流电源和直流电源接到小母线上。平时交流电源接通，直流电源断开；当交流电源消失时，便自动切换，使交流电源断开，直流电源接通。

交流事故保安电源的设置有两种形式：①从外部相对独立的其他电源引接；②采用快速启动的柴油发电机。

（1）从外部引接交流事故保安电源。这种方式设计施工简单，运行维护方便，电源容量足够大，在 20 世纪 70 年代的 200MW 及 300MW 机组建设中使用得最多。

从外部引接保安电源时，要求该电源必须与电厂所接的电力系统有相对的独立性与可靠性，避免在上述电力系统故障停电时，其本身也失去电压。但真正符合这种要求的电源，在电力系统中是很少存在的。当此电源与主要电力系统失去联系时，就不能保证其本身的可靠性。

虽然外接电源的独立性较低，但因这种电源具有简单、便宜、方便的特点，也在很多的电厂使用，如从附近变电站架设一条 10kV 线路作为厂内保安电源的备用电源，保安母线段失压时，只需停电 0.5～1s 的时间，如果不采用外接电源，一旦保安母线段失压，要等柴油发电机组启动后才能恢复供电，保安母线段失压时间较长。

（2）采用快速自启动柴油发电机。目前设计的 200、300MW 及 600MW 机组均采用快速自启动柴油发电机组作为保安电源。电厂使用的柴油机组，应在保安段失去电压后 10～20s 后，向保安负荷逐次恢复供电。所以，对电厂用的快速自启动柴油发电机，不仅在启动速度上有严格的要求，同时还对过载能力、首次加载能力、最大电动机启动的电压水平调整等都有具体的要求，不是任何一台快速启动柴油发电机都能满足要求的。

目前，很多电厂同时采用以上两种保安电源的引接方式。每台发电机组均设一段保安 PC。

1）各保安负荷可直接接于 PC 段上，如图 6-30 所示。交流事故保安电源第一保安电源由本机的锅炉或汽机 PC 供电，快速启动的柴油发电机组作为第二保安电源备用。

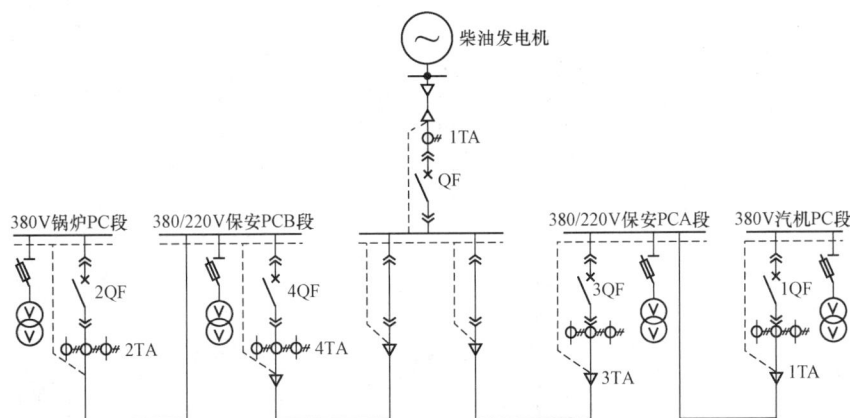

图 6-30 保安电源接线图

柴油发电机组经低压断路器接至出口小母线上，再分两路引至相应机组 380V 保安 PCA、PCB 段。图中 QF 为柴油发电机出口断路器，3QF、4QF 为柴油发电机组馈线断路器，1QF、2QF 分别为 380/220V 保安 PCA、PCB 段上的电源开关。

正常运行时，380/220V 保安 PCA 段由 380V 汽机 PC 段供电，380/220V 保安 PCB 段由 380V 锅炉 PC 段供电。当 380/220V 保安 PCA 段、PCB 段母线电压同时降低至 25%U_N 或失去电压时，柴油发电机组自启动。机组除自动控制外，还有就地控制柜控制和集控室远方控制两种控制方式。当保安段母线电压降低到上述值时，经过 0～10s 故障确认后，通过保安段母线低电压保护联动机组自动启动，机组启动成功后，发电机馈线开关合闸，当保安段上的机组分支馈线断路器 3QF 或 4QF 合闸后，开始向保安段供电。当正常厂用工作电源恢复供电后，保安段应恢复由厂用电供电，在倒换过程中应采用瞬间停电的方法，严禁采用并列倒换，首先跳开机组有关馈线断路器 3QF 或 4QF，再将保安段的工作电源开关 1QF 或 2QF 投入。机组的停机可由远方（DCS）程序控制或就地手动操作完成。

当保安负荷都接于 PC 段上时，各负荷的回路开关应设有延时投入装置，按各负荷的性质整定回路的投入时间，分期将保安设备投运。

2）可按负荷投入时序下设几个 MCC 段，如图 6-31（a）所示。保安负荷可分为 0s 投入、50s 投入和 10min 后投入三类，分别接在三个 MCC 段上。

除保安 PC 段上同样设有来自厂用电系统的正常运行电源外，由于 0s 投入 MCC 段上的保安负荷，在机组正常运行时也需运行，为可靠起见，在此 MCC 上再引接一回来自厂用电系统的电源。柴油发电机的启动条件仍然是以保安 PC 母线的失压（备用电源自动投入的失压瞬间除外）为唯一条件。在 50s 投入的 MCC 段上的电源开关合上后，该段上所带的保安负荷的回路开关也应都合闸，使本段负荷投入运行。在 10min 后投入 MCC 段上的各回路开关，也可采用手动，以保证柴油发电机能正常逐渐地带上负荷。

对 300MW 机组，可两台机组合用一台柴油发电机，也可一台机组配一台柴油发电机，如图 6-31（b）所示。

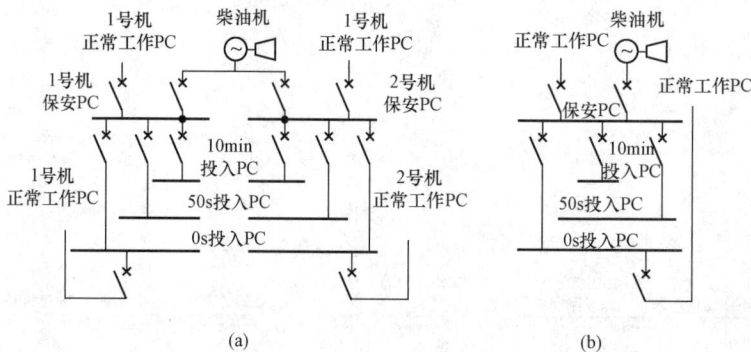

图 6-31　事故保安电源接线图

（a）两台机组共用一台柴油发电机；（b）每机组一台柴油发电机

如两台发电机需在相同时间投入保安负荷，则在实际操作时，应错开一段时间。如 1 号机的 0s 投入保安负荷在柴油机允许带负荷运行时立即投入，那么 2 号机的 0s 投入保安负荷可在 5～10s 后再投入，以错开负荷启动时的冲击。

目前在一些电厂中已对机、炉、电（包括厂用电系统）实行微机分散系统一体化控制。保安负荷可按其应该投运时间由计算机操作——投入，以使主机及保安电源都运行在最佳状态。

4. 交流不停电电源

0I 类负荷在机组运行期间，以及正常或事故停机过程中，甚至在停机后的一段时间内，需要进行连续供电，如计算机控制系统（DCS）、热工保护、监控仪表、自动装置等，这类负荷对供电的连续性、可靠性和电能质量具有很高的要求，一旦供电中断，将造成计算机停运、控制系统失灵及重大设备损坏等严重后果，因此，在发电厂中还必须设置对这些负荷实现不间断供电的交流不停电电源（Uninterruptible Power Supply，UPS），并设立不停电电源母线段。

为保证不停电负荷供电的连续性，在正常情况下，不停电电源母线由不停电电源供电。这样，在发生全厂停电时，无须切换不停电母线便能继续供电。只有当不停电电源发生故障时，才需自动切换到本机组的交流保安电源母线段供电；要求在切换时，交流侧的断电时间应不大于 5ms。

UPS 原理接线图如图 6-32 所示。图中，供电电源有三路，其中两路交流电源，一路接至工作段，一路接至保安段，这两路交流电源可以经静态切换开关实现自动切换，也可经手动旁路开关 Q6 手动切换，第三路电源来自 220V 直流系统，由蓄电池组供电，引至逆变器前。三路电源配合使用，保证 UPS 系统在设备故障、电源故障乃至全厂停电时，均能不间断地向不停电负荷供电。

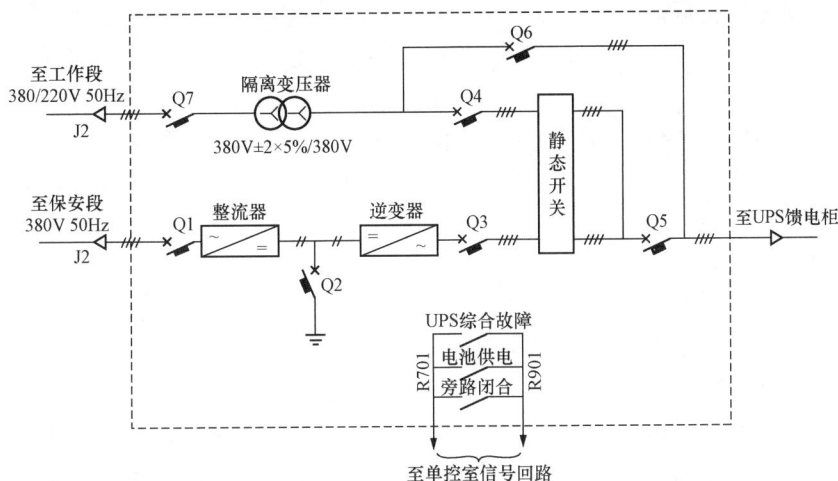

图 6-32　UPS 原理接线图

在图 6-32 所示原理接线图中，各部分的基本功能如下：

（1）整流器：当输入电压发生变化或负荷电流发生变化时，整流器能提供给逆变器一稳定的直流电源。

（2）逆变器：将整流器或蓄电池来的直流电转换成大功率、波形好的交流电，提供给负载。

（3）静态开关：在过载或逆变器停机的情况下自动将负载切换到旁路后备电源，并在正常运行状态恢复后，自动且快速地将负荷由旁路后备电源切换到逆变器。静态开关一般采用晶闸管元件，切换速度纳秒级，切换过程中不中断对负荷的供电。

（4）蓄电池：采用性能好的免维护蓄电池，满载放电时间在 30min 以上，作为 UPS 的应急电源。UPS 对其有限流控制，可根据蓄电池容量，精确地控制充电电流，以保证电池寿命。

（5）隔离变压器：在集控 UPS 中设有隔离变压器，其作用是当逆变器停止工作，负荷由旁路电源供电时，实现电源与负荷间的电气隔离。

（6）手动旁路：UPS 中设有手动旁路开关 Q6，可将静态开关和逆变器完全隔离，以便在安全和不间断负荷的条件下对 UPS 进行维护。

同时 UPS 具有输入缺相、反相、欠电压、过电压保护，完全由微处理器控制，实现电路自动保护，在这些故障消失后，自动恢复正常工作状态。

正常运行时，UPS 馈电柜的主电源由具有独立供电能力（一般由保安段 380V PC）的电源提供，经过整流器、逆变器为不停电负荷供电；UPS 的直流电源与主电源在整流后并联，可保证全厂交流停电时，自动切换到直流系统逆变供电而 UPS 馈电柜不需切换。由直流系统运行到规定时间后，考虑到为减轻蓄电池的负担，可手动切换到保安 PC 供电。若在运行中逆变装置发生故障时，需切换到工作段 PC 电源供电，为了使交流侧的断电时间不大于 5ms，采用由电子开关构成的静态切换开关来保证。

每台 200MW 及以上的发电机组，至少应配置一套 UPS 装置，因为工作 UPS 故障而由旁路供电时，难以保证较高的电能质量，所以一般应考虑 UPS 的冗余配置。可以采用两套 UPS 一运一备，串联热备用或并联热备用，只有当备用 UPS 故障时，才切换到旁路供电。

三、厂用电系统及运行

厂用电系统接线合理，对保证厂用负荷连续供电和发电厂安全运行至关重要。由于厂用电设备多、分布广、所处环境差、操作频繁等原因，厂用电事故在电厂事故中占很大的比例。此外，还因为厂用电系统接线的过渡和设备的异常比主系统频繁，如果考虑不周，也会埋下事故隐患。经验表明，不少全厂停电事故是由于厂用电事故引起的，因此必须把厂用电系统的安全运行提高到足够的高度。

1. 对厂用电接线的要求

（1）供电可靠、运行灵活。应根据电厂的容量和重要性，对厂用负荷连续供电给予保证，并能在日常、事故、检修等各种情况下均能满足供电要求。机组启停、事故、检修等情况下的切换操作要方便、省时，发生全厂停电时，能尽快地从系统取得启动电源。各机组厂用电系统应是独立的。厂用电接线在任何运行方式下，一台机组故障停运或其辅机的电气故障，不应影响另一台机组的运行；厂用电故障影响停运的机组应能在短期内恢复运行；全厂性公用负荷应分散接入不同机组的厂用母线或公用负荷母线。在厂用电系统接线中，不应存在可能导致发电厂切除多于一个单元机组的故障点，更不应存在导致全厂停电的可能性。

（2）接线简单清晰、投资少、运行费用低。由可靠性分析得知，过多的备用元件会使接线复杂，运行操作繁琐，故障率反而增加，投资运行费用也增加。

（3）厂用电源的对应供电性。本机、炉的厂用电源由本机供电，这样，厂用系统发生故障时，只影响一台发电机组的运行，缩小了事故的范围，接线也简单；厂用电工作电源及备用电源接线，应能保证各单元机组和全厂的安全运行。

（4）接线的整体性。厂用电接线应与发电厂电气主接线密切配合，体现其整体性。充分考虑电厂分期建设和连续施工过程中厂用电系统的运行方式，尤其对备用电源的接入和公用负荷的安排要全面规划、便于过渡，尽量减少改变接线和更换设备。

（5）设置足够的交流事故保安电源，当全厂停电时，可以快速启动和自动投入向保安负荷供电。另外，还要设计符合电能质量指标的交流不间断电源，以保证不允许间断供电的热工负荷和计算机控制系统（DCS）用电。

2. 厂用负荷的运行方式

厂用负荷根据其所对应机械的工作特点的不同，有连续、短时、断续、经常和不经常等几种。运行中应根据厂用负荷运行方式的不同，分别确定巡视与维修的要求。

各种厂用负荷运行方式的特点如下："经常"性负荷是指负荷与正常生产过程密切相关，一般每天都要使用的电动机；"不经常"性负荷是指正常时不用，只在检修、事故和机炉启停期间使用的电动机；"连续"性负荷是指每次连续带负荷运转 2h 以上的负荷；"短时"性负荷是指每次连续带负荷运转在 10~120min 之间的负荷；"断续"性负荷是指每次使用时的工作方式是由带负荷到满负荷又停止，如此反复周期性地工作，而每个工作周期均不超过 10min 的负荷。

3. 厂用机械负荷之间的连锁

所谓厂用机械负荷之间的连锁，是指在电厂生产过程中，根据生产的需要，当某个机械投入或退出运行时，要求相应的机械设备也必须相应地改变其工作状态。例如工作水泵事故跳闸或水泵出口压力降低时，根据生产的需要，要求连锁装置必须使备用水泵自动投入。厂用机械负荷之间的运行与备用连锁要求，通常在电动机的二次控制回路中或DCS系统中采用不同控制接线来实现。

4. 高压公用负荷电源的引接

发电厂中有些负荷是为全厂服务的公用系统，如输煤系统、化水系统、除灰、污水处理等，容量很大，这部分负荷称为公用负荷。

汽轮发电机组高压厂用电系统常用的供电方案有两种，如图6-33所示。

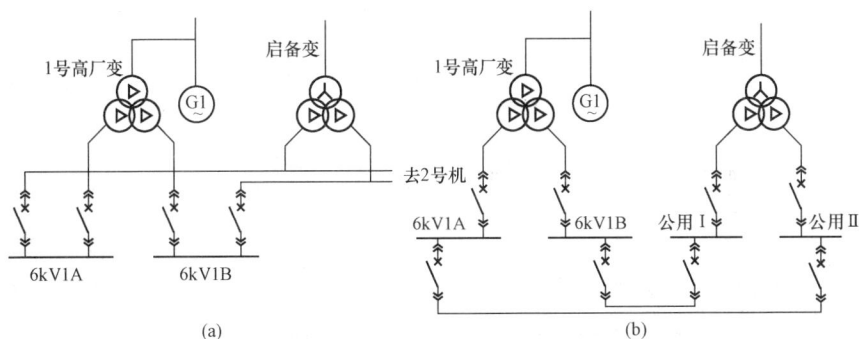

图6-33　高压厂用电系统常用供电方案

（a）不设6kV公用负荷段；（b）设6kV公用负荷段

图6-33（a）为不设6kV公用负荷段，将全厂公用负荷分别接在各机组A、B段母线上，优点是公用负荷分接于不同机组高厂变上，供电可靠性高，投资省，但也由于公用负荷分接于各机组工作母线上，机组工作母线停电时，将影响公用负荷的备用。

图6-33（b）为单独设置两段公用负荷母线，集中供全厂公用负荷用电，该公用负荷段正常由启备变供电，公用负荷集中，无过渡问题，各单元机组独立性强，便于各机组厂用母线停电。其缺点是由于公用负荷集中，并因启备变要用工作变压器作备用（若无第二台启备变作备用时），故工作变压器也要考虑在启备变检修或故障时带公用段运行。因此，启备变和工作变压器均较图6-33（a）中高厂变分支的容量大，配电装置也增多，投资较大。

5. 高压厂用电接线基本形式

在火力发电厂中，锅炉的辅助设备多、用电量大，为了提高厂用电供电可靠性，厂用电系统接线通常采用单母线接线，并按炉分段的接线原则，将厂用电母线按锅炉台数分成若干的独立段，各独立母线段分别由工作电源和备用电源供电，并装设备用电源自动投入装置，如图6-34所示。

厂用母线按炉分段的优点如下：

（1）同一台锅炉的厂用电动机接在同一段母线上，既便于管理又方便检修。

（2）可使厂用母线事故影响范围局限在一机一炉，不致过多干扰正常机组运行。

（3）厂用电回路故障时，短路电流较小，可使用成套的高低压开关柜或配电箱。

当锅炉容量较大（400t/h及以上）时，同一机炉的厂用机械多采用双套，此时每台锅炉由两段母线供电，并将双套辅助电动机分接在两段上。图6-35所示为采用低压分裂绕组变压器供电的接线方式。

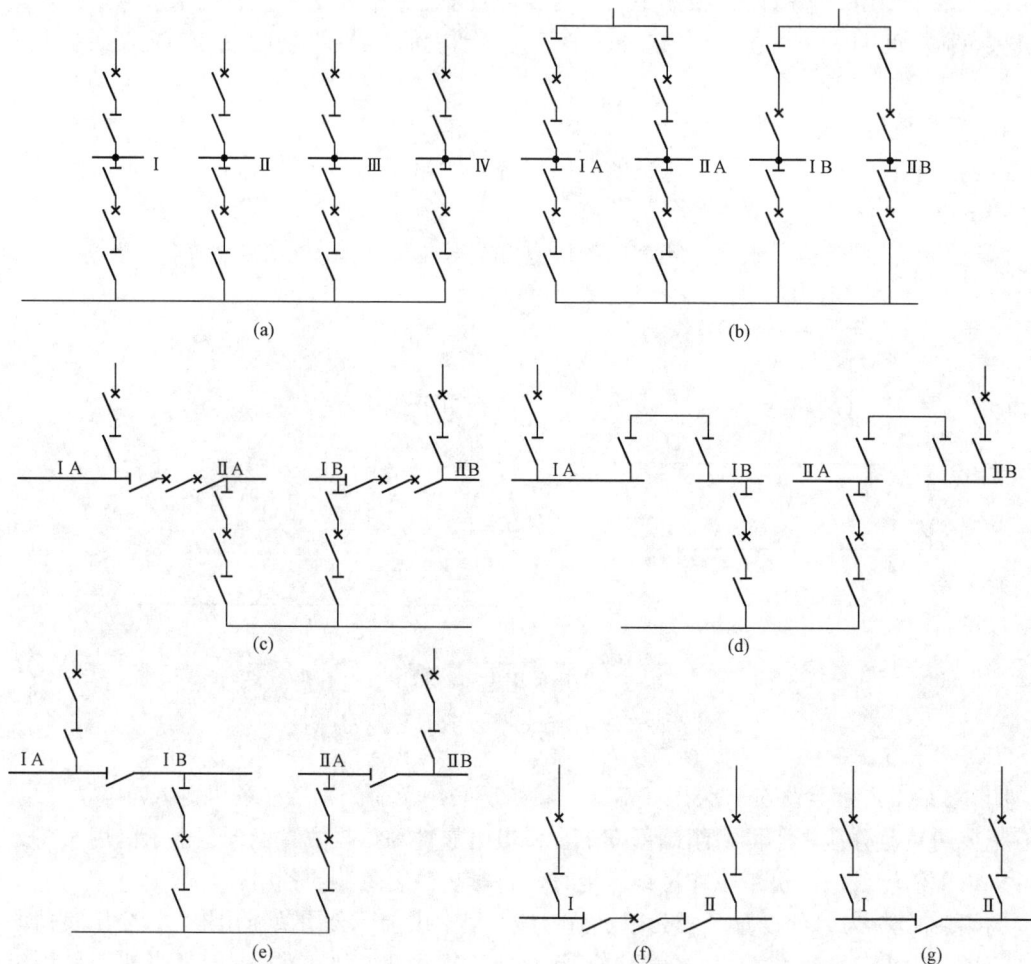

图 6-34　高压厂用母线的连接方式

（a）专用备用电源；（b）一炉两段，同一变压器；（c）采用断路器分段；（d）采用隔离开关分段；

（e）采用一组隔离开关分段；（f）两段母线经断路器连接；（g）两段母线经隔离开关连接

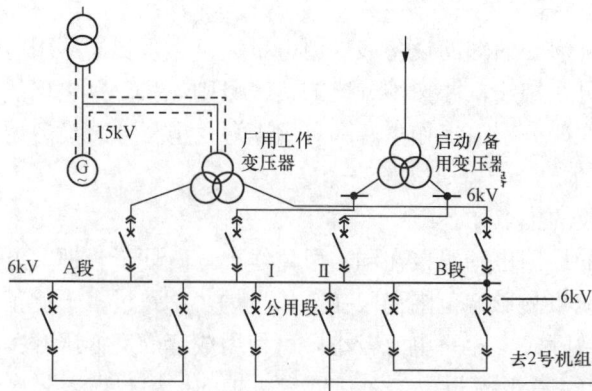

图 6-35　采用低压分裂绕组变压器供电的接线形式

辅助设备的工作电源与备用电源应分别取自不同的母线段，正常运行时不允许并列运行（同期并列操作例外），各分段的母线上负荷尽可能分配均匀。在生产过程中相互关联的设备（例如一台锅炉的高压辅机），在机组正常运行中，应使用由本机组直接供电的厂用电源。

6. 低压厂用电系统

380V 低压系统为中性点直接接地系统，当发生单相接地故障时，中性点不发生位移，保护装置立即动作于跳闸，电动机停止运转；大机组电厂低压厂用电系统现广泛采用 PC-MCC 接线。

PC 称为动力中心（Power Center）；MCC 称为电动机控制中心（Motor Control Center）。在以往的发电厂中，由于采用的设备可靠性不高，一旦设备发生故障，将引起厂用电部分或全部消失，因此，为了获得较高的可靠性，不得不采用如低压厂用备用变压器、增加厂用母线段之间的联络线等，导致厂用电接线复杂。在新建电厂中，由于设备制造水平的提高，设备本身可靠性高，因此，厂用电接线设计为简单的接线，以可靠的设备保证供电的可靠性，这有利于电厂的自动控制。在低压厂用变压器的配置上，低压厂用工作变压器、低压厂用公用变压器均成对设置，采用互为备用方式，不另设专用的备用变压器，即每台机组各段 4 台低压工作变压器，两台互为备用，供给本机组的机、炉负荷。每台机设两台除尘变压器，分别接在 6kV 的 A、B 母线段上，互为备用；每台机组设一台照明变压器，接在 6kV 工作 A 段上。两台机组设一检修变压器，接在 6kV 公用 B 段上，与照明变压器备用。每台机装设一台低压公用变压器，供给机组的公用负荷，两台公用变压器互为备用。厂区输煤变压器、化水变压器、除灰变压器、厂前区变压器、综合水泵房变压器、厂区循环水变压器均成对设置，采用互为备用方式。

四、厂用电压水平校验及电压调整计算

发电厂的厂用电动机多采用直接启动方式启动。电动机启动电流较大，会造成启动时母线电压降低。因异步电动机的转矩在频率不变情况下与外加电压成正比，若电压过低，将会使启动时间过长，由于发热与温升的影响对电动机不利，启动时间过长还要影响其他负荷的正常供电，因此，要求电动机启动时电源电压不应过低。

为保证人身安全和发电厂正常运行，要求发电厂一类负荷的电动机能实现自启动。所谓"自启动"，是指厂用电源短时消失（一般小于 0.5～1s）后，若电源再恢复送电时，电动机应能自行启动。为保证厂用一类负荷电动机自启动，必须进行电动机自启动电压校验。

1. 电动机正常启动

电动机在正常启动时，通常是逐台启动的。为保证所有电动机均能正常启动，则要求一段母线上所接最大容量的电动机正常启动时，厂用母线电压不低于额定电压的 80%，对容易启动的电动机启动时，要求厂用母线电压不低于额定电压的 70%；对启动特别困难的电动机启动，若制造厂有明确合理的启动电压要求时，应满足制造厂的要求。

2. 成组电动机自启动电压校验

为保证发电机组的安全可靠运行，一般应保证一类负荷的电动机均能可靠自启动。在实际运行中，厂用母线突然失去电压后，电动机群仍处于惰性状态，而一般经较短的时间间隔即可恢复供电。这时，电动机都还具有较高的转速，比较容易启动，故对厂用母线电压的最低允许值，要求较单个电动机正常启动时的电压值低。通常要求成组电动机自启动时，高压厂用母线电压不低于额定电压的 65%～70%。

如果高压厂用母线无电动机启动，只有低压厂用母线上的电动机启动，即只有低压电动机单独自启动的情况，当低压单个或成组电动机启动时，为保证电动机可靠启动，要求母线电压不低于额定电压的50%。

如果低压厂用变串接在高厂变下，高、低压电动机同时自启动，即低压母线与高压母线串接启动。在这种情况下，由于高压母线电压降低较多，使低压厂用电动机的自启动情况变得更严峻，因此，要求在低压母线与高压母线串接自启动时，低压母线电压不低于额定电压的55%。

3. 电压调整

高压备用变压器采用有载调压分裂变压器，其高压电源由220kV系统引接，220kV系统电压变化范围为220～242kV，6kV母线电压要求不超过额定电压值的±5%。最严重情况为：

（1）电源电压最高（242kV），高压备用变压器空载。

（2）电源电压最低（220kV），高压备用变压器满载。

五、厂用电接线方式实例及分析

1. 大型火电厂的厂用电接线

图6-36所示为2×200MW发电机组的大型火电厂厂用电接线。厂用电工作电源从发电机出口端引接，经分裂绕组厂用高压工作变压器供电给厂用6kVⅠ、Ⅱ和Ⅲ、Ⅳ段母线，厂用变压器高压侧不装设断路器，发电机、主变压器之间以及厂用变压器高压侧之间均用封闭母线连接。厂用备用电源引自与系统联系较紧密的110kV母线（即发电厂升高电压中较低的一级电压），经厂用高压备用变压器分别接到四个高压厂用工作母线段上，构成对两台机组厂用电的明备用。厂用高压备用变压器也用作全厂启动电源，当全厂停运而重新启动时，首先投入厂用高压备用变压器，向各工作段和公用段送电，一般应选用带负荷调压变压器作为厂用高压备用变压器。

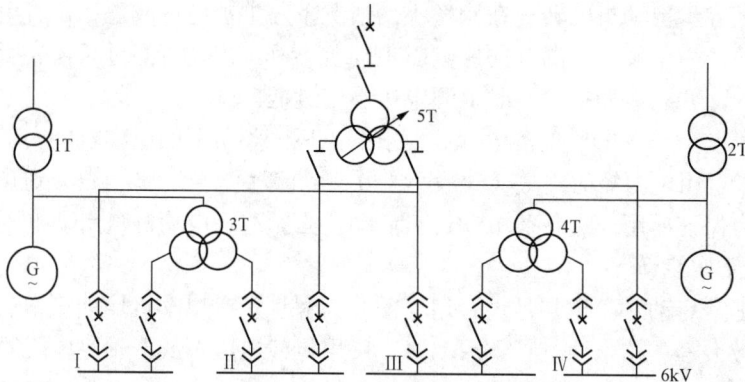

图6-36 大型火电厂厂用电接线

G—发电机；1T、2T—主变压器；3T、4T—厂用高压工作变压器；5T—厂用高压备用变压器

选择大型火电厂的厂用变压器时，应注意其接线组别，升压变压器的接线组别为YNd11，因此升高电压与发电机电压的相位相差为30°。运行中需要投入厂用备用变压器时，为了避免厂用电停电，厂用备用变压器与工作变压器总有一段时间并联运行。为此，当厂用高压备用变压器的接线组别为YNd11时，厂用高压工作变压器必须是Yy0接线。

2. 中型热电厂的厂用电接线

图6-37所示为某中型热电厂厂用电接线图。该电厂共装设二机三炉，因此高压厂用母线

按锅炉数分三段，厂用高压为 6kV，通过 3T、4T、5T 三台厂用高压工作变压器分别接到发电厂主母线的两个工作母线上。由于机组容量不大，厂用低压母线分为两段。备用电源采用明备用方式，即专门设置厂用高压备用变压器 6T 和厂用低压备用变压器 9T。为了提高厂用电运行可靠性，在运行方式上，可将电厂的一台升压变压器（如 2T）与厂用高压备用变压器 6T 均接到备用主母线上，将所在段的母联断路器 2QF 接通，这样可使厂用高压备用变压器与系统的联系更加紧密，并很少受到主母线故障的影响。

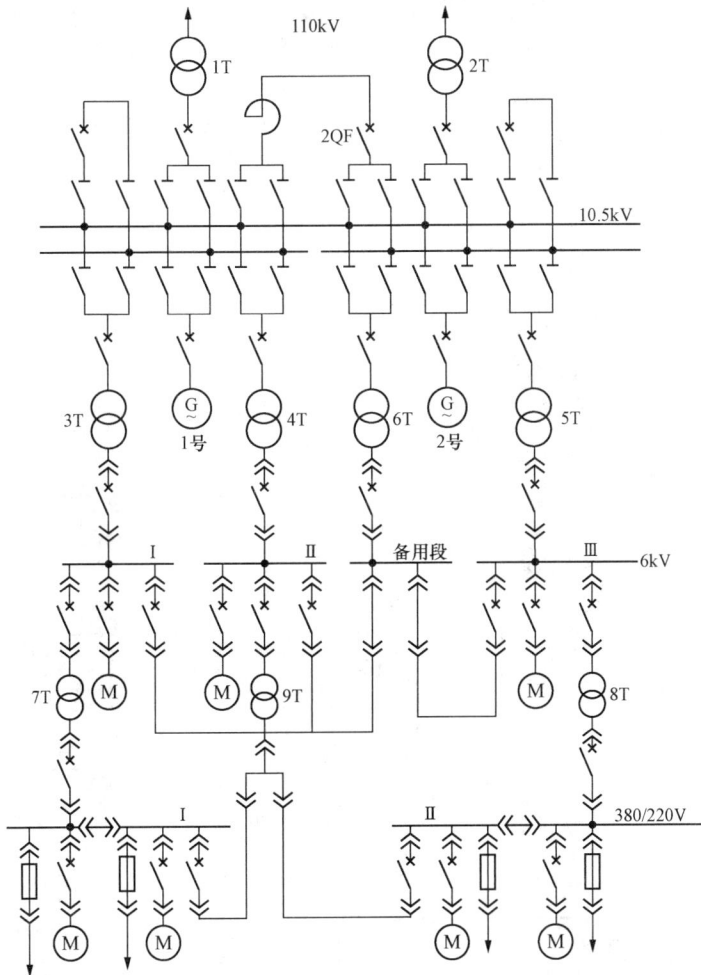

图 6-37　中型热电厂厂用电接线

对厂用电动机的供电，可分为分别供电和成组供电两种方式。图 6-37 中所示的高压电动机的供电电路为分别供电方式，即对每台电动机均敷设一条电缆线路，通过专用的高压开关柜或低压配电盘进行控制。55kW 及以上的Ⅰ类厂用负荷和 40kW 以上的Ⅱ、Ⅲ类厂用重要机械的电动机，均采用分别供电方式。图 6-37 中低压Ⅰ、Ⅱ段的其他馈线表示去车间的专用盘，为成组供电方式，即数台电动机只占用一条线路，送到车间专用盘后，再分别引接电动机。对于一般不重要机械的小电动机和距离厂用配电装置较远的车间（如中央水泵房）的电动机，这种供电方式最为适宜，可以节省电缆，简化厂用配电装置。

3. 水电厂厂用电接线

水电厂的厂用机械数量和容量均比同容量火电厂少得多，因此厂用电系统也较简单。但是，在水电厂仍有重要的Ⅰ类厂用负荷，如调速系统和润滑系统的油泵、发电机的冷却系统等，因此对其供电可靠性必须要充分考虑。

对于中小型水电厂，一般只有 380/220V 一级电压，厂用电母线采用单母线分段，且全厂只设两段，两台厂用变压器以暗备用方式供电。

对于大型水电厂，380/220V 厂用母线按机组分段，每段均由单独的厂用变压器自各发电机端引接供电，并设置明备用的厂用备用变压器。距主厂房较远的坝区负荷用 6kV 或 10kV 电压供电。

图 6-38 所示为大型水电厂的厂用电接线，其中，机组的厂用负荷与全厂性公用负荷分别

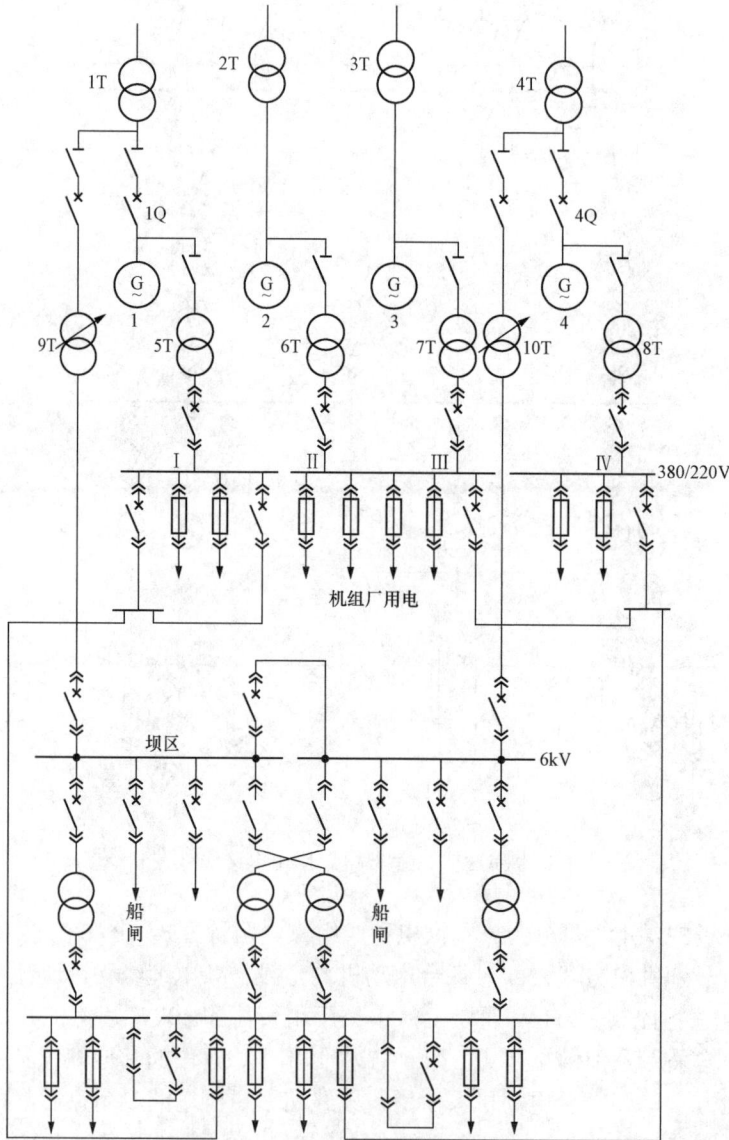

图 6-38　大型水电厂的厂用电接线

由不同的厂用变压器供电。每台机组的厂用负荷采用 380/220V 电压,分别由厂用变压器 5T～8T 供电,从各自的发电机出口处引接。各段的厂用备用电源(明备用)由公用段引接。6kV 公用厂用系统为单母线分段接线,由高厂变 9T、10T 供电,备用方式为暗备用方式。此外,还在两台发电机的出口装设了断路器 1QF、4QF,这样,即使在全厂停运时,仍能通过 1T 或 4T 从系统取得电源。

六、变电站的站用电

变电站的站用电负荷比发电厂厂用电负荷小得多,站用电负荷主要有主变压器的冷却设备、蓄电池的充电设备或硅整流电源、油处理设备、照明、检修器械以及供水水泵等用电负荷。因此,变电站的站用电接线很简单,所用变压器的二次侧为 380/220V 中性点接地的三相四线制。

大容量枢纽变电站,大多装设强迫油循环冷却的主变压器和无功补偿装置,为保证供电可靠性,应装设两台站用变压器,分别接到变电站低压侧不同的母线段上,某 220kV 变电站站用电系统接线如图 6-39(a)所示。

中等容量变电站中,站用电重要负荷为主变压器冷却风扇,站用电停电时,由于冷却风扇停运,会使变压器负荷能力下降,但它仍能供给重要负荷用电,因此允许只装设一台站用变压器,并应能在变电站两段低压母线上切换。

对于采用复式整流装置代替价格昂贵、维护复杂的蓄电池组的中小型变电站中,控制信号、保护装置、断路器操作电源等均由整流装置供电。为了保证供电的可靠性,应装设两台站用变压器,而且要求将其中一台接到与电力系统有联系的高压进线端,如图 6-39(b)所示。

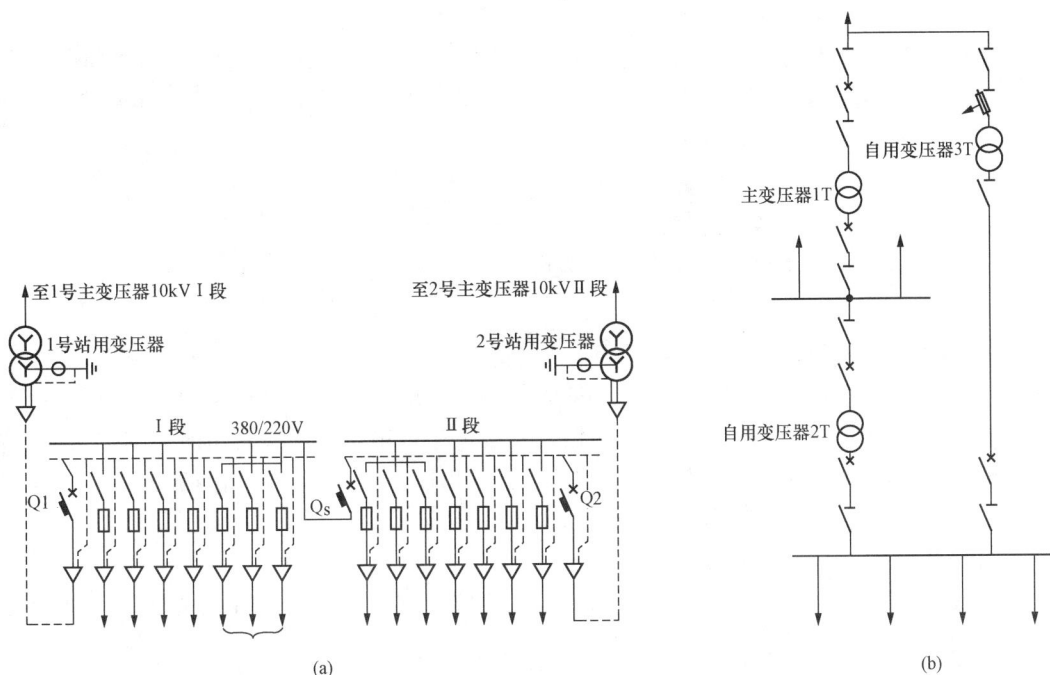

图 6-39　降压变电站自用电接线

(a)220kV 变电站站用电系统接线;(b)无蓄电池变电站自用电接线

项目总结

电气主接线是发电厂和变电站的主体，是由一次设备按一定的要求和顺序连接成的电路。它直接影响着发电厂和变电站的安全可靠和经济运行。电气主接线应满足供电的可靠性、灵活性和经济性，力求操作简单、运行检修方便、节省投资和减少年运行费用，并有发展和扩建的可能。

电气主接线可分为有母线类和无母线类两大类。有母线类的主接线包括单母线和双母线。单母线又可分为单母线不分段、单母线分段、单母线分段带旁路母线等形式；双母线又分为普通双母线、双母线分段、双母线带旁路母线、3/2 断路器接线（也称一个半断路器接线）、双断路器双母线等形式。无母线的主接线主要有单元接线、桥形接线和多角形接线等。不同的主接线有不同的优缺点以及相应的适用范围。

自用电是指发电厂和变电站本身的用电。厂用电率是发电厂的重要经济指标。对于发电厂，尤其是火力发电厂，厂用电量占总发电量很大的比例，并且是非常重要的负荷。

火力发电厂的厂用电系统，为了保证发电设备的连续运行，其接线应采取以下措施：厂用电接线采用单母线分段，并要求按炉分段为原则；设置备用母线段，用专用备用变压器引接，采用明备用方式，并最好接在相对独立的电源处；装设备用电源自动投入装置；设置事故保安电源装置。

水力发电厂的厂用机械数量相对较少，容量也较小，厂用电系统的接线比较简单。一般采用按机组分段的原则，并采用暗备用的方式。

变电站的自用电要比相同容量发电厂少得多。大型枢纽变电站一般装设两台站用变压器；中小型变电站可装设一台站用变压器。

不同的发电厂和变电站，自用电的接线形式也不同，应根据其类型、容量大小、电压等级、地理环境等多方面考虑自用电的接线。应采取有效的措施提高自用电的可靠性，以保证发电厂或变电站的安全稳定运行。

复习思考

6-1 什么是电气主接线？对电气主接线有哪些基本要求？

6-2 电气主接线的作用是什么？电气主接线有哪些基本类型？

6-3 母线分段有何作用？旁路母线有何作用？

6-4 绘出单母线接线的主接线图，并说明引出线的停电、送电的操作步骤及其原因。

6-5 在带旁路母线的主接线中，举例说明线路不停电检修出线断路器的倒闸操作步骤。

6-6 绘出双母线接线的主接线图，并说明有哪几种运行方式及其特点。

6-7 电路运行方式如图 6-10 所示。试写出：

（1）Ⅱ母停电的基本操作步骤；

（2）出线断路器 2QF 故障需停电检修，用母联断路器 QFc 代替出线断路器 2QF 的基本操作步骤。

6-8 在发电机–变压器单元接线中，如何确定是否装设发电机出口断路器？

6-9 一个半断路器接线有何优缺点？

6-10 在桥形接线中，内桥接线和外桥接线各适用于什么场合？

6-11　在内桥和外桥接线中，当变压器需要停电检修时，各应如何操作？

6-12　多角形接线有何优缺点？

6-13　什么是厂用电？什么是厂用电率？

6-14　发电厂厂用负荷按其重要性分为几类？各类厂用电负荷对供电电源有哪些要求？

6-15　发电厂厂用电负荷有哪几种运行方式？各自的特点是什么？

6-16　发电厂厂用电供电电压有几级？

6-17　火力发电厂的厂用母线设置为什么采用按照机、炉对应的原则？每台锅炉设置几段厂用母线？厂用母线按炉设置的主要优点有哪些？

6-18　什么是厂用工作电源、备用电源、启动电源、保安电源和不停电电源？

6-19　厂用工作电源和备用电源有哪几种引接方式？如何提高工作电源和备用电源的供电可靠性？

6-20　可靠的备用电源对发电厂的运行有什么重要意义？什么是明备用？什么是暗备用？

6-21　厂用交流保安电源和不停电电源应如何取得？

6-22　交流不停电电源装置的作用是什么？简述其工作原理。

6-23　何谓电动机的自启动？运行中应保证哪类电动机可靠自启动？

6-24　电动机正常启动与自启动对厂用母线电压有何要求？

项目七

直流系统运行

项目描述

本项目学习直流负荷、蓄电池组直流系统的构成与运行方式，直流配电网络、直流电网绝缘监察装置工作原理及应用。

教学目标

知识目标：掌握蓄电池组直流系统的运行。
能力目标：①识别直流系统图；②会进行直流系统操作。

教学环境

发电厂仿真系统。

任务一　蓄电池组直流系统运行

教学目标

知识目标：①掌握直流负荷及供电要求；②掌握直流配电网络的结构。
能力目标：①能正确分析直流系统的运行方式；②能正确进行直流电源装置的投退。

任务描述

蓄电池组直流系统的运行。

任务准备

①阅读资料，各组制订实施方案；②绘出直流系统图；③各组互相考问；④教师评价。

任务实施

在发电厂仿真系统中进行。

相关知识

直流负荷；蓄电池组直流系统；直流配电网络。

一、发电厂、变电站二次回路操作电源

发电厂、变电站中断路器的控制回路、信号回路、继电保护和自动装置等二次回路系统所需的电源称为二次回路操作电源，简称操作电源。它可采用交流电源，也可采用直流电源。常用的有以下几种类型：

（1）蓄电池组直流系统。

（2）硅整流电容储能直流系统。

（3）复式整流直流系统。

（4）厂、站用变压器供电和由仪用互感器供电的交流电源。

微课7.1

认识直流系统

操作电源是发电厂、变电站自用电中最重要的一部分，无论是在正常情况下，还是在事故情况下，都应能保证对负荷可靠、连续地供电。

蓄电池组直流系统是一种与电力系统运行方式无关的独立电源系统，在发电厂和变电站发生故障甚至交流电源完全消失的情况下，仍能可靠工作，因此它具有很高的供电可靠性。

微课7.2

认识蓄电池组直流系统

此外，由于蓄电池电压平稳，容量较大，可以提供断路器合闸时所需用的较大的短时冲击电流，并可作为事故保安负荷的备用电源。

蓄电池组的缺点是运行维护工作量较大，使用寿命较短，价格较贵，并需要许多辅助设备。但由于发电厂和变电站要求操作电源应有较高的可靠性和独立性，因此在发电厂和变电站中仍广泛应用蓄电池组直流系统。

非独立的交流整流电源一般用在对操作电源要求不高的中、小型变电站，主要有硅整流电容储能直流系统和复式整流直流系统。它们利用变电站一次电路作交流电源，经整流装置把交流电变成直流电。因此，可以省去蓄电池组，使造价降低。但是硅整流电容储能和复式整流直流系统，不能满足复杂的继电保护和自动装置的要求，而且，在一次电路交流电源完全消失时，它们将无法工作。

二、蓄电池组直流系统运行

（一）蓄电池组直流系统概述

蓄电池组直流系统主要由蓄电池组及其充电装置构成。发电厂、变电站中的蓄电池组，是由许多蓄电池相互串联组成的，串联的个数取决于直流系统的工作电压。常用的蓄电池主要有铅酸蓄电池和碱性（镉镍）蓄电池两种。充电装置，常用的有电动直流发电机和硅整流装置。目前，发电厂和变电站多采用新型封闭式免维护铅酸蓄电池，而企业变配电站多采用镉镍蓄电池。

（二）铅酸蓄电池简介

铅酸蓄电池由正、负极板、电解液和容器组成。其中正极板为二氧化铅（PbO_2）、负极板为铅（Pb）。电解液是浓度为 27%～37%（密度为 1.2～1.3g/cm³）的稀硫酸（H_2SO_4），容器多为玻璃、硬橡胶或塑料制成。

微课7.3

认识铅酸蓄电池

（1）蓄电池的电动势。正、负极板的材料一定时，电动势的大小主要与电解液的密度有关，与极板的大小无关，它受电解液温度影响较大，但是在温度 5～25℃范围内影响很小。因此，蓄电池的电动势主要取决于电解液的密度，电动势的公式可近似表示为

$$E=0.85+d \qquad (7\text{-}1)$$

式中　　E——蓄电池的电动势；

　　　　d——电解液的密度。

（2）铅酸蓄电池的充放电原理。铅酸蓄电池在放电和充电时的化学反应式为：

放电　　　　　　　　　　$PbO_2+Pb+2H_2SO_4 \rule{3mm}{0.2mm}\rule{3mm}{0.2mm} 2PbSO_4+2H_2O$

充电　　　　　　　　　　$2PbSO_4+2H_2O \rule{3mm}{0.2mm}\rule{3mm}{0.2mm} PbO_2+Pb+2H_2SO_4$

铅酸蓄电池的充电或放电过程伴随着化学反应过程，这使得电解液中物质成分的比例发生变化，电解液的密度也随着变化，而电解液中物质成分的比例（密度）变化导致蓄电池的电动势和内阻也随着变化。因此，在允许的电压范围内，放电时其端电压逐渐下降，充电时其端电压逐渐上升。

铅酸蓄电池单个额定端电压为 2V，但是蓄电池充电末期单个电池电压为 2.6～2.7V，而放电末期单个电池电压为 1.75～1.95V。

（3）蓄电池的容量。蓄电池的容量大小通常用安时（Ah）来表示。例如 50Ah，表示该蓄电池可连续以 5A 电流放电 10h。当放电时间小于 10h 时，其容量会大于 50Ah；当放电电流较大时，放电时间缩短，其容量小于 50Ah。通常将 10h 作为蓄电池的标准放电时间。

目前，发电厂和变电站多采用新型封闭式免维护铅酸蓄电池。封闭式免维护铅酸蓄电池具有放电容量大、全封闭、不漏液、放电倍率高、使用寿命长（一般使用寿命可达 15 年以上）、不需要日常维护的特点，不仅可以安装在主控制室内，而且特别适应于无人值班的变电站。因此，这种蓄电池是工矿企业变配电站普遍受欢迎的直流设备。但是，它的造价比较高。

（三）碱性（镉镍）蓄电池简介

碱性蓄电池的电解液是 20% 的碱性化合物氢氧化钾（KOH）或氢氧化钠（NaOH）碱溶液。根据极板的有效物质，碱性蓄电池可分为镉镍蓄电池、铁镍蓄电池、镉银蓄电池、锌银蓄电池。企业变配电站多采用镉镍蓄电池，它的正极板为氢氧化镍 $[Ni(OH)_3]$ 或其他物质，负极板为镉（Cd）。镉镍蓄电池在放电和充电时的化学反应式为：

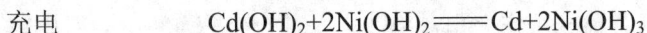

微课7.4

认识碱性（镉镍）蓄电池

放电　　　　　　　$Cd+2Ni(OH)_3 \rule{3mm}{0.2mm}\rule{3mm}{0.2mm} Cd(OH)_2+2Ni(OH)_2$

充电　　　　　　　$Cd(OH)_2+2Ni(OH)_2 \rule{3mm}{0.2mm}\rule{3mm}{0.2mm} Cd+2Ni(OH)_3$

可见，电解液在充电或放电过程中不参加化学反应，只起到传导电流的作用，浓度并不变化，因此只能根据电压变化来判断蓄电池的充放电程度。

镉镍蓄电池的额定端电压为 1.2V 左右，充电终止电压可达 1.75V，放电终止电压一般为 1V。

碱性蓄电池的特点是：不受供电系统影响，内阻小，放电倍率高，低温性能好，耐充、放电的能力强，充、放电不消耗电解液，体积小，占地面积小，无污染，机械强度高，工作电压平稳、可靠，自放电作用小，运行维护简便，使用寿命长。

目前镉镍蓄电池广泛用于中小型变电站。

（四）蓄电池组的运行方式

发电厂及变电站的直流负荷，按其用电特性可分为三类。

（1）经常性负荷，指在正常运行时需不断供电的负荷。包括经常带电的继电器、信号灯和直流照明等。

（2）事故负荷，如事故照明灯、继电保护及计算机系统等。

（3）冲击负荷，指短时承受的冲击电流，如断路器合闸电流等。

微课7.5

蓄电池组的运行方式

根据直流负荷对电源电压及可靠性的要求，在任何运行方式下随时可进行断路器合闸，保证供电不中断，蓄电池组直流系统一般采用单母线或单母线分段接线，对于不同的直流负荷，分别采用单独的环形直流网络。根据蓄电池向直流负荷供电的方式，蓄电池组的运行方式有两种。

（1）充电-放电运行方式。充电-放电运行方式就是将已充好电的蓄电池带全部直流负荷，即正常运行处于放电工作状态。为了保证操作电源供电的可靠性，当蓄电池放电到一定程度后，应及时充电，故称之为充电-放电运行方式。充电装置除充电期间外是不工作的，在充电过程中，充电装置一方面向蓄电池组提供充电电流，另一方面给经常性直流负荷供电。

通常，每运行 1～2 昼夜就要充电一次，操作频繁，蓄电池容易老化，极板也容易损坏。所以，这种运行方式很少采用。

（2）浮充电运行方式。按浮充电方式工作时，充电装置与蓄电池组同时连接于母线上并联工作。整流装置除给直流母线上的经常性直流负荷供电外，同时又以很小的电流向蓄电池充电，以补偿蓄电池的自放电，使蓄电池经常处于满充电状态。而蓄电池组主要担负向冲击负荷和交流系统故障或充电装置断开的情况下的全部直流负荷的供电。

蓄电池组直流电源采用浮充电方式运行，不仅可以提高工作的可靠性、经济性，还可减少运行维护工作量，因而在发电厂中得到广泛的采用。

电池使用寿命的长短，不仅与电池质量的优劣和初充电是否合适有很大的关系，而且与浮充电流的大小也有很大关系。浮充电的电流值可根据蓄电池组的容量来计算。浮充电电流既不能过大，也不能过小。既不能使电池过充电，也不能使电池欠充电，两者对于运行中的蓄电池都不利。

为了避免由于控制浮充电电流不准确，影响电池的容量和寿命，应对其定期充放电。一般每三个月进行一次核对性的放电，放出蓄电池容量的 50%～60%，终期电压降到 1.9V 为止；或进行全容量放电，使终期电压降到 1.8V，再进行一次均衡充电（即过充电）。

对于发电厂和变电站装设蓄电池组的数量，规定如下：

设有主控制室的发电厂，安装有 3 台及以上机组，且总容量为 100MW 及以上，可装设两组蓄电池，其他情况下可装设 1 组蓄电池。

单元控制室的发电厂，机组容量为 100～125MW 时，每台机组可装设 1 组蓄电池。机组容量为 200MW 机组时，每台机组可装设两组蓄电池；机组容量为 300MW 和 600MW 及以上时，每台机组宜装设 3 组蓄电池，其中 1 组对动力负荷和直流事故照明负荷供电，其余各组对控制负荷供电。当发电厂的网络控制室或单元控制室控制的元件中包括有 500kV 电气设备时，应装设两组蓄电池对控制负荷和动力负荷供电。

500kV 变电站宜装设两组蓄电池，220～330kV 变电站可装设 1 组蓄电池。当采用弱电控制、弱电信号时，为保证控制、信号系统供电的可靠性，也宜装两组蓄电池，以便互为备用。

图 7-1 所示为某电厂 600MW 1 号机组主厂房 110V 直流系统接线图。每台机组设两组 110V GFM 1500AH 型蓄电池组，每组 52 个蓄电池；设一组 220V GFM 1800AH 型蓄电池组，每组 107 个蓄电池。其充电装置电源来自 0.4kV 汽机保安 MCC 2A 段、2B 段。机组蓄电池型式一般采用阀控免维护铅酸蓄电池，正常以浮充电方式运行。每组 110V 型蓄电池设有多组微机控制高频开关直流电源柜，作为充电装置。配有集中监控器，具有交流配电监测、直流配电监测、绝缘监测、充电模块监测、电池管理、通信、历史记录等功能。

在各配电室设置直流分屏，直流分屏接线方式如图 7-2 所示。

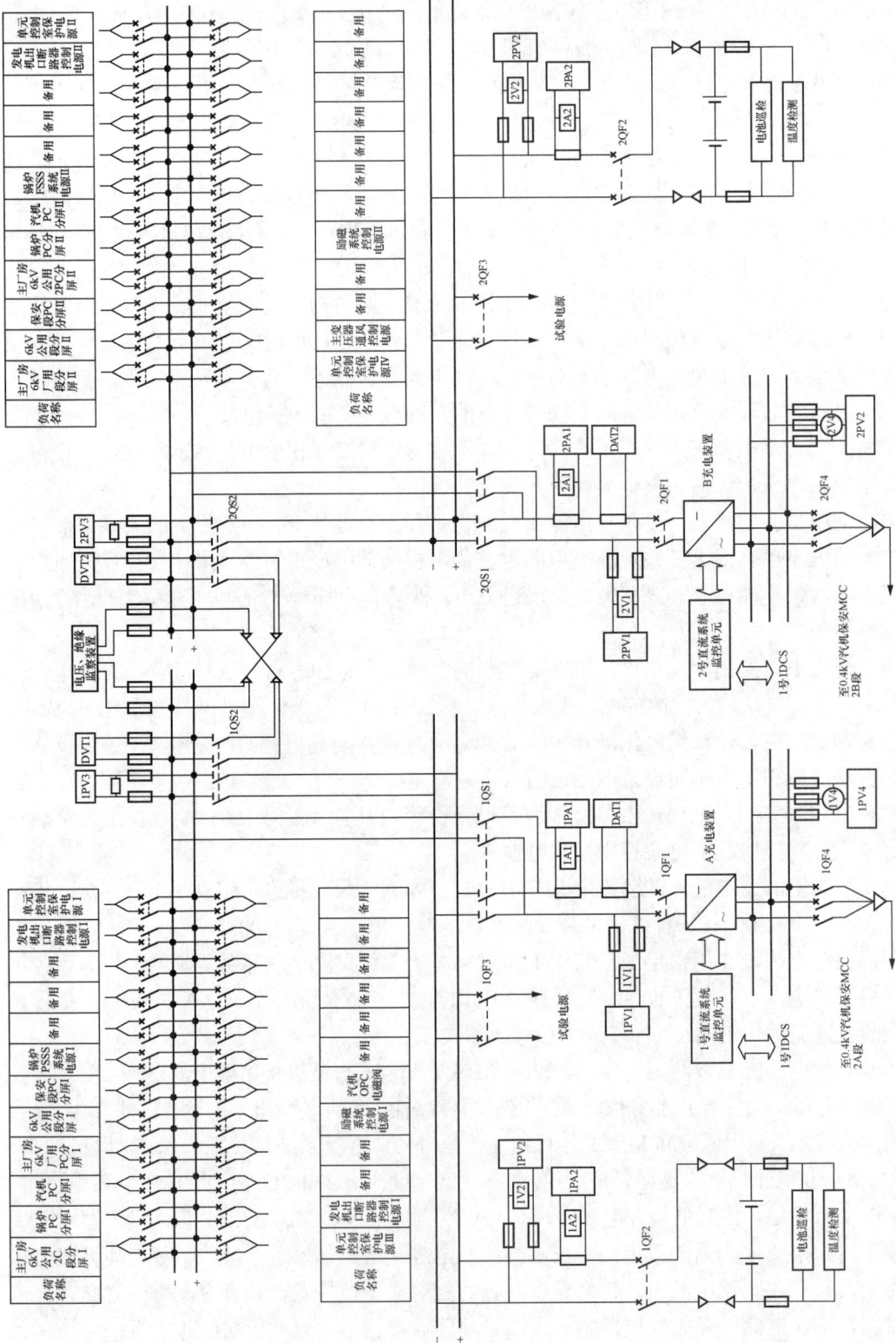

图 7-1　某电厂 600MW 1 号机组主厂房 110V 直流系统接线图

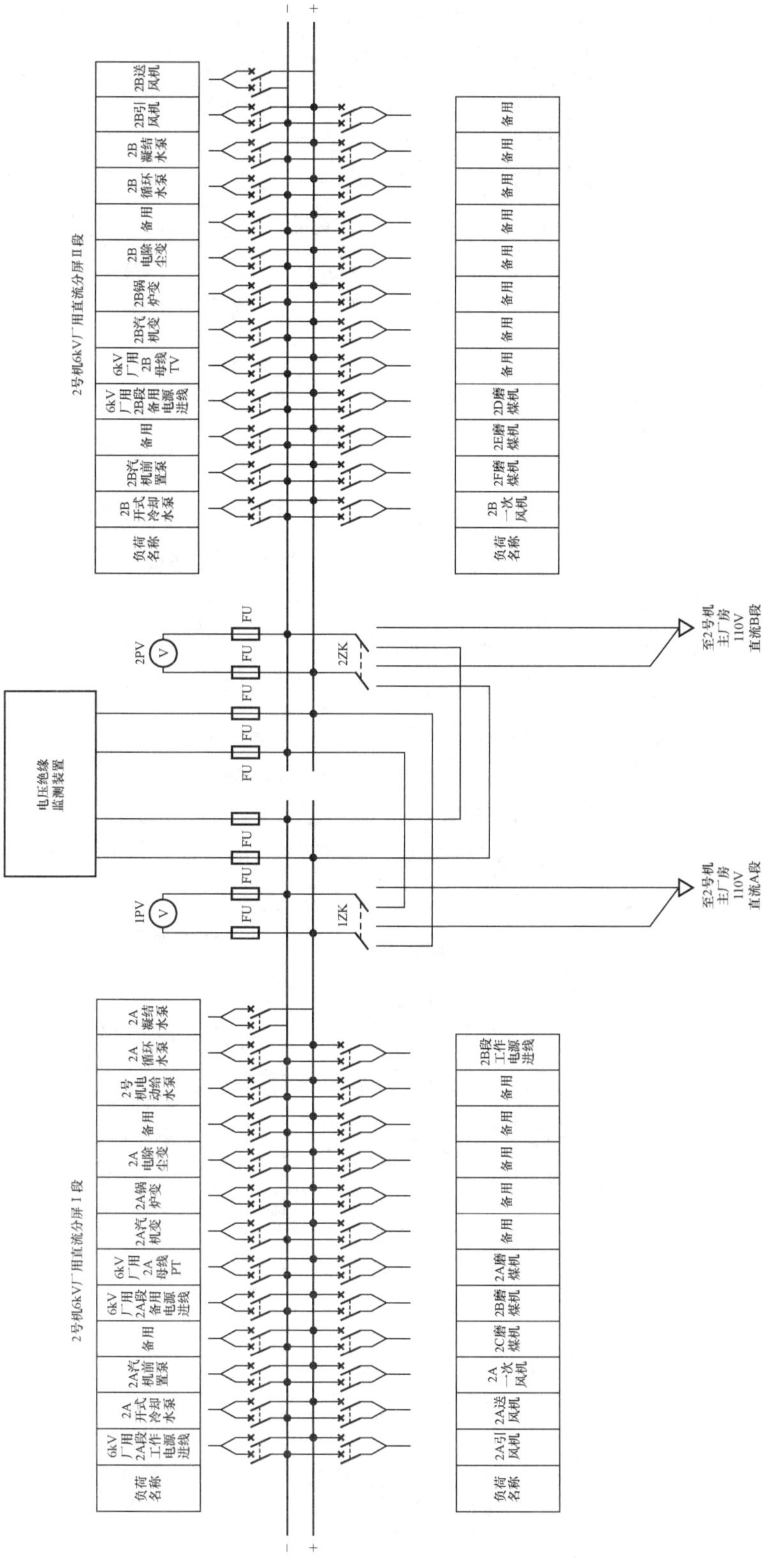

图 7-2　6kV 厂用直流分屏接线方式

三、直流配电网络

直流配电网络有辐射供电和环形供电两种供电方式，应根据发电厂和变电站的建设容量、电压等级、工程规模（包括机组台数和出线回路数）等条件，来合理选择配电网络形式。

1. 辐射供电网络

辐射供电网络，是以直流屏上直流母线为中心，直接向各用电负荷供电的一种供电方式。它具有以下优点：可以减少干扰源（主要是感应耦合和电容耦合）；当设备检修或调试时，可方便地退出，不致影响其他设备；便于寻找接地故障点；电缆的长度较短，压降较小。

发电厂、变电站的事故照明、断路器直流动力合闸、各种油泵的直流电动机、交流不停电电源装置、远动通信装置的备用电源等重要控制回路通常采用辐射供电网络。

辐射供电方式的缺点是：馈线数量增加，电缆总长度增加，甚至还可能使直流主屏数量增加。为了解决这一问题，可在直流负荷集中的地方，例如在配电装置和集中控制室等场所设立直流分电屏。直流主屏至直流分电屏应以双回路馈线供电，然后由直流分电屏对各直流负荷分别设置馈线供电。

发电厂事故照明网络由装在主控制室或单元控制室的专用事故照明屏（箱）单回路提供事故照明直流电源。图 7-3 所示为某发电厂集控事故照明网络图。事故照明网络由装在主控制室的专用事故照明屏（箱）供电。事故照明直流电源均采用单回路供电。事故照明屏顶设有事故照明小母线，各处的事故照明线路自小母线引出，并有交流和直流电源线路接至该小母线上。平时交流电源线路接通，直流电源线路断开，当交流电源消失时，即自动切换，断开交流电源，接通直流电源，由直流电源供给各处的事故照明。一旦交流电源恢复正常后，自动切换至交流电源供电。在正常运行时，刀开关 QK 合上，电压继电器 1KV～3KV 线圈励磁，1KV～3KV 的动合触点闭合，3KM 动断触点已闭合，接触器 1KM 励磁，1KM 主触头闭合，1KM 动断触点断开，2KM、3KM 失磁，事故照明负荷由～380/220V 电源供电。

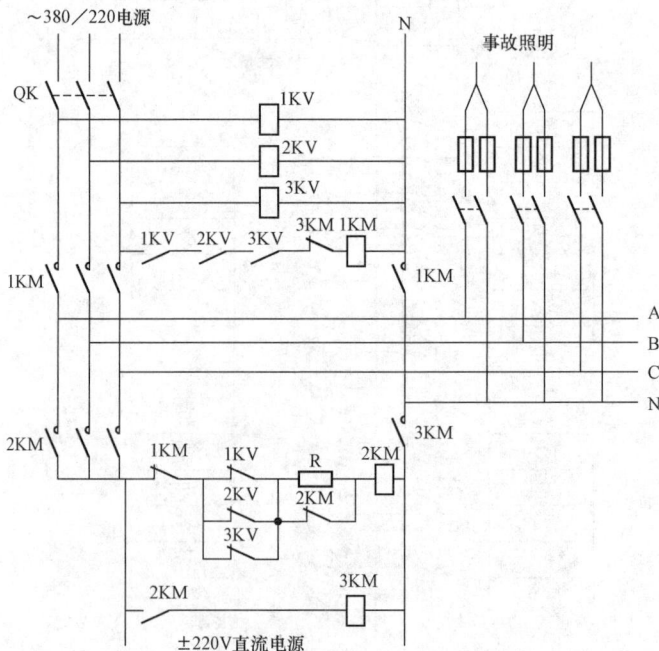

图 7-3　某发电厂集控事故照明网络图

当交流 380/220V 电源失去时，电压继电器 1KV～3KV 线圈失磁，1KV～3KV 的动合触点断开，动断触点闭合；接触器 1KM 失磁，1KM 主触头断开，1KM 动断触点闭合，接触器 2KM 励磁，2KM 主触头闭合，2KM 动合触点闭合，接触器 3KM 励磁，3KM 主触头闭合，事故照明负荷由±220V 直流电源供电。

当交流 380/220V 电源恢复正常时，电压继电器 1KV～3KV 线圈励磁，1KV～3KV 的动合触点闭合，1KV～3KV 的动断触点断开，使接触器 2KM 失磁；2KM 主触头断开，2KM 动合触点断开，使接触器 3KM 失磁，3KM 主触头断开，3KM 动断触点闭合，接触器 1KM 励磁，1KM 主触头闭合，1KM 动断触点断开，事故照明负荷恢复到由交流 380/220V 电源供电。

2. 环形供电网络

在大型直流网络中，环形供电网络最主要的优点是节省电缆，但其操作切换较复杂、寻找接地故障点也较困难，因此多用于中、小容量的发电厂和变电站。

环形供电网络中，各种不同用途的用电负荷（如控制信号电源、断路器的合闸网络等），各自构成独立的双回路环形供电网络。正常时应开环运行，当其一分支回路故障时，不影响整个网络的正常运行。

一般由直流主屏引出两回馈线，分别接到配电装置或其他供电对象网络的两端，经刀开关接入其中两个间隔或屏台，然后再分别将供电对象网络串联起来，并在适当的地方用刀开关分段。当某一中间网络发生一点接地或其他故障时，可将故障段分解开，以便迅速查明故障点并及时消除故障。此时，不会影响其他供电对象网络的正常运行。

如图 7-4 所示，某电压等级配电装置中断路器合闸网络图采用环网供电，X-1～X-7 为断路器操动机构箱，X-1、X-4、X-7 操动机构箱用刀开关分段，正常时仅 X-4 刀开关断开，开环运行，若一侧电源失去时将此刀开关合上，以保证合闸线圈供电可靠性。

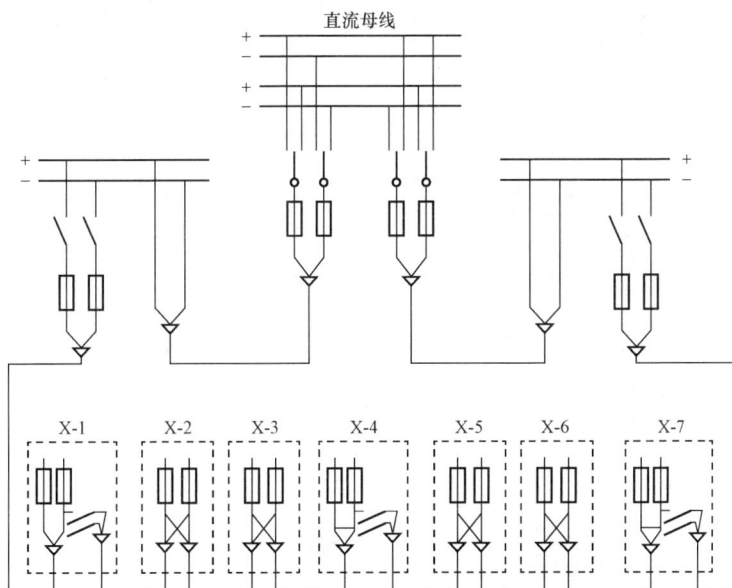

图 7-4 某电压等级配电装置中断路器合闸网络

发电厂主控制室、单元控制室、网络室、就地控制的配电装置、厂用电配电装置、各车间技术控制屏的控制和信号回路，应构成单独的环形网络，由接自直流母线不同分段的双回路供电，以保证供电可靠性。图 7-5 所示为主控制室的控制、信号小母线供电网络。主电源采用分段母线接线，分别由控制小母线（±）和闪光小母线 M100（+）供电。在正常运行情况下，闪光小母线不带电。小母线（±700）为信号小母线。指示灯用于带电显示，监视每一供电回路熔断器是否完好。

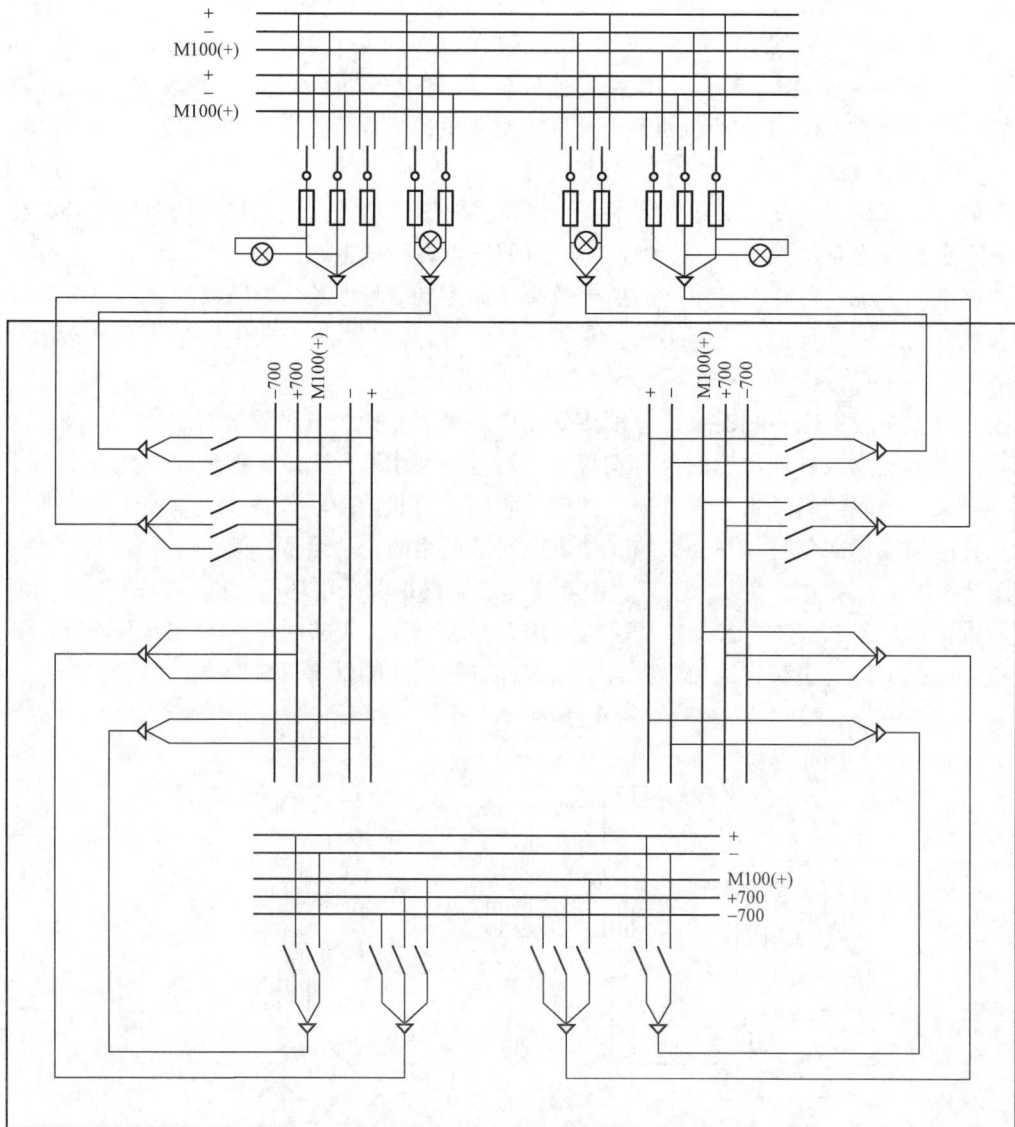

图 7-5 主控制室控制、信号小母线供电网络

任务二 直流系统绝缘监察

教学目标

知识目标：①掌握直流系统绝缘监察的基本要求；②掌握直流系统绝缘监察的基本工作原理。

能力目标：能正确进行直流系统绝缘检查。

任务描述

直流系统绝缘检查。

任务准备

①阅读资料，各组制订实施方案；②熟悉直流系统绝缘监察装置；③各组互相考问；④教师评价。

任务实施

发电厂仿真系统。

相关知识

正对地绝缘电阻；负对地绝缘电阻。

一、直流系统绝缘监察的必要性

发电厂和变电站的直流系统比较复杂，供电网络庞大，分支多，而且还必须通过电缆线路与屋外配电装置的端子箱、操动机构等连接，发生接地的机会较多。直流系统发生一点接地时，由于没有短路电流流过，熔断器不会熔断，仍能继续运行。但是，这种故障必须及早发现并予以排除，否则当另一点又发生接地时，就有可能引起信号回路、控制回路、继电保护回路和自动装置回路的不正确动作。如图 7-6 所示，A、B 两点接地会造成误跳闸情况。因此，不允许直流系统长期一点接地运行，必须安装直流绝缘监察装置，当发生一点接地时，发出预告信号。

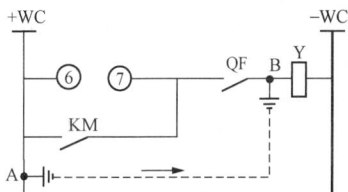

图 7-6 直流系统两点接地图

二、由电磁继电器构成的绝缘监察装置

直流绝缘监察装置能在任一极绝缘电阻低于规定值时，自动发出灯光和音响信号，并且利用它分辨出是正极还是负极接地，还可以测出直流系统对地的绝缘电阻。

图 7-7 所示为直流绝缘监视装置原理接线图。整个装置可分为信号部分和电压测量部分，这两部分都是利用电桥原理进行监测的。电压测量部分由母线电压表 2PV 和转换开关 SA 组成。信号部分由 1R、2R、3R、电压表 1PV、转换开关 1SA 和接地信号继电器 KSE 组成信号回路。图中 1R、2R、3R 的电阻值为 1000Ω；电压表 2PV 盘面上有电压和电阻两种刻度，其中电阻刻度与直流母线的额定电压相一致。下面分别介绍各部分的工作原理。

电压测量部分，转换开关 SA 有三个位置，正常情况下，其手柄置于竖直的"母线"位置，触点 SA9—11、SA2—1 和 SA5—8 接通，电压表 2PV 测量正、负母线间电压。若将 SA 手柄逆时针方向旋转 45°，置于"负对地"位置时，SA5—8、SA1—4 接通，则电压表 2PV 测量负极与地之间的电压；若将 SA 手柄顺时针旋转（相对竖直位置）45°时，触点 SA1—2 和 SA5—6 接通，测量正极与地之间电压。若两极绝缘良好，则正极对地和负极对地时 2PV

指示 0V，因为电压表 2PV 的线圈没有形成回路，如果正极接地，则正极对地电压为 0V，而负极对地指示 220V；反之，当负极接地时，情况与之相似。

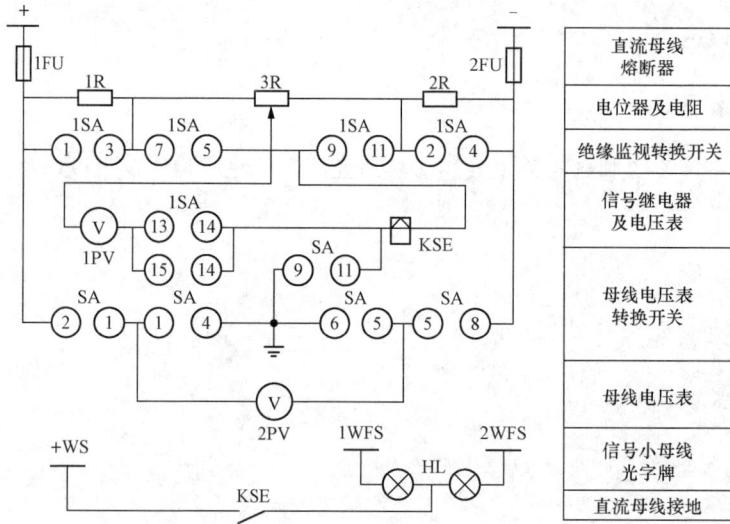

图 7-7 直流绝缘监视装置原理接线图

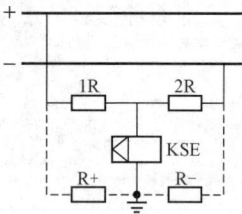

图 7-8 直流绝缘监视原理图

信号部分，绝缘监视转换开关 1SA，也有三个位置，即"信号""测量Ⅰ""测量Ⅱ"。一般情况下，其手柄置于"信号"位置，1SA5—7 和 1SA9—11 接通，使电阻 3R 被短接，1R、2R 和正、负母线对地绝缘电阻作电桥的四个臂与继电器 KSE 构成电桥（SA 置于"母线"位置 SA9—11 接通），如图 7-8 所示。当母线绝缘电阻下降，造成电桥不平衡，接地信号继电器 KSE 动作，其动合触点闭合，光字牌亮，同时发出预告音响信号。

当正极对地绝缘下降时，将 1SA 切换至"测量Ⅰ"位置，1SA1—3 和 1SA13—14 接通，调节 3R 使电桥平衡，记下 3R 的位置刻度百分数 X，再将 1SA 切换至"测量Ⅱ"位置，1SA2—4 和 1SA14—15 接通，由电压表 1PV 的电阻指示数读出正负极对地的总的绝缘电阻 R_Σ，则正、负极对地的绝缘电阻的计算式可表示为

$$R_\Sigma = \frac{R_+ R_-}{R_+ + R_-} \tag{7-2}$$

$$R_+ = \frac{2}{2-X} R_\Sigma \tag{7-3}$$

$$R_- = \frac{2}{X} R_\Sigma \tag{7-4}$$

当负极对地绝缘下降时，将 1SA 切换至"测量Ⅱ"位置，调节 3R 使电桥平衡，记下 3R 的位置刻度百分数 X，再将 1SA 切换至"测量Ⅰ"位置，由电压表 1PV 读出正负极对地的总绝缘电阻 R_Σ，则正、负极对地的绝缘电阻的计算式可表示为

$$R_+ = \frac{2}{1-X} R_\Sigma \tag{7-5}$$

$$R_- = \frac{2}{1+X}R_\Sigma \qquad (7\text{-}6)$$

三、新型直流系统绝缘监察装置

近年来，在电力系统中，特别是在馈线回路较多或较重要的发电厂、变电站采用了技术较先进、功能较完善的绝缘检测装置。它们的基本功能与上述电磁型一致。

目前，系统广泛采用的是 WZJ 系列微机型直流绝缘检测装置，其主要功能是在线检测直流系统的对地绝缘状况（包括直流母线、蓄电池回路、每个电源模块和各个馈线回路绝缘状况），并自动检出故障回路。绝缘检测装置宜为独立的智能装置，布置在充电装置柜上或直流馈电柜上，可与成套装置中的总监控装置通信并能留有和变电站监控系统通信的接口。

WZJ 系列微机型直流绝缘检测装置的原理接线框图如图 7-9 所示，各部分基本工作原理如下：

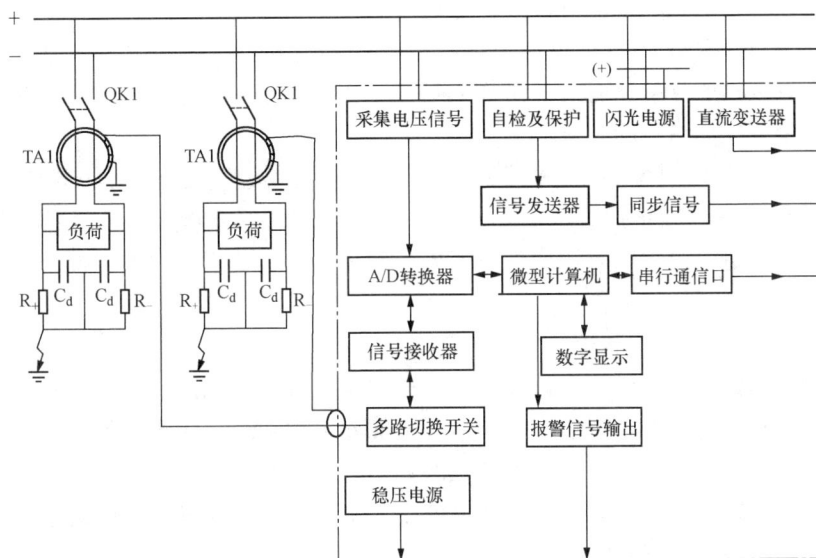

图 7-9　WZJ 系列微机型直流绝缘检测装置的原理接线框图

（1）常规监测部分。用采集电压信号元件，取出正极对地电压和负极对地电压，送 A/D 转换经微型计算机处理后，数字显示电压值和母线对地绝缘电阻值，监测无死区。当电压过高或过低，以及电阻过低时发出相应的灯光信号和远方报警信号，报警定值可自行整定。

（2）各分支回路绝缘巡查。在各分支回路的正、负极引出线上都穿套有一小电流互感器，用一极低频率的信号源作为信号源，通过两个隔直耦合电容向直流系统正、负极母线发送交流信号。由于通过互感器的直流电流大小相等、方向相反，产生的磁场相互抵消，而注入在正、负母线上的交流信号幅值相等、方向相同，在互感器二次侧的输出电流正比于通过正、负极对地的绝缘电阻 R_+、R_-和分布电容 C_d 的泄漏电容电流的相量和，然后取出其阻性分量，经 A/D 转换器送入微型计算机进行数据处理，通过数字显示支路号和对应的电阻值。整个绝缘监测是在不切断各分支回路的情况下进行的，因而提高了直流系统的供电可靠性，且没有死区。即使在直流消失的情况下，仍可实现巡查功能。

（3）其他功能。该装置配有打印功能，在常规监测过程中，若发现被检测直流系统参数降低至整定值以下，除发出报警信号外，还可以自动将参数和时间记录下来以备运行和检修人员参考。如果直流系统存在多个非金属性接地，启动信号源，该装置可将所有的接地支路找出。如果直流系统存在一个或多个金属性接地，该装置只能寻找距离其最近一条金属性接地支路。这是因为信号源发出的信号已被这条支路短接，其他金属性接地点不再有信号通过，故其他接地点不能被检查出来。只有先将最近的一条金属性接地支路故障排除后，才能依次寻出第二条最近的金属性接地支路。以此类推，可找出所有的接地回路。

四、直流系统接地的查找和处理

在直流系统经常发生的各类异常中，直流系统接地的查找和处理，是变电运行维护人员最为头痛和棘手的事情，需要花费很大的精力和时间才能够完成，而直流系统又不允许长时间的接地运行。一旦发生直流接地故障，就必须及时快速地处理，恢复正常运行状态。当发生直流系统接地时，微机型绝缘监测装置所显示的接地支路应准确。然而在运行过程中经常出现绝缘监测装置接地选线不准确，给运行造成不必要的影响。

在运行过程中，经常会发生直流系统绝缘降低甚至直流接地的故障，原因是多种多样的，有的是天气因素所导致、有的是工作人员在工作过程中不慎造成的、有的是小动物造成的、还有的是绝缘损坏造成的。

在发生直流系统绝缘降低（直流接地）故障时，要根据运行方式、天气情况、直流回路有无工作等进行分析，先查找接地的范围：Ⅰ、Ⅱ段母线，合闸回路、信号回路、控制回路、整流装置、蓄电池组。同时还应使用万用表测量正极、负极对地的电位是否正常，从而判断绝缘监测装置是否有误告警的情况。

1. 直流系统接地的查找和处理常用的方法

（1）负荷转移法。有两段直流母线的，首先要确定故障的范围、回路，然后用"负荷转移法"去进行进一步的验证。对于没有联络开关的双电源回路，应通过母线联络开关并联母线，再投入环网末端开关（平时处于断开状态），然后断开对应的首端开关（平时处于闭合状态），断开母线联络开关，此时接地现象就会从Ⅰ段转移到Ⅱ段。在确定了故障的回路之后，再从电源端向各个分支回路查找。在操作过程中要注意直流母线不允许出现失压，并要通过母线联络开关并联母线。

还有一种情况——有的负荷只有一路电源，只能采用拉路法查找，但是有的时候是不允许拉路的。这就要求我们用另外一种"负荷转移法"：若Ⅰ段母线的某负荷回路发生接地时，会发出Ⅰ段母线接地的信号，可以将Ⅰ段母线的各负荷依次转移由Ⅱ段母线供电，当接地的回路转移由Ⅱ段母线供电时，会发出Ⅱ段母线接地的信号，这样就可以证明此回路确实有接地的现象。

（2）等电位法。如果其他回路均正常，接地故障出现在蓄电池组，可以用"等电位法"去查找故障点，即可根据接地电压值分析计算，判断出故障蓄电池的位置。因为当蓄电池组出现渗漏而造成接地时，渗漏电解液的蓄电池的电位就会与大地的电位基本一致，那么就可以依据其电位的高低来进行初步的判断，然后再移动该只蓄电池，检查其是否有渗漏电解液的情况。

（3）利用直流接地探测器查找。直流接地探测器由信号源、手持器 ZJ51、钳子 TA 三部分组成，如图 7-10 所示。

直流接地探测器能液晶显示母线对地绝缘及正极、负极对地绝缘电阻，显示母线电压、正极对地电压、负极对地电压；查找接地点，显示接地电阻，指示接地方向，具有接地语音和闪光报警的功能；信号源采用红外通信，对继电保护、自动装置无影响。

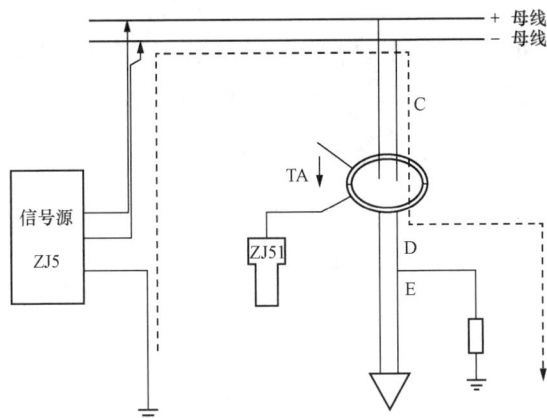

图 7-10 直流接地探测器原理接线

查找直流接地的基本原理是在接地母线与大地之间施加一个超低频信号（该信号对保护、控制设备无影响），其电流沿着接地点方向流动。用连接在手持器上的钳子，朝着接地电流方向查找，当该电流突然消失或接地电阻突然增大的地方即为接地点，如图 7-10 中的 E 点。

2. 直流系统整体绝缘下降处理

直流系统整体绝缘下降，大多是因为机构箱、端子箱等处封闭不严，在阴雨、潮湿天气时会因为局部进水、湿度过大等原因而导致绝缘下降，若有多处出现此类问题就会导致系统整体绝缘下降。解决此类问题的方法比较简单，具体如下：

（1）对于封闭不严的机构箱、端子箱等进行密封处理或更换。

（2）在机构箱、端子箱等处放置吸潮剂等。

（3）雨天结束后，及时开启通风设施，进行室内通风、排潮，降低空气湿度。

3. 查找直流接地故障的注意事项

（1）首先查看、分析是否有接地故障存在（有时绝缘装置有误报现象，可以临时停用绝缘装置，用万用表进行核对）。

（2）必须有两人及以上一起进行工作，注意配合，加强安全监护，做好劳动保护（绝缘鞋、工作服、安全帽、手套等，带电拆除和恢复接线时还应使用护目镜），防止工作人员触电。

（3）使用高内阻的表计（不低于 2000Ω/V），测量电压时要注意挡位，切忌用欧姆挡位测量电压，以免烧坏表计和造成新的接地。使用备用芯时，必须使用 1000V 绝缘电阻表摇测其对地和其他线芯的绝缘。

（4）使用的工具必须绝缘良好。

（5）防止直流系统失压，防止人为造成短路或另外一点接地，导致保护、开关误动作。

（6）按照图纸进行查找，对于临时拆除的接线要做好必要的标记和记录，防止错接线和漏接线。

（7）防止保护误动作，必要时可以临时撤出可能误动作的保护装置，待正常后再恢复。

（8）瞬时停电查找时，应经调度同意，动作应迅速，时间不要超过 3s，防止发生意外。

项目总结

本项目主要介绍直流负荷、蓄电池组直流系统的构成与运行方式，直流配电网络、直流电网绝缘监察装置的工作原理及应用。通过学习，应学会识绘直流系统图，能进行直流系统的基本操作，能查找直流接地故障等，具有直流电网绝缘监察装置电路分析能力。

复习思考

7-1　发电厂、变电站操作电源有哪些类型？各有何特点？

7-2　发电厂及变电站的直流负荷按其用电特性可分为哪几种？

7-3　蓄电池组的运行方式有几种？对照图 7-1 说说各种运行方式的特点。

7-4　什么是蓄电池组的容量？为什么蓄电池会有自放电现象？如何弥补自放电造成的影响？

7-5　什么是蓄电池组的浮充电运行方式？该方式为什么在发电厂、变电站中广泛采用？

7-6　碱性蓄电池的工作原理是什么？

7-7　机组主厂房 110V 直流系统与 6kV 厂用直流分屏接线方式之间是什么关系？

7-8　机组主厂房 110V 直流系统充电装置的电源如何获取？

7-9　直流系统接地有什么危害？

7-10　直流电源消失对发电厂有何危害？

7-11　微机直流系统绝缘监察装置的工作原理是怎样的？

7-12　直流系统接地的查找和处理常用的方法有哪几种？

7-13　直流接地探测器的工作原理是怎样的？

电气安装图识图

项目描述

本项目学习发电厂变电站配电装置的配置图、平面图、断面图的基本知识及电气二次接线图纸的基本知识。

教学目标

知识目标：①掌握配电装置和最小安全净距的概念，熟悉配电装置的分类及各自特点，掌握发电厂变电站配电装置配置图、平面图、断面图的基本知识和识读，了解各种成套配电装置的结构；②掌握二次接线定义、二次接线常用图形文字符号，熟悉二次典型回路编号，了解相对编号法含义，识读二次接线图及安装接线图。

能力目标：①掌握屋内、外配电装置的选用及布置，掌握配电装置配置图、平面图、断面图的识读，为专业典型工作任务之电气一次系统安装调试、维护、改造和设计奠定基础；②掌握电气二次接线的种类、特点及作用，能识读电气二次接线原理图、安装接线屏面图、端子排图、屏背面接线图，为专业典型工作任务之电气二次设计、安装接线、调试奠定基础。

教学环境

多媒体教室、变电站、电气二次实训室。学习中应注意理论与实践相结合，有条件的情况下，深入企业的现场学习，培养解决实际问题的能力。

任务一　配电装置图识图

教学目标

知识目标：①掌握配电装置的类型及特点；②掌握配置图、平面图、断面图的基本知识；③了解各种成套配电装置的结构。

能力目标：能正确进行屋内外配电装置各种表达图的识图。

任务描述

配电装置是发电厂和变电站的重要组成部分，它是具体实现电气主接线功能的重要装置，通过学习，要求学生能看懂配电装置各种表达图，并在看懂的基础上进行分析应用，为电气一次系统的安装调试、维护等奠定扎实的基础。

任务准备

结合工程实例资料，准备一个间隔的电气主接线图、配置图、平面图和断面图。

任务实施

①让学生根据实例的原始资料设计一次接线，选择配电装置；②以小组为单位，各组制订实施方案；③各组互相考问；④教师评价。

相关知识

安全净距；屋内配电装置；屋外配电装置；成套配电装置；开关柜；GIS。

一次设备是指直接生产、输送和分配电能的高电压、大电流的设备，如发电机、变压器、断路器、隔离开关、电力电缆、母线、输电线路、电抗器、避雷器、高压熔断器、电流互感器、电压互感器等。电气主接线是指将发电厂或变电站中的一次设备按功能要求连接起来，表示电能生产、汇集和分配的电路。配电装置是发电厂和变电站的重要组成部分，是发电厂和变电站电气主接线的具体体现，也是具体实现电气主接线功能的重要装置。

微课8.1

配电装置
概述

一、概述

1. 配电装置的作用

根据电气主接线的接线方式，由开关设备、母线装置、保护和测量电器、必要的辅助设备等构成，并按照一定技术要求建造而成的特殊电工建筑物，称为配电装置。

配电装置的作用是正常运行时进行电能的传输和再分配，故障情况下迅速切除故障部分恢复运行，对电力系统运行方式的改变以及对线路、设备的操作都在其中进行。因此，配电装置是发电厂和变电站用来接收和分配电能的重要组成部分。

2. 配电装置的类型

配电装置的形式，除与电气主接线及电气设备有密切关系外，还与周围环境、地形、地貌以及施工、检修条件、运行经验和习惯有关。随着电力技术不断发展，配电装置的布置情况也在不断更新。

配电装置的类型很多，大致可以分为以下几类：

（1）按电气设备安装地点分类，可分为屋内配电装置和屋外配电装置。

（2）按组装方式分类，可分为装配式配电装置和成套式配电装置。

（3）按电压等级分类，可分为低压配电装置（1kV以下）、高压配电装置（1～220kV）、超高压配电装置（330～750kV）、特高压配电装置（1000kV和直流±800kV）。

3. 配电装置的特点

屋内配电装置是将电气设备和载流导体安装在屋内，避开大气污染和恶劣气候的影响。其特点如下：

（1）由于允许安全净距小而且可以分层布置，因此占地面积较小。

（2）维修、巡视和操作在室内进行，不受气候影响。

（3）外界污秽的空气对电气设备影响较小，可减少维护的工作量。

（4）房屋建筑的投资较大。

屋外配电装置是将电气设备安装在露天场地基础、支架或构架上的配电装置，其特点如下：

（1）土建工作量和费用较小，建设周期短。

（2）扩建比较方便。

（3）相邻设备之间距离较大，便于带电作业。

（4）占地面积大。

（5）受外界环境影响，设备运行条件较差，需加强绝缘。

（6）不良气候对设备维修和操作有影响。

大、中型发电厂和变电站中，35kV 及以下电压等级的配电装置多采用屋内配电装置。110kV 及以上电压等级一般多采用屋外配电装置。但 110kV 及 220kV 装置有特殊要求（如变电站深入城市中心）和处于严重污秽地区（如海边和化工区）时，经过技术经济比较，也可以采用屋内配电装置。另外，SF₆ 封闭式组合电器（GIS 及 HGIS）也已在 110～500kV 配电装置中推广应用。

二、配电装置有关术语和图

1. 配电装置的有关术语

（1）安全净距。为了满足配电装置运行和检修的需要，各带电设备应相隔一定的距离。配电装置各部分之间，为确保人身和设备的安全所必须的最小电气距离，称为安全净距。我国 DL/T 5352—2018《高压配电装置设计规程》规定了屋内、屋外配电装置各有关部分之间最小安全净距，这些距离可分为 A、B、C、D、E 五类，见表 8-1、表 8-2 和图 8-1、图 8-2 中所示。在各种间隔距离中，最基本的是带电部分对接地部分之间和不同相的带电部分之间的空间最小安全净距，即所谓 A_1 和 A_2 值。在这一距离下，无论是在正常最高工作电压还是在出现内、外过电压时，都不致使空气间隙击穿。

安全净距取决于电极的形状、过电压的水平、防雷保护、绝缘等级等因素，A 值可以根据电气设备标准试验电压和相应电压与最小放电距离试验曲线确定。

一般来说影响 A 值的因素：220kV 以下电压等级的配电装置，大气过电压起主要作用；330kV 及以上电压等级的配电装置，内部过电压起主要作用。采用残压较低的避雷器时，A_1 和 A_2 值可减小。

在设计配电装置确定带电导体之间和导体对接地、构架的距离时，还要考虑减少相间短路的可能性及减少电动力。例如：软绞线在短路电动力、风摆、温度等因素作用下，使相间及对地距离的减小；隔离开关开断允许电流时，不致发生相间和接地故障；减小大电流导体附近的铁磁物质的发热。对 110kV 及以上电压等级的配电装置，还要考虑减少电晕损失、带电检修等因素，故工程上采用的安全净距，通常大于表 8-1～表 8-3 中的数值。

表 8-1			屋内配电装置的最小安全净距								mm

符号	适应范围	图号	系统标称电压（kV）								
			3	6	10	15	20	35	66	110J	220J
A_1	带电部分至接地部分之间	5.1.4-1	75	100	125	150	180	300	550	850	1800

续表

符号	适应范围	图号	系统标称电压（kV）								
			3	6	10	15	20	35	66	110J	220J
A_1	网状和板状遮栏向上延伸线距地 2.3m 处与遮栏上方带电部分之间	5.1.4-1	75	100	125	150	180	300	550	850	1800
A_2	不同相的带电部分之间	5.1.4-1	75	100	125	150	180	300	550	900	2000
	断路器和隔离开关的断口两侧引线带电部分之间										
B_1	栅状遮栏至带电部分之间	5.1.4-1	825	850	875	900	930	1050	1300	1600	2550
	交叉的不同时停电检修的无遮栏带电部分之间	5.1.4-2									
B_2	网状遮栏至带电部分之间	5.1.4-1	175	200	225	250	280	400	650	950	1900
C	无遮栏裸导体至地（楼）面之间	5.1.4-1	2500	2500	2500	2500	2500	2600	2850	3150	4100
D	平行的不同时停电检修的无遮栏裸导体之间	5.1.4-1	1875	1900	1925	1950	1980	2100	2350	2650	3600
E	通向屋外的出线套管至屋外通道的路面	5.1.4-2	4000	4000	4000	4000	4000	4000	4500	5000	5500

注：110J、220J 系指中性点有效接地电网。

表 8-2　　　　3kV～500kV 屋外配电装置的最小安全净距　　　　mm

符号	适应范围	图号	系统标称电压（kV）									备注
			3～10	15～20	35	66	110J	110	220J	330J	500J	
A_1	1. 带电部分至接地部分之间；2. 网状遮栏向上延伸线距地 2.5m 处与遮栏上方带电部分之间	5.1.2-1 5.1.2-2	200	300	400	650	900	1000	1800	2500	3800	—
A_2	1. 不同相的带电部分之间；2. 断路器和隔离开关的断口两侧引线带电部分之间	5.1.2-1 5.1.2-3	200	300	400	650	1000	1100	2000	2800	4300	—
B_1	1. 设备运输时，其外廓至无遮栏带电部分之间；2. 交叉的不同时停电检修的无遮栏带电部分之间；3. 栅状遮栏至绝缘体和带电部分之间	5.1.2-1 5.1.2-2 5.1.2-3	950	1050	1150	1400	1650	1750	2550	3250	4550	$B_1=A_1+750$
B_2	网状遮栏至带电部分之间	5.1.2-2	300	400	500	750	1000	1100	1900	2600	3900	$B_2=A_1+70+30$
C	1. 无遮栏裸导体至地面之间；2. 无遮栏裸导体至建筑物、构筑物顶部之间	5.1.2-2 5.1.2-3	2700	2800	2900	3100	3400	3500	4300	5000	7500①	$C=A_1+2300+200$
D	1. 平行的不同时停电检修的无遮栏带电部分之间；2. 带电部分与建筑物、构筑物的边沿部分之间	5.1.2-1 5.1.2-2	2200	2300	2400	2600	2900	3000	3800	4500	5800	$D=A_1+1800+200$

表 8-3 　　　　　　　　　750kV、1000kV 屋外配电装置的最小安全净距　　　　　　　　　mm

符号	适应范围	图号	系统标称电压（kV）		备注
			750J	1000J	
A_1'	带电导体至接地架构	5.1.2-4 5.1.2-5	4800	6800（分裂导线至接地部分、管形导体至接地部分）	—
A_1''	带电设备至接地架构	5.1.2-5	5500	7500（均压环至接地部分）	—
A_2	带电导体相同	5.1.2-1 5.1.2-3 5.1.2-4	7200	9200（分裂导线至分裂导线） 10100（均压环至均压环） 11300（管形导体至管形导体）	—
B_1	1. 带电导体至栅栏； 2. 运输设备外轮廓至带电导体； 3. 不同时停电检修的垂直交叉导体之间	5.1.2-1 5.1.2-2 5.1.2-3 5.1.2-4 5.1.2-5	6250	8250	$B_1=A_1+750$
B_2	网状遮栏至带电部分之间	5.1.2-2	5600	7600	$B_2+A_1+70+30$
C	带电导体至地面	5.1.2-2 5.1.2-3	12000	17500（单根管形导体） 19500（分裂架空导线）	C 值由地面场强确定
D	1. 不同时停电检修的两平行回路之间水平距离； 2. 带电导体至围墙顶部； 3. 带电导体至建筑物边缘	5.1.2-1 5.1.2-2	7500	9500	$D=A_1+1800+200$

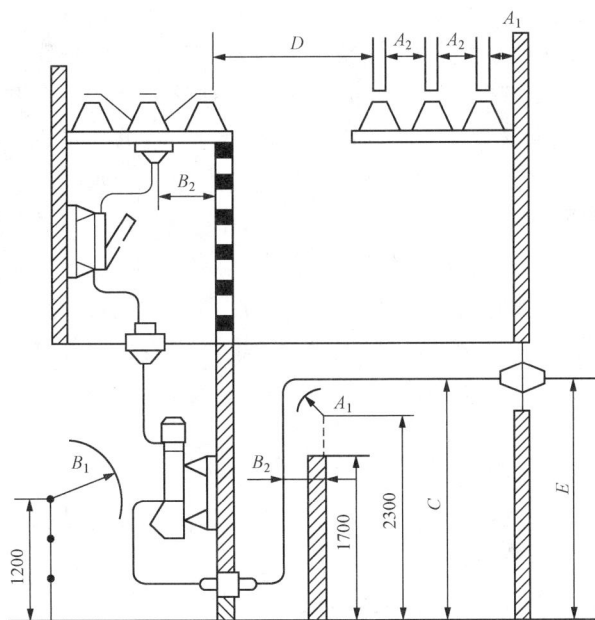

图 8-1　屋内配电装置安全净距校验图（尺寸单位：mm）

（2）间隔。间隔是配电装置中最小的组成部分，它是为了将设备故障的影响限制在最小的范围内，以免波及相邻的电气回路以及在检修其中的电器时，避免检修人员与邻近回路的电器接触。其大体上对应主接线图中的接线单元，以主设备为主，加上附属设备一整套电气设备称为间隔。

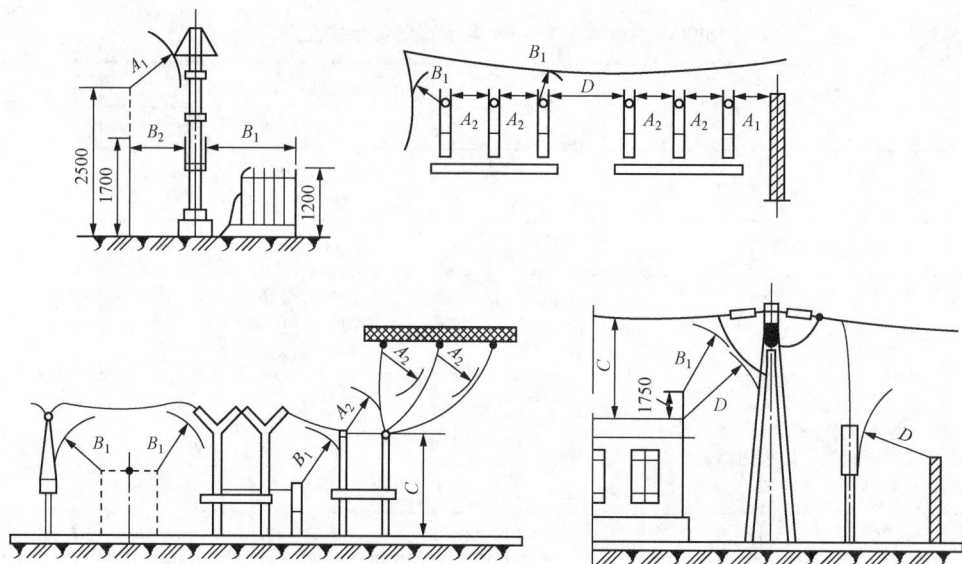

图 8-2　屋外配电装置安全净距校验图（尺寸单位：mm）

在发电厂或变电站内，间隔是指一个完整的电气连接，包括断路器、隔离开关、电流互感器、电压互感器、端子箱等。根据不同设备的连接所发挥的功能不同又有很大的差别，比如有主变压器间隔、母线设备间隔、母联断路器间隔、出线间隔等。例如出线以断路器为主设备，所有相关其他设备，包括接地开关、电流互感器、端子箱等，均为一个电气间隔。母线则以母线为一个电气间隔。对主变压器来说，以本体为一个电气间隔，至于各侧断路器各为一个电气间隔。GIS 由于特殊性，电气间隔不容易划分，但是基本上也是按以上规则划分的。至于开关柜等以柜盘形式存在的，则以一个柜盘为一个电气间隔。

（3）层。层是指设备布置位置的层次。配电装置有单层、两层、三层布置。

（4）列。一个间隔断路器的排列次序即为列。配电装置有单列式布置、双列式布置、三列式布置。双列式布置是指该配电装置纵向布置有两组断路器及附属设备。

（5）通道。为便于设备的操作、检修和搬运，配电装置在布置时设置了维护通道、操作通道、防爆通道。凡用来维护和搬运各种电器的通道，称为维护通道；如通道内设有断路器（或隔离开关）的操动机构、就地控制屏等，称为操作通道；仅和防爆小室相通的通道，称为防爆通道。

2. 表示配电装置的图

为了表示整个配电装置的结构、电气设备的布置以及安装情况，一般采用三种图进行说明，即平面图、断面图、配置图。

（1）平面图。平面图按照配电装置的比例进行绘制，并标出尺寸；图中标出房屋轮廓、配电装置间隔的位置与数量、各种通道与出口、电缆沟等。平面图上的间隔不标出其中所装设备。

（2）断面图。断面图按照配电装置的比例进行绘制，用以校验其各部分的安全净距（成套配电装置内部除外）；图中表示配电装置典型间隔的剖面，表明间隔中各设备具体的布置以及相互之间的联系。

（3）配置图。配置图是一种示意图，可不按照比例进行绘制，主要用于了解整个配电装置中设备的布置、数量、内容；对应平面图的实际情况，图中标出各间隔的序号与名称、设备在各间隔内布置的轮廓、进出线的方式与方向、通道名称等。

三、屋内配电装置

（一）屋内配电装置分类

屋内配电装置的结构形式除与电气主接线、电压等级、母线容量、断路器形式、出线回路数、出线方式及有无电抗器等有密切关系外，还与施工、检修条件和运行经验有关。随着新设备和新技术的采用，运行和检修经验的不断丰富，配电装置的结构和形式将会不断地发展。

屋内配电装置按其布置形式可分为以下三类：

（1）单层式：一般用于出线不带电抗器的配电装置，所有的电气设备布置在单层房屋内。单层式占地面积较大，通常可以采用成套开关柜，主要用于单母线接线、中小容量的发电厂和变电站。

（2）二层式：一般用于出线有电抗器的情况，将所有电气设备按照轻重分别布置，较重的设备如断路器、限流电抗器、电压互感器等布置在一层，较轻的设备如母线和母线隔离开关布置在二层。其结构简单，具有占地较少、运行与检修较方便、综合造价较低等特点。

（3）三层式：将所有电气设备依其轻重分别布置在三层中，具有安全可靠性高、占地面积小等特点，但其结构复杂、施工时间长、造价高、检修和运行很不方便，因此目前我国很少采用三层式屋内配电装置。

（二）装配式屋内配电装置的布置要求

在进行电气设备配置时，首先应从整体布局上考虑，满足以下要求：

（1）同一回路的电气设备和载流导体布置在同一间隔内，保证检修安全和限制故障范围。

（2）在满足安全净距要求的前提下，充分利用间隔位置。

（3）较重的设备如电抗器、断路器等布置在底层，减轻楼板荷重，便于安装。

（4）出线方便，电源进线尽可能布置在一段母线的中部，减少通过母线截面的电流。

（5）布置清晰，力求对称，便于操作，容易扩建。

下面仅就具体设备、间隔、小室和通道等介绍装配式屋内配电装置的几个有关问题。

1. 母线及隔离开关

母线一般布置在配电装置的上部，有水平布置、垂直布置和三角布置三种方式。母线水平布置可以降低配电装置高度，便于安装，通常在中小型发电厂或变电站中采用。母线垂直布置，一般用隔板隔开，其结构复杂，且增加配电装置的高度，一般适用于 20kV 以下、短路电流较大的发电厂或变电站。母线三角形布置适用于 10～35kV 大、中容量的配电装置中，结构紧凑，但外部短路时各相母线和绝缘子机械强度均不相同。

母线相间距离 a 取决于相间电压、短路时母线和绝缘子的机械强度及安装条件等。6～10kV 母线水平布置时，a 为 250～350mm；垂直布置时，a 为 700～800mm。35kV 母线水平布置时，a 约为 500mm；110kV 母线水平布置时，a 为 1200～1500mm。同一支路母线的相间距离应尽量保持不变，以便于安装。

双母线或分段母线布置中，两组母线之间应设隔板（墙），以保证有一组母线故障或检修时不影响另一组母线工作。为避免温度变化引起硬母线产生危险应力，当母线较长时应安装母线温度补偿器，一般铝母线每 20～30m 设一个补偿器、铜母线每 30～50m 设一个补偿器。

母线隔离开关一般安装在母线的下方，母线与母线隔离开关之间应设耐热隔板，以防母线隔离开关误操作引起的飞弧造成母线故障。两层以上的配电装置中，母线隔离开关宜单独布置在一个小室内。

2. 断路器及其操动机构

断路器通常设在单独的小室内。按照油量及防火防爆的要求，断路器（含油设备）小室的形式可分为敞开式、封闭式及防爆式。敞开式小室完全或部分使用非实体的隔板或遮栏；封闭式小室四壁用实体墙壁、顶盖和无网眼的门完全封闭；若封闭式小室的出口直接通向屋外或专设的防爆通道，则为防爆式小室。

一般 35kV 及以下的屋内断路器和油浸互感器，宜安装在开关柜内或用隔板（混凝土墙或砖墙）隔开的单独小间内；35～220kV 屋内断路器与油浸互感器则应安装在用防爆隔板隔开的单独小间内，当间隔内单台电气设备总油量在 100kg 以上时，应设储油或挡油设施。

断路器的操动机构与断路器之间应该使用隔板隔开，其操动机构布置在操作通道内。手动操动机构均安装在壁上；重型远距离控制操动机构则装在混凝土基础上。

3. 互感器和避雷器

电流互感器无论是干式或油浸式，都可以和断路器放在同一小室内，并且应尽量作为穿墙套管使用，以减少配电装置体积与造价。

电压互感器经隔离开关和熔断器接到母线上，它需占用专门的间隔，但在同一间隔内，可装设几个不同用途的电压互感器。

当母线接有架空线路时，母线应装避雷器，电压互感器与避雷器可共用一个间隔，两者之间应采用隔板（隔层）隔开，并可共用一组隔离开关。

4. 电抗器

限流电抗器因其质量大，一般布置在配电装置第一层的电抗器小室内。电抗器室的高度应考虑电抗器吊装要求，并具备良好的通风散热条件。按容量其不同有三种不同的布置：三相垂直、品字形和三相水平布置，如图 8-3 所示。通常线路电抗器采用垂直或品字形布置。当电抗器的额定电流超过 1000A、电抗值超过 5%～6% 时，宜采用品字形布置。额定电流超过 1500A 的母线分段电抗器或变压器低压侧的电抗器，则采用水平布置。

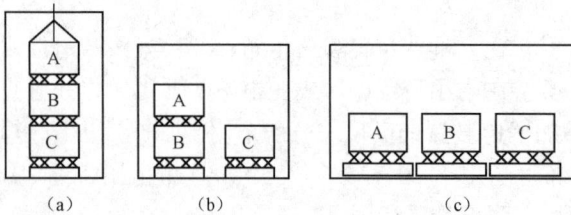

图 8-3 电抗器的布置方式

（a）垂直布置；（b）品字形布置；（c）水平布置

由于 B 相电抗器绕组绕线方向与 A、C 两相电抗器绕组绕线方向相反，为保证电抗器动稳定，在采用垂直或品字形布置时，只能采用 A、B 或 B、C 两相电抗器上下相邻叠装，而不允许 A、C 两相电抗器上下相邻叠装在一起。为减少磁滞与涡流损失，不允许将固定电抗器的支柱绝缘子基础上的铁件及其接地线等构成闭合环形连接。

5. 电容器室

运行经验表明，1000V 及以下的电容器可不另行单独设置低压电容器室，而将低压电容器柜与低压配电柜布置在一起。

高压电容器室的大小主要由电容器容量和对通道的要求所决定，通道最小宽度要求应满足表 8-4 中的规定。电容器的建筑面积，可按每 100kvar 约需 4.5m² 估算。电容器室应有良好的自然通风，如不能保证室内温度不超过 40℃ 时，应增设机械通风装置。若电容器容量不大时，可考虑设置在高压配电装置或无人值班的高低压配电室内。

表 8-4	配电装置室内各种通道最小宽度（净距）			mm

通道分类 布置方式	维护通道	操作通道		防爆通道
		固定式	手车式	
一面有开关设备	800	1500	单车长+900	1200
二面有开关设备	1000	2000	双车长+600	1200

6. 变压器室

变压器室的最小尺寸根据变压器外形尺寸和变压器外廓至变压器室内四壁应保持的最小距离而定，按规程规定不应小于表 8-5 中所列的数值（对照图 8-5）。

表 8-5	变压器外廓与变压器室四壁的最小距离		mm

变压器容量（kVA）	320 及以下	400～1000	1250 及以上
至后壁和侧壁净距 A	600	600	800
至大门净距 B	600	800	1000

变压器室的高度与变压器的高度、运行方式及通风条件有关。根据通风的要求，变压器室的地坪有抬高和不抬高两种。地坪不抬高时，变压器放置在混凝土的地面上，变压器的高度一般为 3.5～4.8m；地坪抬高时，变压器放置在抬高的地坪上，下面是进风洞，地坪抬高高度一般有 0.8、1.0m 和 1.2m 三种，变压器室高度一般也相应地增加为 4.8～5.7m。变压器室的地坪是否抬高由变压器的通风方式及通风面积所确定。当变压器室的进风窗和出风窗的面积不能满足通风条件时，就需抬高变压器室的地坪。

变压器室的进风窗因位置较低，必须加铁丝网以防小动物进入；出风窗因位置高于变压器，则需考虑用金属百叶窗来防挡风雪。

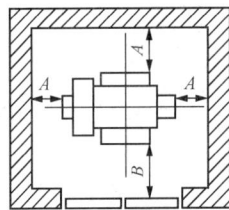

图 8-4 变压器室尺寸

当变电站内有两台变压器时，一般应单独安装在变压器室内，以防止一台变压器发生火灾时，影响另一台变压器的正常运行。变压器室允许开设通向电工值班室或高、低压配电室的小门，以便运行人员巡视，特别是严寒和多雨地区，此门的材料要采用非燃烧材料。对单个油箱油质量超过 1000kg 的变压器，其下面需设储油池或挡油墙，以免发生火灾，使灾情扩大。

变压器室大门的大小一般按变压器外廓尺寸再加 0.5m 计算。当一扇门的宽度大于 1.5m 时，应在大门上开设小门，小门宽 0.8m、高 1.8m，以便日常维护巡视之用。另外，布置变压器室时，应避免大门朝西。

7. 电缆构筑物

电缆隧道及电缆沟是用来放置电缆的。电缆隧道为封闭狭长的构筑物，高 1.8m 以上，两侧设有数层敷设电缆的支架，可放置较多的电缆，人在隧道内能方便地进行电缆的敷设和维修工作。但其造价较高，一般用于大型电厂主厂房内。电缆沟则为有盖板的沟道，沟宽与深为 1m 左右，敷设和维修电缆必须揭开盖板，很不方便。沟内容易积灰和积水，但土建施工简单、造价较低，常为变电站和中、小型电厂所采用。

众多事故证明，电缆发生火灾时，烟火向室内蔓延，将使事故扩大。故电缆隧道（沟）在进入建筑物（包括控制室和开关室）处，应设带门的耐火隔墙（电缆沟只设隔墙），同时也可以防止小动物进入室内。

8. 通道和出口

配电装置的布置应便于设备操作、检修和搬运，故需设置必要的通道。一般情况下，维护通道最小宽度应比最大搬运设备宽 0.4～0.5m；操作通道的最小宽度为 1.5～2.0m；防爆通道的最小宽度为 1.2m。

为了保证运行人员的安全及工作便利，不同长度的屋内配电装置室，应有一定数目的出口。当配电装置的长度大于 7m 时，应有两个出口（最好设在两端）；当长度大于 60m 时，在中部宜适当增加一个出口。同时配电装置室的门应向外开，并装弹簧锁，相邻配电装置室之间如有门，应能向两个方向开启。

（三）屋内配电装置实例

1. 35kV 单层式屋内配电装置

35kV 单母线分段接线、单层、二通道布置的配电装置出线断面图如图 8-5 所示。

该配电装置中，断路器、线路隔离开关与母线、母线隔离开关分别设在前后间隔中，中间以隔墙隔开，可减小事故影响范围；所有电器均布置在较低的位置，施工、维护、检修都较方便；母线采用三相水平布置方式；断路器为单列布置，采用 SN10-35 型少油断路器，具有体积小、质量轻、占地面积小和投资省的优点；间隔前后设有操作和维护通道，隔离开关和断路器均在操作通道内操作；通道外墙上开窗，采光、通风都较好。缺点是单列布置的通道较长，巡视不如双列布置方便；对母线隔离开关监视不便；架空进线回路的引入（由图 8-5 中右侧引入）要跨越母线，母线上方需设网状遮栏。

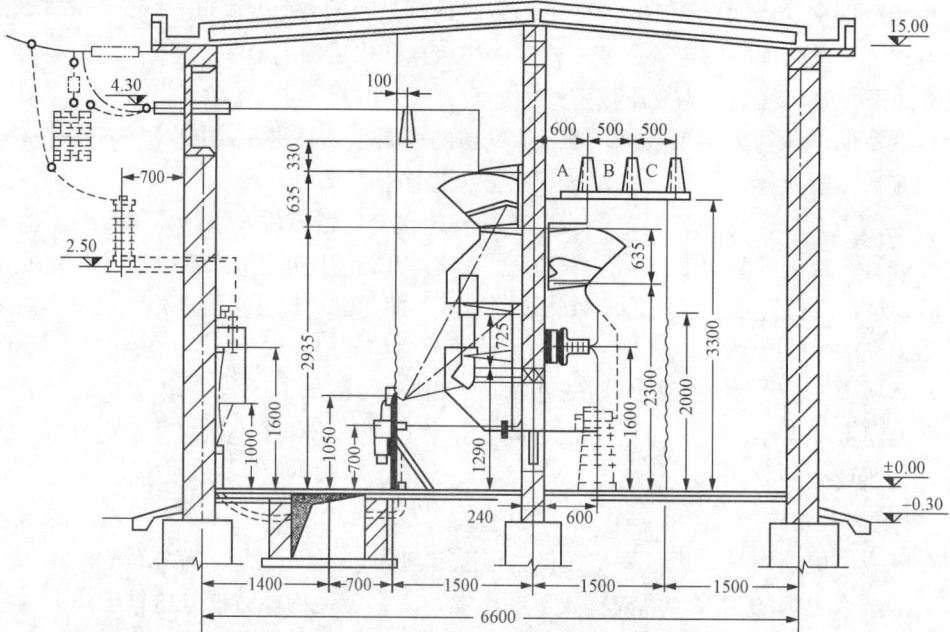

图 8-5　35kV 单母线分段接线、单层、二通道布置的配电装置出线断面图（尺寸单位：mm）

2. 6～10kV 二层式屋内配电装置

图 8-6 所示为 6～10kV 工作母线分段的双母线、出线带电抗器、断路器双列布置的二层式屋内配电装置配置图。断路器双列布置，即断路器排成两列（与母线平行），分别布置在主母线的两侧。

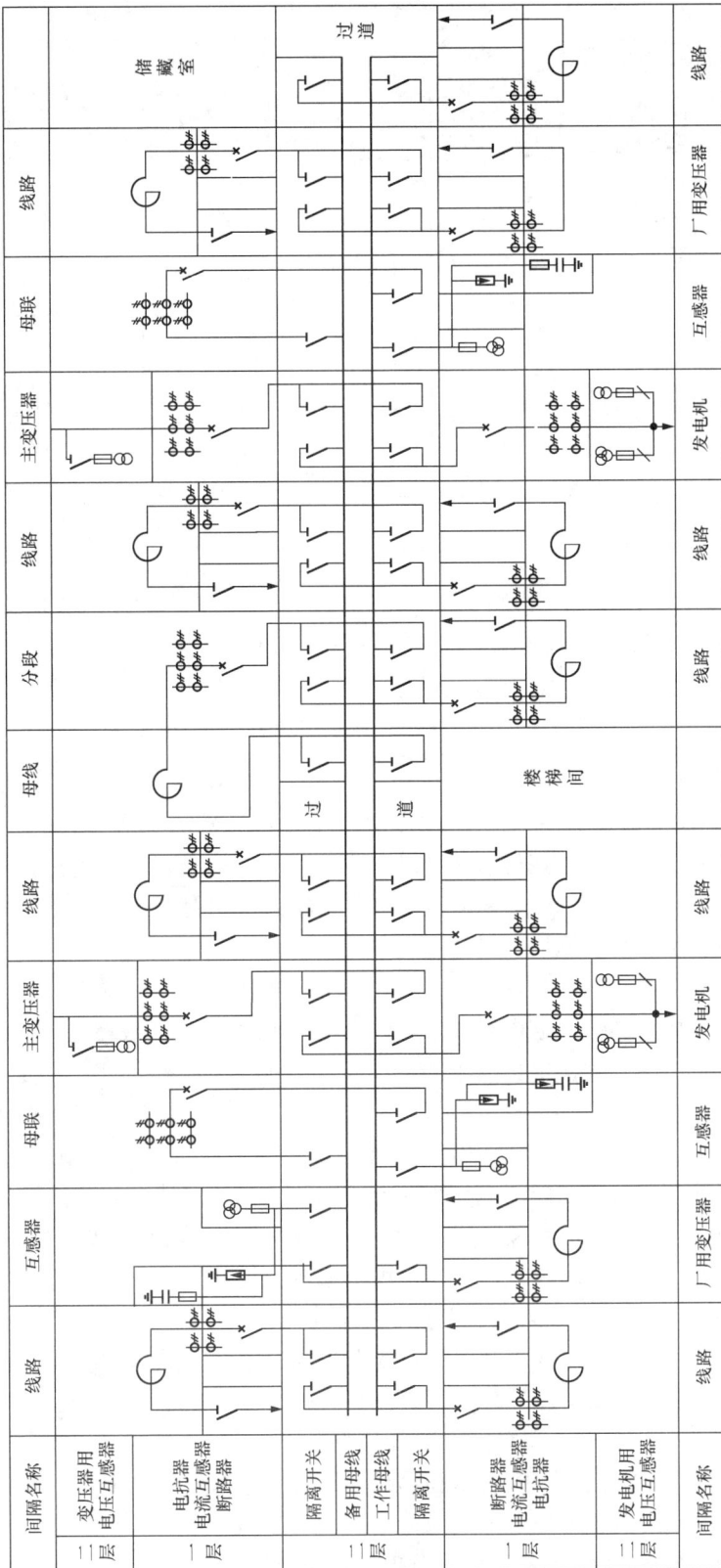

图 8-6 6~10kV 工作母线分段的双母线、出线带电抗器、断路器双列布置的二层式屋内配电装置配置图

间隔名称		线路	互感器	母联	主变压器	线路	母线	分段	线路	主变压器	母联	厂用变压器	线路
二层	变压器用电压互感器												
一层	电抗器互感器断路器												
二层	隔离开关	备用母线											
	工作母线												
一层	隔离开关												
一层	断路器电流互感器电抗器												
二层	发电机用电压互感器												
间隔名称		线路	厂用变压器	互感器	发电机	线路		线路	发电机	互感器	厂用变压器	线路

图 8-7 所示为 6～10kV 双母线接线、出线带电抗器、二层、二通道的配电装置进出线断面图。

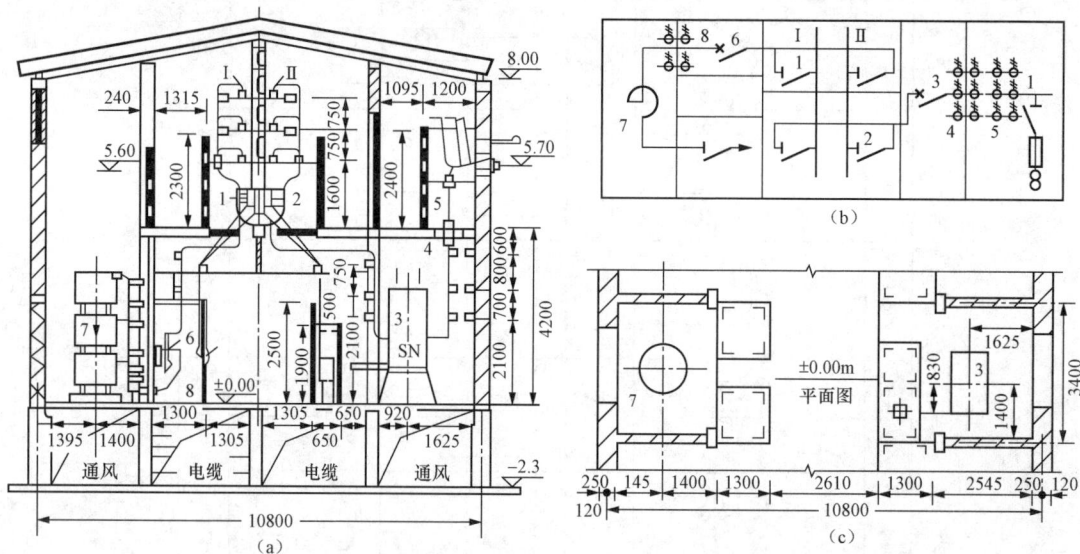

图 8-7　6～10kV 双母线接线、出线带电抗器、二层、二通道的配电装置

进出线断面图、配置图和底层平面图（单位：mm）

（a）断面图；（b）配置图；（c）底层平面图

1、2—隔离开关；3、6—断路器；4、5、8—电流互感器；7—电抗器

　　第二层布置母线Ⅰ、Ⅱ和母线隔离开关 1、2，均呈单列布置。母线三相垂直排列，相间距离为 750mm，两组母线用隔板隔开；母线隔离开关装在母线下方的敞开小间中，两者之间用隔板隔开，以防事故蔓延；在母线隔离开关下方的楼板上开有较大的孔洞，其引下导体可免设穿墙套管，而且便于操作时对隔离开关观察；第二层中有两个维护通道，在母线隔离开关靠通道的一侧，设有网状遮栏，以便巡视。

　　第一层布置断路器 3、6 和电抗器 7 等笨重设备，断路器为双列布置，中间为操作通道，断路器及隔离开关均在操作通道内操作，比较方便；电流互感器 4、5、8 采用穿墙式，兼作穿墙套管；出线电抗器布置在电抗器小间，小间与出线断路器沿纵向前后布置，电抗器垂直布置，下部有通风道，能引入冷空气（经底座上的孔进入小间），而热空气则从靠外墙上部的百叶窗排出；出线采用电缆经电缆沟引出，变压器（或发电机）回路采用架空线引入。

　　该配电装置的主要缺点是：①上、下层发生的故障会通过楼板的孔洞相互影响；②母线呈单列布置增加了配电装置的长度，可能给后期扩建机组与配电装置的连接造成困难；③配电装置通风较差，需采用机械通风装置。

　　这种形式的配电装置适用于短路冲击电流值在 20kA 以下的大、中型变电站或机组容量在 50MW 以下的发电厂。

四、屋外配电装置

（一）屋外配电装置的类型

　　根据电气设备和母线布置特点，屋外配电装置一般可分为中型、半高型和高型三种类型。

　　（1）中型配电装置：将所有电气设备都安装在同一水平面内，并装在一定高度（2～2.5m）

的基础上，使带电部分对地保持必要的高度，以便工作人员能在地面安全地活动。

中型配电装置按照隔离开关的布置方式可分为普通中型和分相中型。普通中型配电装置的母线下方不布置任何电气设备；分相中型配电装置的母线下方将布置安装各相母线的隔离开关。普通中型配电装置母线所在的水平面稍高于电气设备所在的水平面，母线与各种电气设备之间无上下重叠布置，所以安装、维护和运行等方面都比较方便，并具有较高的可靠性，在我国已有几十年的运行历史，积累了较丰富的经验。但是，因占地面积过大，逐渐被分相中型配电装置代替。分相中型配电装置具有节约用地、简化架构、节省钢材等优点。地震基本烈度8级及以上地区或土地贫瘠地区可采用中型配电装置。

（2）半高型配电装置：将母线及其隔离开关的安装位置抬高，使断路器、电流互感器等设备布置在母线下面，构成母线与断路器、电流互感器等设备的重叠布置。半高型配电装置具有布置紧凑、接线清晰、占地少、钢材消耗量与普通中型配电装置相近等特点。这种配电装置中的各种电气设备上方除装有母线之外，其余的布置情况均与中型配电装置相似，故能适应运行、检修人员的习惯与需要。因此，半高型配电装置自20世纪60年代开始出现以来，各项工程中采用了多种布置方式，使这种配电装置的设计日趋完善，并具备了一定的运行经验。因此，除市区和地震基本烈度为8级及以上地区，一般宜优先选用半高型配电装置。

（3）高型配电装置：是指将两组母线上、下重叠布置，两组母线隔离开关也上下重叠布置，而断路器为双列布置，两个回路合用一个间隔，因而使占地面积大大缩小。高型布置的缺点是钢材消耗大，土建投资多，安装、维护和运行条件差，上层母线发生短路故障时可能引起下层母线故障等。因此，高型配电装置主要用于农作物高产地区、人多地少地区和场地面积受到限制的地区，但在地震基本烈度为8级及以上地区不宜采用。

（二）屋外配电装置的布置要求

1. 母线及构架

屋外配电装置的母线有软母线和硬母线两种。软母线为钢芯铝绞线、软管母线和分裂导线，三相呈水平布置，用悬式绝缘子悬挂在母线构架上。硬母线常用的有矩形、管形和分裂管形。矩形硬母线用于35kV及以下的配电装置中；管形硬母线则用于60kV及以上的配电装置中；管形硬母线一般采用支柱式绝缘子，安装在支柱上。管形母线不会摇摆，相间距离可缩小，与剪刀式隔离开关配合可以节省占地面积，但抗震能力较差。由于强度关系，硬母线档距不能太大，一般不能上人检修。

屋外配电装置的构架，可由型钢或钢筋混凝土制成。钢构架经久耐用，机械强度大，可以按任何负荷和尺寸制造，便于固定设备，抗震能力强，运输方便，但钢结构金属消耗量大，需要经常维护。因此，全钢结构使用较少。钢筋混凝土构架可以节约大量钢材，也可满足各种强度和尺寸的要求，经久耐用，维护简单。钢筋混凝土环形杆可以在工厂成批生产，并可分段制造，运输和安装比较方便，但不便于固定设备。以钢筋混凝土环形杆和镀锌钢梁组成的构架，兼顾了两者的优点，目前已在我国220kV及以下的各类配电装置中广泛采用。

2. 电力变压器

变压器基础一般做成双梁并铺以铁轨，轨距等于变压器的滚轮中心距。为了防止变压器发生事故时，燃油流散使事故扩大，单个油箱油量超过1000kg以上的变压器，按照防火要求，

在设备下面需设置储油池或挡油墙，其尺寸应比设备外廓大 1m，储油池内一般铺设厚度不小于 0.25m 的卵石层。

汽机房、屋内配电装置楼、主控制楼及网络控制楼与变压器的间距不宜小于 10m；当其间距小于 10m 时，汽机房、屋内配电装置楼、主控制楼及网络控制楼与变压器的外墙不应开设门窗、洞口或采取其他防火措施。当变压器油重超过 2500kg 时，两台变压器之间的防火净距不应小于 5～10m，如布置有困难，应设防火墙。

3. 电气设备的布置

（1）断路器：按照断路器在配电装置中所占据的位置，可分为单列（断路器集中布置在主母线的一侧）、双列（断路器布置在主母线两侧）和三列（断路器在进出线方向均呈三列布置）布置；断路器的各种排列方式，必须根据主接线、场地地形条件、总体布置和出线方向等多种因素合理选择。

断路器有低型和高型两种布置。低型布置的断路器放在 0.5～1m 的混凝土基础上。低型布置的优点是检修比较方便、抗震性能好，但必须设置围栏，因而影响通道的畅通。一般中型配电装置把断路器安装在约高 2m 的混凝土基础上，断路器的操动机构需装在相应的基础上，采用高式布置。

（2）隔离开关和互感器：均采用高式布置，其要求与断路器相同。隔离开关的手动操动机构装在其靠边一相基础的一定高度上。为了保证电器和母线检修安全，每段母线应设 1～2 组接地开关；断路器两侧的隔离开关和线路隔离开关的线路侧，应装设接地开关，接地开关应满足动、热稳定要求。

（3）避雷器：有高型和低型两种布置。110kV 及以上的阀型避雷器由于本身细长，如安装在 2m 高的支架上，其上面的引线离地面已达 5.9m，在进行试验时，拆装引线很不方便，稳定度也很差，因此，多采用落地布置，安装在 0.4m 的基础上，四周加围栏。磁吹避雷器及 35kV 的阀型避雷器形体矮小，稳定度较好，一般采用高型布置。目前，针对无间隙金属氧化物避雷器的特点和电力系统的具体情况，已很少采用阀型避雷器。在 110～500kV 的中性点有效接地电力系统中，金属氧化避雷器优越性明显，形体矮小、稳定度好，一般采用高式布置。

（4）电缆沟：屋外配电装置中电缆沟的布置，应使电缆所走的路径最短。电缆沟按其布置方向，可分为纵向和横向电缆沟。一般横向电缆沟布置在断路器和隔离开关之间，大型变电站的纵向电缆沟，因电缆数量较多，一般分为两路。

（5）其他：屋外环形道路应考虑扩建、运输大型设备的情况、变压器和消防设备的起吊等，应在主要设备近旁铺设行车道路。大、中型变电站内一般均应设置 3m 的环形道路，还应设置宽 0.8～1m 的巡视小道，以便运行人员巡视电气设备，电缆沟盖板可作为部分巡视小道。运输设备和屋外电气设备外绝缘体最低部分距地小于 2.5m，应设固定遮栏。带电设备的上、下方不能有照明、通信和信号线路跨越和穿过。

微课8.5

中型配电装置
实例

（三）屋外配电装置实例

屋外配单装置的结构型式与主接线、电压等级、容量、重要性有关，也与母线、开关等的类型相关，因此必须注意合理布置，保证最小安全净距，还需考虑带电检修的可能性。

1. 中型配电装置

（1）普通中型布置。图 8-8 所示为 220kV 双母线进出线带旁路接线的普通中型配电装置平面图、断面图，其中断面图为出线间隔。

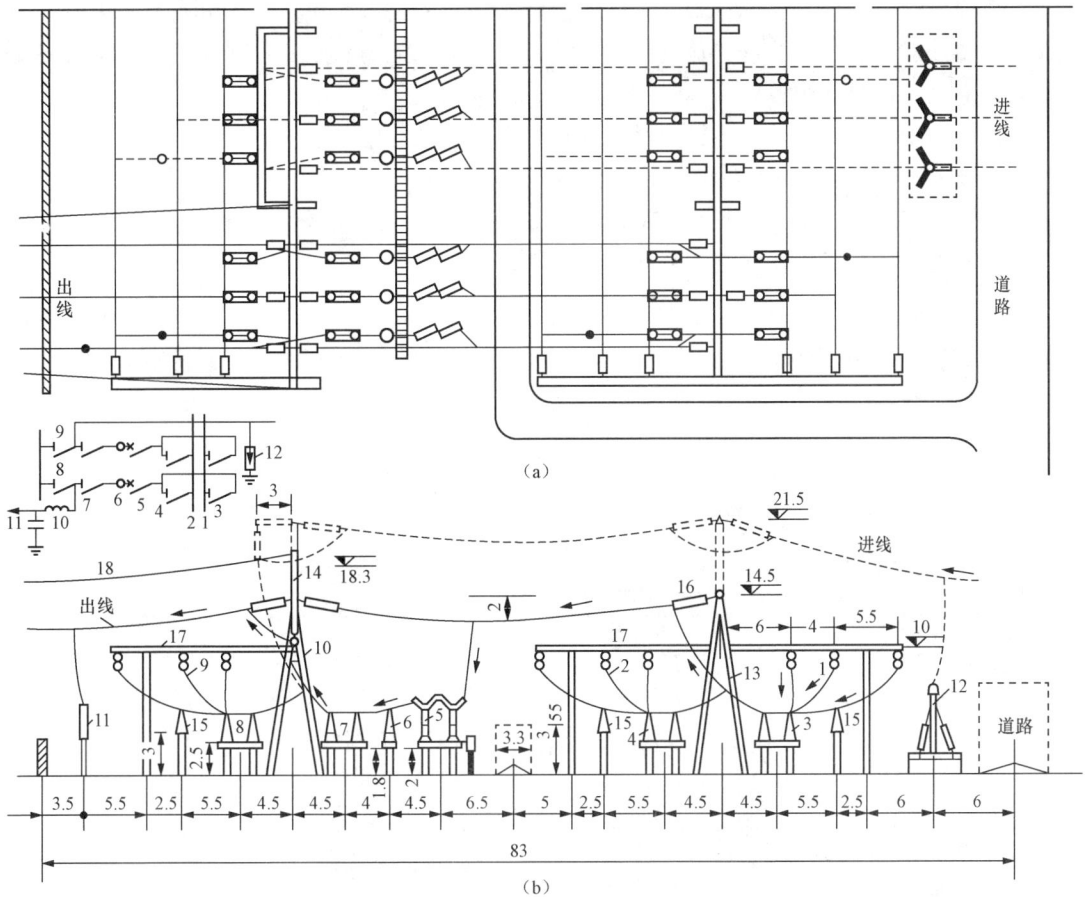

图 8-8　220kV 双母线进出线带旁路接线、合并母线架、断路器单列布置的
普通中型配电装置平、断面图（单位：m）
（a）平面图；（b）断面图

1、2、9—主母线和旁路母线；3、4、7、8—隔离开关；5—断路器；6—电流互感器；10—阻波器；
11—耦合电容；12—避雷器；13—中央门形架；14—出线门形架；15—支持绝缘子；
16—悬式绝缘子；17—母线构架；18—架空地线

图 8-8 所示的配电装置中，母线 1、2、9 采用钢芯铝绞线，用悬式绝缘子串悬挂在 II 型母线架 17 上；构架由钢筋混凝土环形杆组成，两个主母线架与中央门形架 13 合并，旁路母线架与出线门形架 14 合并，使结构简化；采用少油断路器和 GW4 型双柱式隔离开关，除避雷器 12 为低式布置外，所有电器均布置在 2~2.5m 高的基础上；母线隔离开关 3、4 和旁路隔离开关 8 布置在母线的侧面，母线的一个边相离隔离开关较远，故其引下线设有支柱绝缘子 15；断路器 5 与主母线架之间设有环形道，检修、搬运设备和消防均方便。由于断路器采用单列布置，该配电装置的主要缺点是进线（虚线表示）出现双层构架，跨越多，降低了可靠性，并增加投资。

由此可见，普通中型配电装置布置的特点是：①所有电器都安装在同一水平面上，并装在一定高度的基础上；②母线稍高于电器所在的水平面。普通中型配电装置的母线和电器完全不重叠。

普通中型配电装置布置的优点是：①布置较清晰，不易误操作，运行可靠；②构架高度较低，抗震性能较好；③检修、施工、运行方便，且已有丰富经验；④所用钢材少，造价较低。缺点主要是占地面积较大。

（2）分相中型布置。分相中型布置是指隔离开关分相直接布置在母线正下方。图8-9所示为500kV 3/2接线分相中型配电装置进出线间隔断面图。配电装置中采用硬圆管母线1，用支柱绝缘子安装在母线架上；采用GW6型单柱式隔离开关2，其静触头垂直悬挂在母线或构架上；并联电抗器9布置在线路侧，可减少跨越。

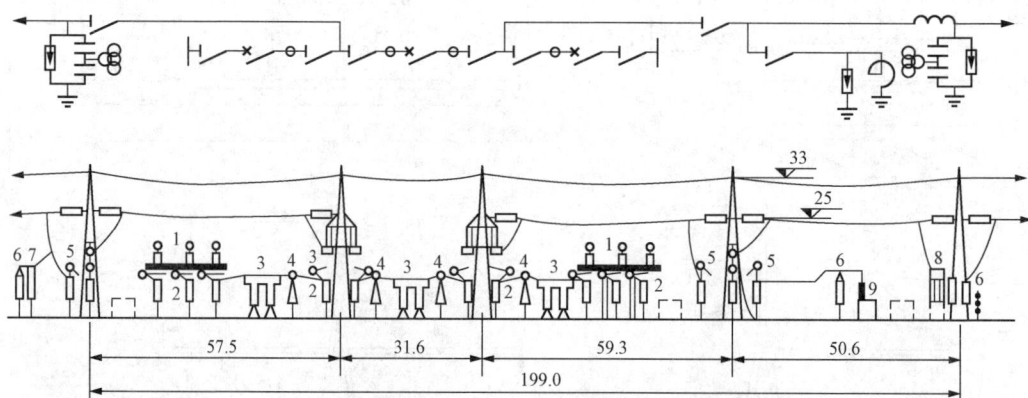

图8-9　500kV 3/2接线断路器三列布置的分相中型配电装置

进出线断面图（单位：m）

1—硬母线；2—单柱式隔离开关；3—断路器；4—电流互感器；5—双柱伸缩式隔离开关；

6—避雷器；7—电容式电压互感器；8—阻波器；9—并联电抗器

断路器3采用三列布置，且所有出线都从第一、二列断路器间引出，所有进线都从第二、三列断路器间引出，但当只有两台主变压器时，宜将其中一台主变压器与出线交叉布置，以提高可靠性。为了使交叉线不多占间隔，可与母线电压互感器及避雷器共占用两个间隔，以提高场地利用率。在每一间隔中设有两条相间纵向通道，在管型母线外侧各设一条横向通道，构成环形道路。为了满足检修机械与带电设备的安全净距及降低静电感应场强，所有带电设备的支架都抬高到使最低瓷裙对地距离在4m以上。

分相中型配电装置的优点是：①布置清晰、美观，可省去中央门型架，并避免使用双层构架，减少绝缘子串和母线的数量；②采用硬母线（管形）时，可降低构架高度，缩小母线相间距离，进一步缩小纵向尺寸；③占地少，较普通中型节约用地三分之一左右。其缺点主要是：①管形母线施工较复杂，且因强度关系不能上人检修；②使用的柱式绝缘子防污、抗震能力差。

2. 半高型配电装置

图8-10所示为110kV双母线进出线带旁路接线半高型配电装置出线断面图。该布置将两组主母线及母线隔离开关均分别抬高至同一高度，电气设备布置在一组主母线的下方，另一组主母线下方设置搬运通道；母线隔离开关的安装横梁上设有1m宽的圆钢格栅检修平台，并利用纵梁做行走通道；两组母线隔离开关之间采用铝排连接，以便对引下线加以固定；主变压器进线悬挂于构架15.5m的横梁上，跨越两组主母线后引入（图8-10中未表示）。

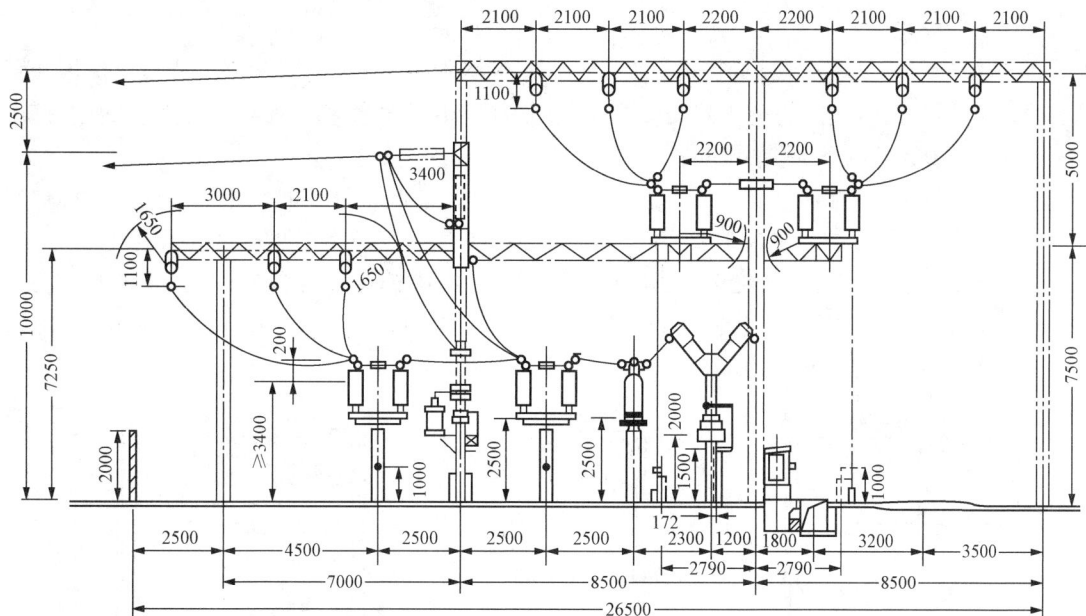

图 8-10　110kV 双母线进出线带旁路接线、断路器单列布置的半高型

配电装置出线断面图（单位：mm）

由此可见，半高型配电装置布置的优点是：①布置较中型紧凑，纵向尺寸较中型小；②占地为普通中型的 50%～70%，耗用钢材与中型接近；③施工、运行、检修条件比高型好；④母线不等高布置，实现进、出线均带旁路较方便。缺点与高型配电装置类似，但程度较轻。

五、成套式配电装置

成套配电装置是制造厂成套供应的设备，由制造厂预先按主接线的要求，将每一回线路的电气设备（如断路器、隔离开关、互感器等）装配在封闭或半封闭的金属柜中，构成各单元电路分柜（又称间隔），组合起来就构成整个配电装置。成套配电装置分低压成套配电装置、高压成套配电装置（又称高压开关柜）和 SF_6 全封闭式组合电器三类。

成套配电装置具有以下特点：

（1）成套配电装置有金属外壳（柜体）的保护，电气设备和载流导体不易积灰，便于维护，特别是对处在污秽地区时更为突出。

（2）成套配电装置易于实现系列化、标准化，具有装配质量好、速度快、运行可靠性高的特点。由于进行定型设计与生产，因此其结构紧凑、布置合理、缩小了体积和占地面积，降低了造价。

（3）成套配电装置的电气安装、线路敷设与变配电室的施工分开进行，缩短了基建时间。

微课8.6

装配式配电装置与成套式配电装置的区别

（一）低压成套配电装置

低压成套配电装置是电压为 1000V 及以下电网中用来接收和分配电能的成套配电设备。一般来说，低压成套配电装置可分为配电屏（盘、柜）和配电箱两类；按控制层次可分为配电总盘、分盘和动力、照明配电箱。

1. 低压配电屏

低压配电屏，又称配电柜或开关柜，是将低压电路中的开关电器、测量仪表、保护装置和辅助设备等，按照一定的接线方案安装在金属柜内，用来接受和分配电能的成套配电装置，广泛应用在 1000V 以下的供配电电路中。

我国生产的低压配电装置屏基本以固定式（即固定式低压配电屏）和手车式（又称抽屉式）低压开关柜两大类为主。主要产品有 GGD 型、GCS 型、MNS 型等低压配电屏。

（1）GGD 型固定式低压配电屏：属单面操作、双面维护的低压配电装置。其型号的含义为：G—交流低压配电柜；G—电器元件固定安装、固定接线；D—电力用柜。GGD 型交流低压配电屏的外形如图 8-11 所示。

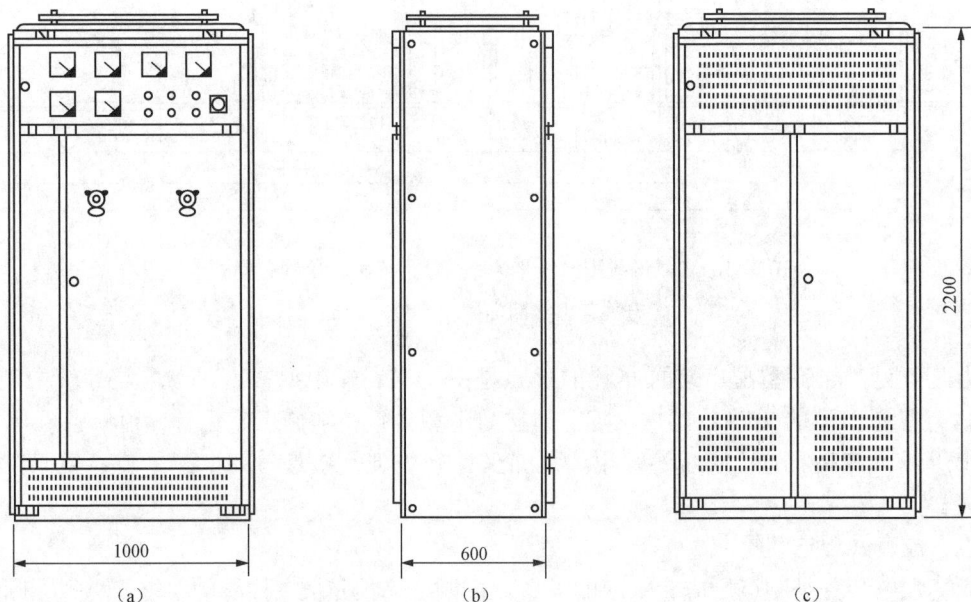

图 8-11 GGD 型交流低压配电屏外形（单位：mm）

（a）正面；（b）侧面；（c）背面

框架采用 8MF 冷弯型钢局部焊接组装而成，构架上有安装孔，可适应各种元器件装配；柜门采用整体单门或不对称双门结构，柜体后面采用对称式双门结构。柜门周边均加有橡胶密封条，可防止与柜体直接碰撞，防护等级为 IP30，柜门采用镀锌转轴式铰链与构架相连，安装、拆卸方便；柜体上部有一个小门，用于安装各类仪表、指示灯、控制开关等；柜体的下部、后上部和顶部均有不同数量的散热槽孔，当柜内电器元件发热后，热量上升，通过上端槽孔排出，而冷风不断地由下端槽孔补充进柜，使密封的柜体自下而上形成一个自然的通风道，达到散热的目的；主母线列在柜的上部后方，采用的 ZMJ 型母线夹是用高阻热合金材料热塑成形，机械强度高、绝缘性能好，长期允许温度可达 120℃，并设计成积木组合式，安装使用十分方便；闸刀开关的操动机构为万向节式的旋转机构，手柄可以拆卸，操作方向为左右旋转式，操作方便，增强了安全性；配电柜的零部件按模块原理设计，外形尺寸及开孔尺寸均按基本模数 $E=20mm$ 变化，柜内安装件均作镀锌防锈钝化处理；柜内的安装件与柜体构架间用接地滚花螺钉连接，构成完整的接地保护电路；柜体采用聚酯桔形烘漆喷涂，消除眩光，附着增强。

GGD 型交流低压配电屏具有动热稳定性好、组合方便、分断能力强、电气方案灵活、防护等级高等特点。GGD 型配电屏按其分断能力大小可分为Ⅰ、Ⅱ、Ⅲ型，最大分断能力分别为 15、30kA 和 50kA。其电路设计方案有 126 种，可以满足各方面的需要。

（2）GCS 型低压抽屉式开关柜，为密封式结构，正面操作、双面维护的低压配电装置。其型号的含义是：G—封闭式开关柜；C—抽出式；S—森源电气系统。

GSC 型低压抽屉式开关柜的结构如图 8-12 所示。装置的构架采用 CMF 型钢拼装和部分焊接两种结构形式，构架上有安装气孔；开关柜前面的门上装有仪表、控制按钮和低压断路器操作手柄。开关柜的功能室严格分开，功能相对独立，分为功能单元室、电缆室和母线室，电缆室内为二次线和端子排；功能室由抽屉组成，主要低压设备均安装在抽屉内；一个抽屉为一个独立功能单元，装置的每个柜内可以配置 11 个 1 单元抽屉或 22 个 1/2 单元抽屉。抽屉具有抽出式和固定式，可以任意组合、选用；功能单元的抽屉可以方便地实现互换，若回路发生故障时，可立即换上备用的抽屉，迅速恢复供电；抽屉进出线采用片式接插件，抽屉与电缆室的转接采用背板式结构的转接件或棒式结构的转接件；抽屉面板有合、断、试验、抽出等位置的明显标志。抽屉式设有机械连锁装置，可防误操作。

GCS 开关柜密封性能好，可靠性高，占地面积小，但钢材消耗较多，价格较高。它具有分断、接通能力强，电气方案灵活，动热稳定性好，组合方便，系列性、实用性强，结构新颖，防护等级高等特点，它将逐步取代固定式低压配电屏。

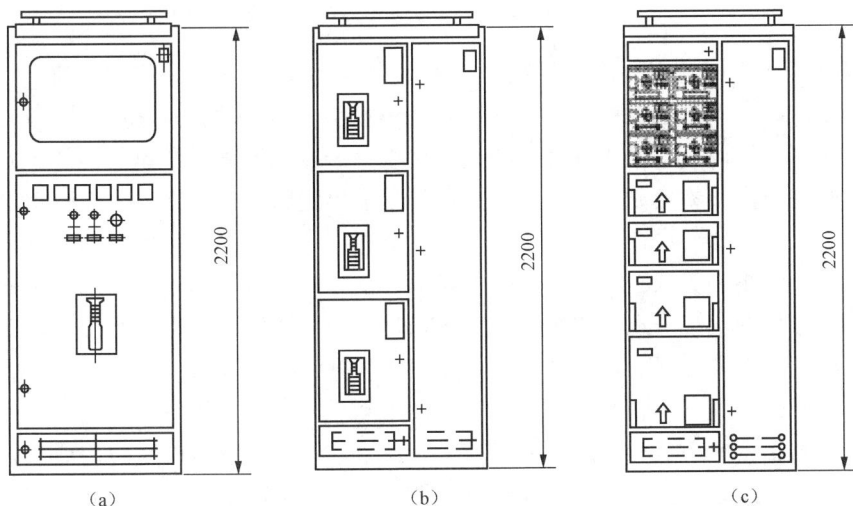

图 8-12 GCS 型低压抽屉式开关柜结构（单位：mm）

（a）受电、联络柜；（b）PC 柜；（c）MCC 柜

（3）MNS 型低压抽出式开关柜，为用标准模件组装的组合装配式结构。其型号含义为：M—标准模件；N—低压；S—开关配电设备。

开关柜设计紧凑，组装灵活，通用性强。开关柜的构架全部经过镀锌处理，按方案变化需要，加上相应的门、隔板以及母线、功能单元等零部件，组装成一台完整的低压开关柜。开关柜内零部件尺寸、隔室尺寸实行模数化（模数单位 E=25mm）。

MNS 型开关柜可分为动力配电中心柜 PC 和电动机控制中心柜 MCC 两种类型，如图 8-13 所示。动力配电中心柜采用 ME、F、M、AH 等系列断路器；电动机控制中心柜由大小抽屉组装而成，各回路主开关采用高分断塑壳断路器或旋转式带熔断器的负荷开关。

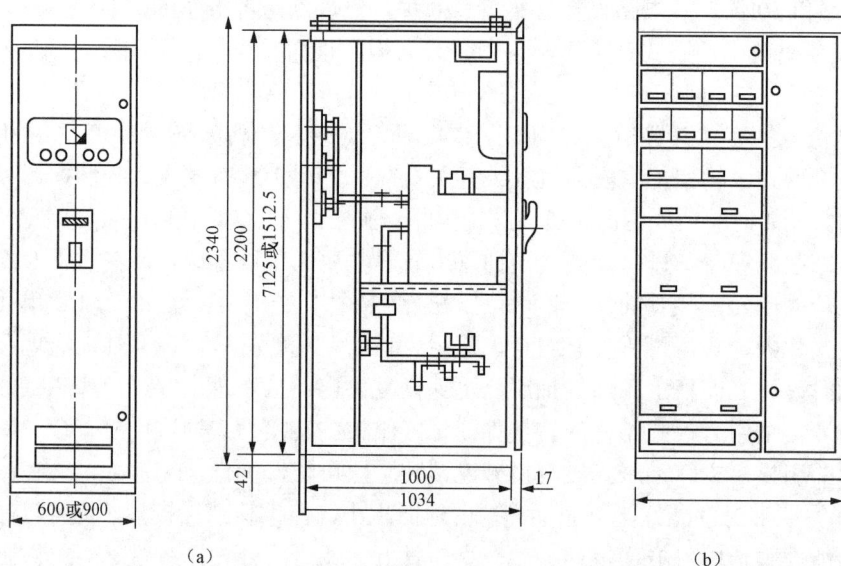

图 8-13　MNS 型低压抽出式开关柜（尺寸单位：mm）

（a）PC 柜；（b）抽出式 MCC

PC 柜内划分成四个隔室，水平母线隔室在柜的后部；功能单元隔室在柜前上部或柜前左边；电缆隔室在柜前下部或柜前右边；控制回路隔室在柜前上部。水平母线隔室与功能单元隔室、电缆隔室之间用三聚氰胺酚醛夹心板或钢板分隔；控制回路隔室与功能单元隔室之间用阻燃型聚氨酯发泡塑料模制罩壳分隔；左边的功能单元隔室与右边的电缆隔室之间用钢板分隔。

抽出式 MCC 柜内分成三个隔离室，即柜后部的水平母线隔室、柜前部左边的功能单元隔室、柜前部右边的电缆隔室。水平母线隔室与功能单元隔室之间用阻燃发泡塑料制成的壁分隔，电缆隔室与水平母线隔室、功能单元隔室之间用钢板分隔。

2. 照明、动力配电箱

低压配电箱相当于小型的封闭式配电盘（屏），供交流 50Hz、500V 户内或户外的动力和照明配电用，内部装有开关、闸刀、熔丝等部件，其尺寸大小多有不同，视内装部件的多少而定。

（1）照明配电箱。配电箱可以是板式，也可以是箱式。XM 类照明配电箱适用于非频繁操作照明配电用。采用封闭式箱结构，悬挂或嵌入式安装，内装小型断路器、漏电开关等电器，还有些配电箱内装有电能表和负荷开关。照明配电箱的盘面布置和盘后接线如图 8-14 所示。

目前常用配电箱的型号、安装方式、箱内电器及适用场合见表 8-6，表中照明配电箱的型号含义为：第一单元代表产品名称，X—低压配电箱；第二单元代表安装形式，X—悬挂式，R—嵌入式；第三单元代表用途，M—照明用。如 XM-34-2 的含义为：照明用的配电箱，方案型式号为 3，进线主开关极数为 4，出线回路数为 2。

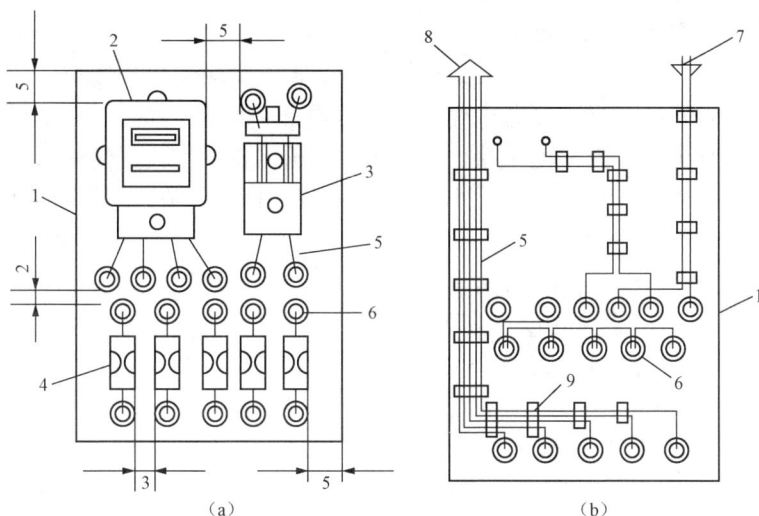

图 8-14　照明配电箱（单位：cm）

（a）盘面布置；（b）盘后接线

1—盘面；2—电能表；3—胶盖闸；4—瓷插式熔断器；5—导线；6—瓷嘴（或塑料嘴）；

7—电源引入线；8—电源引出线；9—导线固定卡

表 8-6　　　　　　　　　常用照明配电箱的安装方式、箱内电器及适用场合

型号	安装方式	箱内主要电器元件	适用场合
XM-34-2	嵌入、半嵌入、悬挂	DZ12 型断路器，小型蜂鸣器等	工厂企业、民用建筑
XXM-□	嵌入、悬挂	DZ12 型断路器	民用建筑
PXT-□	嵌入、悬挂	DZ6 型断路器	工厂企业、民用建筑
XRM-□	嵌入、悬挂	DZ12 型断路器	工厂企业、民用建筑

（2）动力配电箱。动力配电箱是将电能分配到若干条动力线路上去的控制和保护装置。其形式主要可分为开启式和封闭式两种。XL（F）系列动力配电箱是封闭式动力配电箱。

（二）高压成套配电装置

高压成套配电装置也称为高压开关柜，以断路器为主体，将检测仪表、保护设备和辅助设备按一定主接线要求都装在封闭或半封闭柜中。以一个柜（有时两个柜）构成一条电路，所以一个柜就是一个间隔。柜内电器、载流部分和金属外壳互相绝缘，绝缘材料大多用绝缘子和空气，绝缘距离可以缩小，使装置做得紧凑，从而节省材料和占地面积。根据运行经验，高压开关柜的可靠性很高，维护安全，安装方便，已在 3～35kV 系统中大量采用。

1. 高压开关柜的种类

我国目前生产的 3～35kV 高压开关柜，按结构形式可分为固定式和手车式两种。手车柜目前大体上可分为间隔型和铠装型两种，铠装型手车的位置可分为落地式和中置式两种。

固定式高压开关柜断路器安装位置固定，采用母线和线路的隔离开关作为断路器检修的隔离措施，结构简单；断路器室体积小，断路器维修不便。固定式高压开关柜中的各功能区

微课8.7

认识高压
开关柜

相通而且是敞开的，容易造成故障的扩大。

手车式高压开关柜高压断路器安装于可移动手车上，断路器两侧使用一次插头与固定的母线侧、线路侧静插头构成导电回路；检修时采用插头式的触头隔离，断路器手车可移出柜外检修。同类型断路器手车具有通用性，可使用备用断路器手车代替检修的断路器手车，以减少停电时间。手车式高压开关柜的各个功能区是采用金属封闭或者采用绝缘板的方式封闭，有一定的限制故障扩大的能力。

高压开关柜通常具有"五防"功能：防止误分、误合断路器；防止带负荷分、合隔离开关或带负荷推入、拉出金属封闭式开关柜的手车隔离插头；防止带电挂接地线或合接地开关；防止带接地线或接地开关合闸；防止误入带电间隔，以保证设备可靠运行和操作人员的安全。

2. 高压开关柜的结构类型

（1）XGN2-10 型固定式高压开关柜。XGN2-10 型固定式高压开关柜为金属封闭箱式结构，如图 8-15 所示。该开关柜由断路器室、母线室、电缆室和仪表室等部分构成，开关柜体由钢板和角铁焊成。

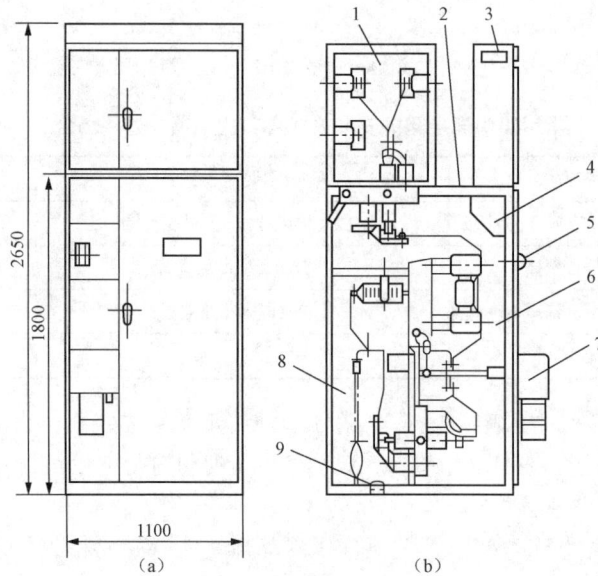

图 8-15　　XGN2-10 型固定式高压开关柜（单位：mm）

（a）外形图；（b）结构示意图

1—母线室；2—压力释放通道；3—仪表室；4—组合开关；5—手动操作及连锁机构；

6—主开关室；7—电磁弹簧结构；8—电缆室；9—接地母线

断路器室在柜体的下部。断路器由拉杆与操动机构连接。断路器下引接与电流互感器相连，电流互感器和隔离开关连接。断路器室有压力释放通道，以便电弧燃烧产生的气体压力得以安全释放。母线室在柜体后上部，为减小柜体高度，母线呈"品"字形排列。电缆室在柜体下部的后方，电缆固定在支架上。仪表室在柜体前上部，便于运行人员观察。断路器操动机构装在面板左边位置，其上方为隔离开关的手动操作及连锁机构。

（2）KYN28A-12 型中置式高压开关柜。KYN28A-12 型即原 GZS1-10 型中置式开关柜，是在真空、SF$_6$断路器小型化后设计出的产品，可实现单面维护，使用性能有所提高。近几年来国内外推出的新柜型以中置式居多。

KYN28A-12型中置式高压开关柜整体是由柜体和中置式可抽出部分（即手车）两大部分组成，如图8-16所示。开关柜由母线室、断路器手车室、电缆室和继电器仪表室组成。手车室及手车室开关柜的主体部分，采用中置式形式，小车体积小、检修维护方便。手车在柜体内有断开位置、试验位置和工作位置三个状态。开关设备内装有安全可靠的连锁装置，完全满足五防的要求。母线室封闭在开关室后上部，不易落入灰尘和引起短路，出现电弧时，能有效将事故限制在隔室内而不向其他柜蔓延。由于开关设备采用中置式，电缆室空间较大。电流互感器、接地开关在隔室后壁上，避雷器装设在隔室后下部。继电器仪表室内装设继电保护元件、仪表、带电检查指示器，以及特殊要求的二次设备。

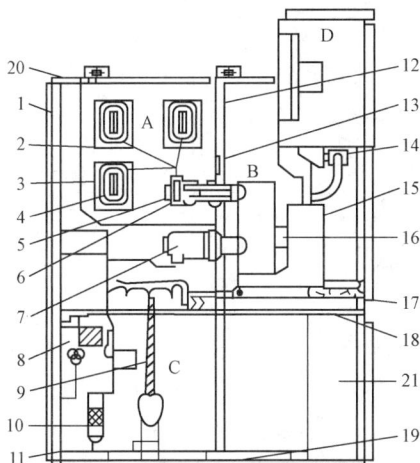

图8-16　KYN28A-12型中置式高压开关柜结构

A—母线室；B—手车式断路器；C—电缆室；D—继电器仪表室

1—外壳；2—分支小母线；3—母线套管；4—主母线；

5—静触头装置；6—静触头盒；7—电流互感器；

8—接地开关；9—电缆；10—避雷器；11—接地主母线；

12—装卸式隔板；13—隔板；14—次插头；15—断路器手车；

16—加热装置；17—可抽出式水平隔板；18—接地开关操动机构；

19—板底；20—泄压装置；21—控制小线槽

（3）HXGN-12ZF（R）型环网开关柜。HXGN-12ZF（R）型箱式（固定式）金属封闭环网开关柜适用于三相交流50Hz、额定电压3～10kV配电系统，如图8-17所示。该柜采用空气绝缘，外壳采用钢板或敷铝锌板经双折边组合而成，结构紧凑，"五防"功能可靠。柜内由钢板分隔成负荷开关室、母线室和仪表室。环网柜上部为母线室，中下部为负荷开关室；仪表室位于母线室前面，室内可装设电压表、电流表、切换开关等元件及二次回路端子。柜后有两处压力释放孔，能够最大限度地保障人身安全和运行设备的可靠。

主开关采用真空负荷开关及负荷开关-熔断器组合，可正装也可侧装，并有接地隔离开关和隔离开关，弹簧操动机构既可电动也可手动，熔断器组合电器方案可代替造价昂贵、体积庞大的断路器柜。一次设备与二次设备可以完全隔离，其安全性好；主母线室与负荷开关室用接地金属板隔开；在负荷开关动静触头断口间设有接地的金属活门；柜体、负荷开关、金属活门之间设有可靠的机构连锁。

HXGN-12系列环网开关柜体积小，安装、调试、操作简单，更换零部件也很方便，可以单独替换。

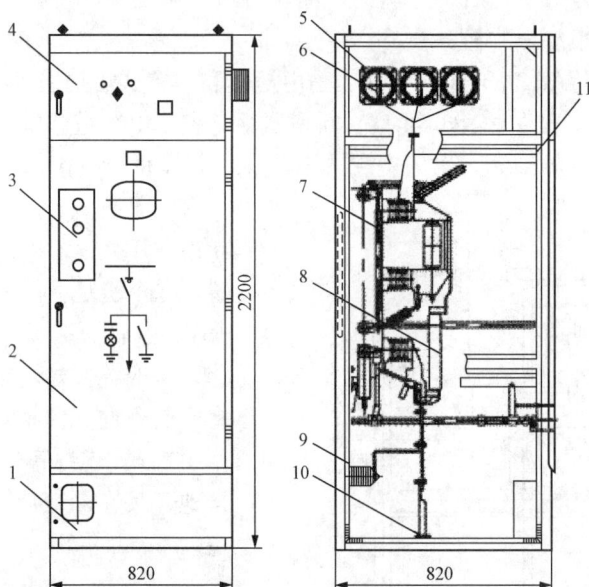

图 8-17　HXGN-12ZF（R）型环网开关柜结构（单位：mm）

1—盖板；2—前门；3—仪表门；4—操作面板；5—母线套管；6—主母线；

7—真空负荷开关；8—熔断器；9—传感器；10—电缆；11—插板

（三）SF$_6$ 组合电器

SF$_6$ 组合电器又称为气体绝缘全封闭组合电器（Gas-Insulator Switchgear），简称 GIS。它将断路器、隔离开关、母线、接地开关、互感器、出线套管或电缆终端头等分别装在各自密封间中，集中组成一个整体外壳，充以（3.039～5.065）×10^{5}Pa（3～5 大气压）的 SF$_6$ 气体作为绝缘介质。

微课8.9

认识 GIS 及其应用

近年来为了减少占地面积，SF$_6$ 全封闭组合电器得到了广泛的应用。目前，我国的 GIS 使用的起始电压为 110kV 及以上，主要在以下场合使用。

（1）占地面积较小的地区，如市区变电站。

（2）高海拔地区或高烈度地震区。

（3）外界环境较恶劣的地区。我国西北电网建设的 750kV 工程，采用 GIS 组合电器已在变电站投入运行。

1．GIS 的主要特点

GIS 的主要优点是：①可靠性高。由于带电部分全部封闭在 SF$_6$ 气体中，不会受到外界环境的影响；②安全性高。由于 SF$_6$ 气体具有很高的绝缘强度，并为惰性气体，不会产生火灾；带电部分全封闭在接地的金属壳体内，实现了屏蔽作用，也不存在触电的危险；③占地面积小。由于采用绝缘强度很高的 SF$_6$ 气体作为绝缘和灭弧介质，使得各电气设备之间、设备对地之间的最小安全净距减小，从而大大缩小了占地面积；④安装、维护方便。组合电器可在制造厂家装配和试验合格后，再以间隔的形式运到现场进行安装，工期大大缩短；⑤其检修周期长，维护方便，维护工作量小。

GIS 的主要缺点是：①密封性能要求高。装置内 SF$_6$ 气体压力的大小和水分的多少会直接影响整个装置运行的性能和人员的安全性，因此 GIS 对加工的精度有严格的要求；②金属耗费量大，价格较昂贵；③故障后危害较大。首先，故障发生后造成的损坏程度较大，有可能使整个系统遭受破坏；其次，检修时有毒气体（SF$_6$ 气体与水发生化学反应后产生）会对检修人员造成伤害。

2．GIS 的分类

微课8.10

GIS 特点及分类

（1）按结构形式分：根据充气外壳的结构形状，GIS 可分为圆筒形和柜型两大类。第一大类依据主回路配置方式可分为单相一壳式（即分相式）、部分三相一壳式（又称主母线三相共筒式）、全三相一壳式和复合三相一壳式四种；第二大类又称 C-GIS，俗称充气柜，依据柜体结构和元件间是否隔离可分为箱式和铠装式两种。

（2）按绝缘介质分：可分为 SF$_6$ 气体绝缘式（GIS）和部分气体绝缘式（H-GIS）两类。

3．GIS 结构示例

SF$_6$ 全封闭组合器由各个独立的标准元件组成，各标准元件制成独立气室，再辅以一些过渡元件，便可适应不同形式主接线的要求，组成成套配电装置。

一般情况下，断路器和母线筒的结构形式对布置影响最大。对于户内式全封闭组合电器，若选用水平布置的断路器，则将母线筒布置在下面，断路器布置在最上面；若断路器选用垂直断口时，则断路器一般落地布置在侧面，如图 8-18 所示。对于户外 SF$_6$ 全封闭组合电器，断路器一般布置在下部，母线布置在上部，用支架托起。

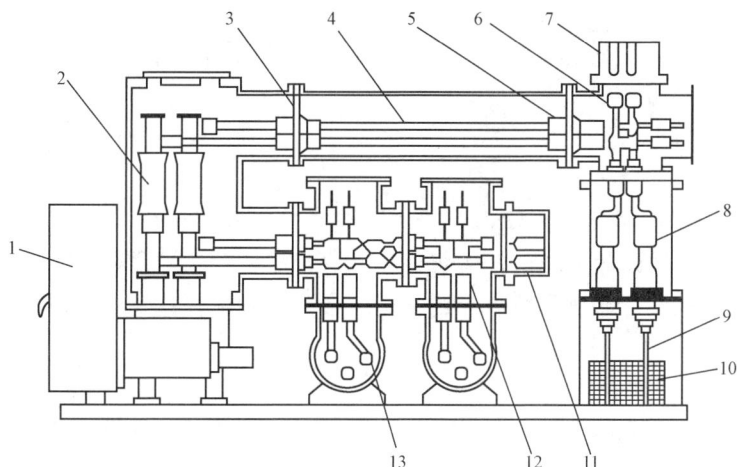

图 8-18　SF$_6$ 全封闭组合电器总体结构

1—操作装置；2—断路器；3—绝缘隔板；4—导体；5—插入式指形触头；6、12—隔离开关；

7、11—接地开关；8—电缆接线端头；9—电缆；10—电流互感器；13—母线

GIS 外壳可用钢板或铝板制成，形成封闭外壳，有三相共箱式和三相分箱式两种。其功能有以下三点：①容纳 SF$_6$ 气体，气体压力一般为 0.2～0.5MPa；②保护活动部件不受外界物质侵蚀；③可作为接地体。

在设计 GIS 时，一般根据用户提供的主接线将 GIS 分为若干个间隔。所谓一个间隔是一

个具有完整的供电、输电和其他功能（控制计量、保护等）的一组元器件。每个间隔可再划分为若干气室或气隔。气室划分应考虑以下几个因素：

（1）不同额定气压的元件必须分开。例如，断路器的额定气压常高于其他元件，应将它和其他气室分开。

（2）要便于运行、维护和检修。当发生故障需要检修时，应尽可能将停电范围限制在一组母线和一回线路的区域，须注意以下几点：

1）主母线和备用母线气室应分开。

2）主母线和主母线侧的隔离开关气室应分开，以便于检修主母线。

3）考虑当主母线发生故障时，能尽可能缩小波及范围和缩短作业时间，当间隔数较多时，应将主母线分为若干个气室。

4）为了防止电压互感器、避雷器发生故障时波及其他元件，以及为了现场试验和安装作业方便，通常将电压互感器和避雷器单独设气室。

5）由于电力电缆和 GIS 的安装时间常不一致，经常需要对电缆终端 SF_6 气体进行单独处理，所以电缆终端应单独设立气室，但可通过阀门与其他元件相连接，以便根据需要灵活控制。

（3）要合理确定气室的容积。一般气室容积的上限是由气体回收装置的容量决定的，即要求在设备安装或检修时，能在规定的时间内完成气室中的气体处理；下限则主要取决于内部电弧故障时的压力升高，不能造成外壳爆炸。

（4）有电弧分解物产生的元件与不产生电弧分解物的元件分开。

任务二　电气二次安装接线图识图

教学目标

知识目标：①了解电气二次设备和二次回路的基本作用及电气二次回路的主要组成部分；②掌握电气二次图纸的类型；③掌握阅读二次回路图的基本方法。

能力目标：①能进行原理图、展开图识图；②能进行安装接线图识图。

任务描述

该任务首先介绍电气二次设备和电气二次回路的基本作用以及电气二次回路所包含的主要组成部分，通过要点归纳、图形举例，熟悉二次回路的基本概念；其次介绍二次接线图中各电气元件的表示方式、二次回路编号的基本原则以及二次接线图的分类，通过知识要点归纳、辅以图例讲解，掌握识绘电气回路图的工程语言和基本"词汇"，为识绘电气二次回路图打下基础；最后介绍阅读二次回路图的基本方法。通过一个完整的图例的逐一讲解，熟悉一个电气单元中一、二次回路之间、交直流回路之间、原理图与安装图之间的相互关系，阅读图纸的顺序和步骤等识图方法和技巧。

任务准备

准备好电气二次图纸（包括原理图、展开图及安装图），制订实施方案。

任务实施

①让学生根据图纸进行识图阅读；②以小组为单位各组互相考问；③教师评价。

相关知识

接线图；原理图；布置图；符号；编号；端子排。

二次回路是发电厂和变电站的重要组成部分，它的主要作用是反映一次设备的工作状态，控制一次设备，在一次设备发生故障或处于不正常运行状态时，做出相应的处理，使电力系统处于良好的运行状况。它对于实现发电厂和变电站安全、优质和经济生产及电能的输配有着极为重要的作用，是电力系统安全、经济、稳定运行的重要保障。随着发电机容量的增大，电气控制正向自动化、弱电化、微机化和综合化方向发展，二次回路也越来越重要。

一、二次回路内容

为确保一次系统安全稳定、经济运行和操作管理的需要而配置的辅助电气设备，如各类测控装置、继电保护装置、安全自动装置、故障录波装置等统称为二次设备。所谓的二次回路即是把这些设备按一定功能要求连接起来所形成的电气回路，以实现对一次系统设备运行工况的监视、测量、控制、保护、调节等功能。

（一）二次回路划分

通常二次回路按二次设备的用途可划分为用于实现不同功能的子回路，主要有：

（1）测量回路。用于对输电线路和电气设备运行中的电气参数量及电能耗用量进行测量，通常包括电流、电压、频率、电能等测量。

（2）调节系统。用于实时调节某些主设备的工作参数，以保证主设备和电力系统的安全、经济、稳定运行。

（3）断路器控制回路。用于对变电站断路器分、合闸操作的手动控制和自动控制。

（4）隔离开关操作及闭锁回路。用于隔离开关操作的手动控制和自动控制，实现隔离开关和断路器之间防止带负荷拉合隔离开关的闭锁，隔离开关与接地闸刀之间防止带接地线合闸的闭锁等。

（5）继电保护回路及自动装置回路。用于自动、快速、有选择地切除故障设备，并尽快恢复系统的正常运行，保证电力系统的稳定。

（6）信号回路。用于指示一次设备的运行状态，为运行人员提供操作、调节和处理故障的可靠依据。

（7）同期回路。用于发电厂、变电站的并列、解列。目前需要经常进行解列、并列的变电站越来越少。

（8）直流电源回路。用于对上述二次系统以及事故照明装置进行供电。

上述回路要实现各自的功能，一般都需要接入提供一次设备运行状态的信息源和保证二次设备工作的控制电源或操作电源等。因此按供电电源性质，二次回路可简单划分为交流回路和直流回路两大部分。

交流回路是由电流互感器和电压互感器供电的全部回路，其作用是为二次设备采集相关一次设备的运行参数量（电流、电压等交流信号），以实现对一次系统设备运行工况进行监视、测量、控制、保护、调节等功能。

直流回路指的是直流电源正极到负极之间连接的全部回路。主要作用是：

（1）对断路器及隔离开关等设备的操作进行控制。隔离开关操作回路多采用交流 380V 供电，也有采用直流供电的方式。

（2）指示一、二次设备运行状态、异常及故障情况。

（3）提供二次装置工作的电源，一般为±220V（或±110V）。

（二）装置内部与外部的二次回路连接

随着以微机为核心，控制测量信号、保护、远动和管理功能集成、信息采集共享的综合自动化系统在变配电站的广泛应用，二次回路间的分界已日趋模糊，范围也更加宽泛，彻底改变了常规二次系统功能独立、设备庞杂、接线复杂的局面，图 8-19 所示为分层分布式集中组屏的综合自动化系统。但就某一个二次装置而言，内部与外部的二次回路连接，目前仍然包含以下所述几个分回路的部分或全部。

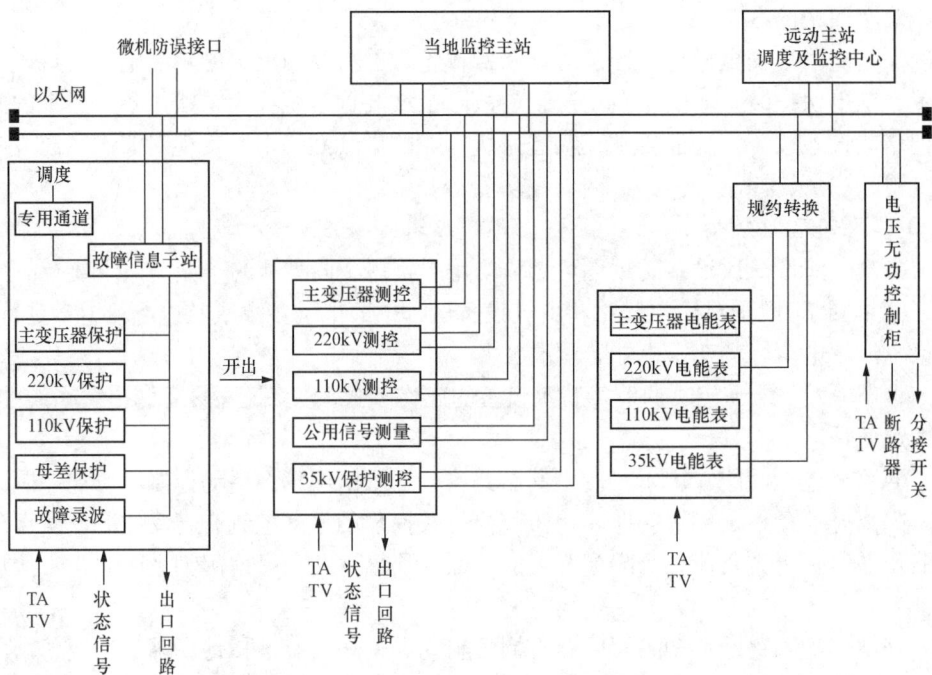

图 8-19　分层分布式集中组屏的综合自动化系统

1. 模拟量输入回路

模拟量输入回路又分为装置提供工作电源的直流电源回路以及为装置提供测量元件所需的被测控设备的交流电流和交流电压信号（或直流信号）的回路，图 8-20 所示为目前微机保护装置的典型交流模拟量输入回路，包含了四路电流量输入和四路电压量输入。图中，TV1 为母线电压互感器，TV2 为单相式线路电压互感器，TA 为电流互感器。

2. 外部开关量输入回路

外部开关量输入回路是外部开关量辅助判别信号的输入回路，包括本屏或相邻屏上其他装置引入的弱电开入量信号以及从较远处电气一次设备引入的强电开入量信号。图 8-21 所示为微机型装置常用光电耦合式开入回路。

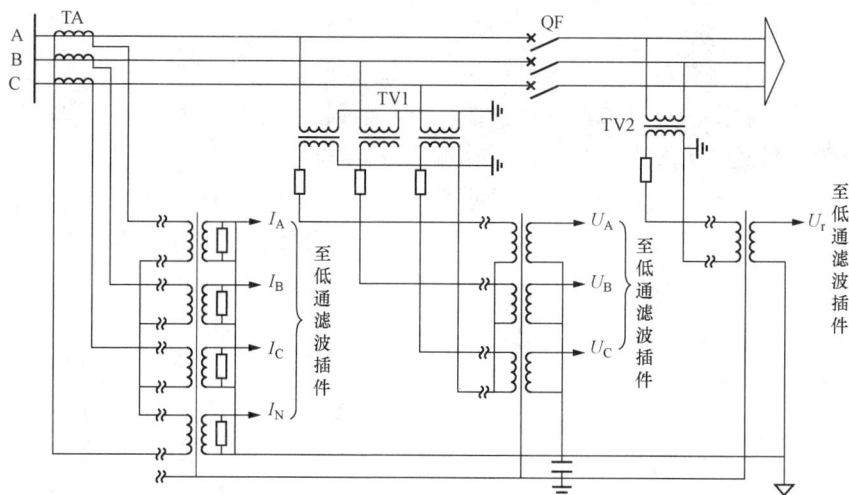

图 8-20　微机保护装置的典型交流模拟量输入回路

3. 开关量输出回路

开关量输出回路是各继电器引出的空触点至相应的电气设备的二次回路。图 8-22 所示为微机型装置常用继电器触点输出回路。

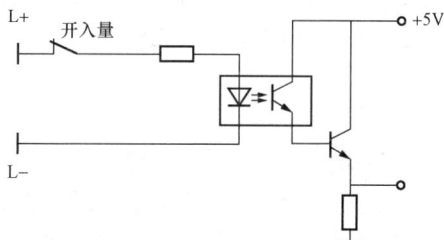

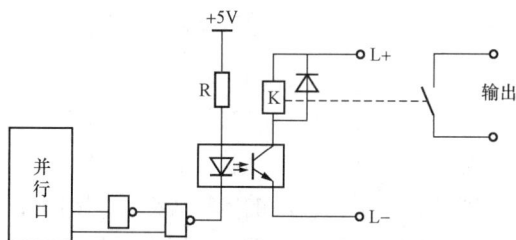

图 8-21　微机型装置常用光电耦合式开入回路　　图 8-22　微机装置常用继电器触点输出回路

4. 纵联保护信号传输回路

纵联保护信号传输回路包括高频信号传输回路、光信号传输回路等。图 8-23 所示为光信号传输回路，其中图 8-23（a）为专用光纤方式连接，图 8-23（b）为数字复接方式连接。

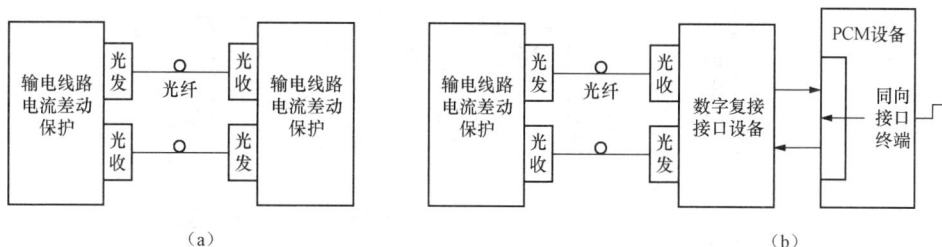

（a）　　　　　　　　　　　　　　　　　　　（b）

图 8-23　光信号传输回路

（a）专用光纤方式连接；（b）数字复接方式连接（单侧）

二、二次回路图的分类及二次回路的编号原则

为便于设计、制造、安装、调试及运行维护，通常在图纸上使用元件的图形符号及文字符号按一定规则连接起来对二次回路进行描述。这类图纸称为二次回路图。

（一）二次回路的分类

按作用，二次回路图可分为原理接线图和安装接线图。原理接线图按其表现的形式又可分为归总式原理接线图与展开式原理接线图。安装接线图又分为屏面布置图和屏背面接线图。屏背面接线图一般又分为屏内设备接线图和端子排接线图。

随着二次设备的数字化以及继电器的小型化，二次装置多为插件式结构，因此衍生出每块插件的分板接线图或者进一步简化为分板的触点联系图。

1. 归总式原理接线图

归总式原理图是把二次设备或装置各组成部分的图形符号，按照其相互关系、动作原理集中绘制在一起的电路，以整体的形式表示各二次设备之间的电气连接，一般将一次系统的有关部分画在一起。通过归总式二次电路图对二次系统的构成、动作过程和工作原理有一个明确的整体概念。在分立元件时代，是设计、制造单位表现其装置的总体配置和完整功能的常用形式。图 8-24 所示为 10kV 线路过电流保护归总式原理接线图。数字化的二次设备，已基本不采用归总式原理图。

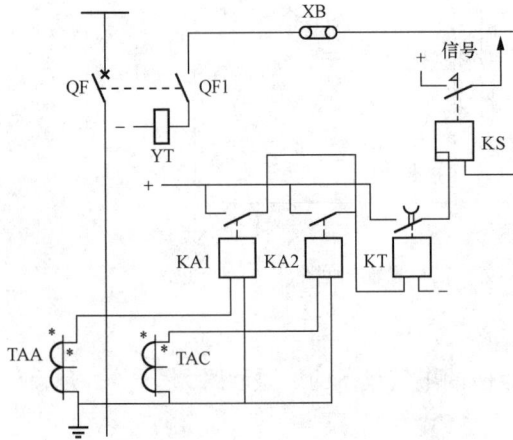

图 8-24　10kV 线路过电流保护归总式原理接线图

2. 展开式原理接线图

展开式原理接线图是将二次系统中的设备元件按分开式方法表示，即设备元件各组成部分分别绘制在不同电源的电路（亦称回路）中，主要用于说明二次系统工作原理的图。图 8-25 所示为 10kV 线路过电流保护展开式原理接线图。它是以回路为中心，把归总式原理图分拆成交流电流回路、交流电压回路、直流控制回路、信号回路等独立回路展开表示，而每一个设备（元件）的不同组成部分按照逻辑关系分拆并展开画在不同的回路中，展开式原理图的接线清晰，易于阅读，便于掌握整套继电保护及二次回路的动作过程以及工作原理等，被广泛应用于变电站中。

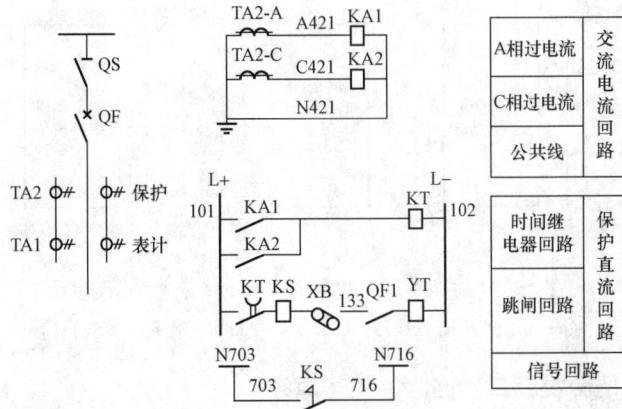

图 8-25　10kV 线路过电流保护展开式原理接线图

3. 屏面布置图

屏面布置图是加工制造屏柜和安装屏柜上设备的依据，因此应按一定比例绘制屏上设备（元件）的安装位置及设备（元件）间距离，并标注外形及中心线的尺寸。它是一种采用简化外形符号（框形符号），表示屏面设备布置的位置简图。它是屏的一种正面视图，便于从屏的正前方了解和熟悉屏上设备（元件）的配置情况和排列顺序。屏上设备（元件）均按一定规律给予编号，并标出文字符号。文字符号与展开式原理图上的符号保持一致性和唯一性，以便于相互查阅和对照，屏上设备（元件）的排列、布置，是根据运行操作的合理性以及维护运行和施工的方便性而定。在屏面图旁边所列的屏上设备表中，应注明每个设备（元件）的顺序编号、符号、名称、型号、技术参数、数量等。如果有某个设备（元件）装在屏后，应在设备表的备注栏内注明。

二次设备屏主要有两种类型：一种是纯二次设备屏，如各种控制屏、信号屏、继电保护屏等，这种屏主要用于发电厂、变电站、大型电气设备的控制室中；另一种屏是一、二次设备混合安装的屏，一般是屏内装一次设备，屏面装操作手柄及各种二次设备，如电工仪表、继电器、信号灯等，常见的高、低压配电屏就属于这种类型。

图 8-26 所示为屏面布置图。各项目按相对位置布置；各项目一般采用框形符号，但信号灯、按钮、连接片等采用一般符号，项目的大小没有完全按实际尺寸画出，但项目的中心间距则标注了严格的尺寸。

4. 屏背面接线图

屏背面接线图以屏面布置图为基础，以原理展开图为依据绘制而成，是工作人员在屏背后工作时使用的背视图，所以设备的排列与屏面布置图是相应的，左右方向正好与屏面布置图相反，为了配线方便，在安装接线图中对各元件和端子排都采用相对编号法进行编号，用以说明这些元件间的相互连接关系。

屏背面接线图又可分为屏内设备接线图和端子排安装接线图。前者主要作用是表明屏内各设备（元件）引出端子之间在屏背面的连接情况，以及屏上设备（元件）与端子排的连接情况；后者专门用来表示屏内设备与屏外设备的连接情况。端子排的内侧标注与屏内设备的连线；端子排外侧标注与屏外设备的连线，屏外连接主要是电缆，要标注清楚各条电缆的编号、去向、电缆型号、芯数和截面等，且每一回路都要按等电位的原则分别予以回路标号。

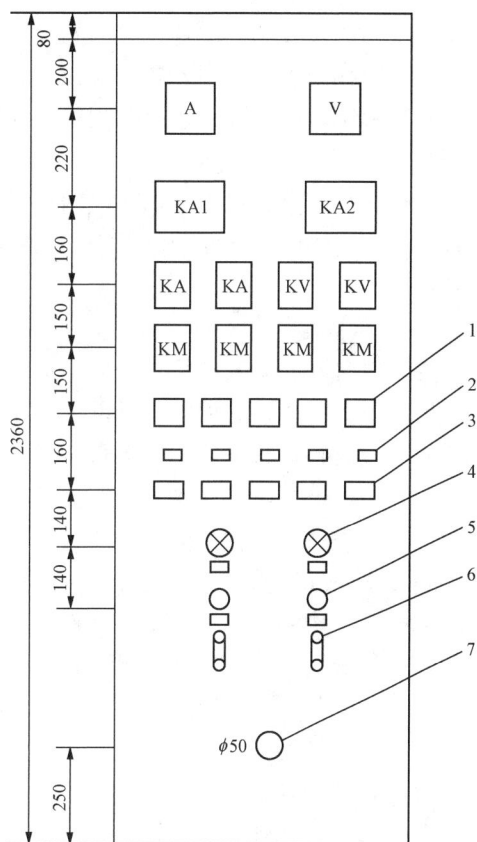

图 8-26　屏面布置图（单位：mm）

1—信号继电器；2—标签框；3—光字牌；

4—信号灯；5—按钮；6—连接片；7—穿线孔

5. 分板接线图

分板接线图是把每块插件的展开原理接线图、插件引脚与接线端子号混合在一起的一种画法。分板接线图上直接画出了原理接线，标出了引脚号、端子排上端子号等，读图和查线极为方便。图 8-27 所示为一个分板接线图图例。其中，41D 为屏后端子排编号；AA 和 AB 为插件引脚编号。

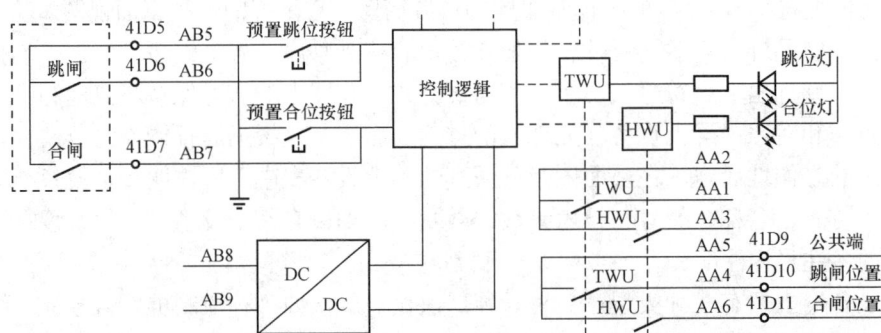

图 8-27　分板接线图图例

（二）二次回路的图形符号及文字符号

二次回路接线图中的各设备、元件或功能单元等项目及其连接等必须用图形符号、文字符号、回路标号进行说明。其图形符号和文字符号用以表示和区别二次回路中的各个项目，其回路标号用以区别项目之间互相连接的各个回路。

1. 图形符号

图形符号用来直观地表示二次回路图中任何一个设备、元件、功能单元等项目。目前国内规定使用的 GB/T 4728《电气简图用图形符号》，其符号形式、内容、数量等与 IEC 标准完全相同。

2. 文字符号

文字符号作为限定符号与一般图形符号组合使用，可以更详细地区分为不同设备（元件）以及同类设备（元件）中不同功能的设备（元件）或功能单元等项目。早期的国家标准规定文字符号及回路符号采用汉语拼音字母，按照目前国家标准 GB/T 5094《工业系统、装置与设备以及工业产品结构原则与参照代号》规定，编制常用电气设备（元件）等代号的一般规律是，同一设备（元件）的不同组成部分必须采用相同的文字符号。文字符号按有关电气名词的英文术语缩写而成，采用该单词的第一位字母构成文字符号，一般不超过三位字母。如果在同一展开图中同样的设备（元件）不止一个，则必须对该设备（元件）以文字符号加数字编序。同一电气单元、同一电气回路中的同一种设备（元件）的编序，用阿拉伯数字表示，放在设备（元件）文字符号的后面；不同电气单元、不同电气回路中的同一种设备（元件）的编序，用阿拉伯数字表示，放在设备（元件）文字符号的前面。如果继电器有多对触点，还要标明它们的触点序号，继电器序号在前，触点序号在后，中间可用"−"符号连接。

（三）二次回路的编号原则

展开图中一些数字或数字与文字的组合，称之为回路标号。回路标号按"等电位"原则，即在回路中连于一点的所有导线（包括接触连接的可拆卸线段），需标以相同的标号。回路标号以一定的规则反映了回路的种类和特征，使工作人员能够对该回路的用途和性质一目了然，方便于进行二次回路缺陷查找和故障分析。

1. 传统回路标号的一般规则

（1）同一回路中由电气设备（元件）的线圈、触点、电阻、电容等之间的线段，都视为不同的线段（在接点断开时，接点两端已不是等电位），应给予不同的回路标号。

（2）回路标号一般是由 3 位及以下数字组成，根据回路的不同种类和特征进行分组，每组规定了编号数字的范围，交流回路为标明导线相别，在数字前面还加上 A、B、C、N、L 等文字符号。对于一些比较重要的回路都给予了固定的编号，例如直流正、负电源回路，跳、合闸回路等。

（3）直流回路标号方法为：以奇数表示正极例如 101，偶数表示负极例如 102。先从正电源出发，以奇数顺序编号，直到最后一个有压降的元件为止。如果最后一个有压降的元件的后面不是直接连在负极上，而是通过连接片、开关或继电器触点接在负极上，则下一步应从负极开始以偶数顺序编号至上述已有编号的节点为止。

（4）小母线编号作为重要的二次设备，在展开图中用粗线条表示，并注以文字符号。对于控制和信号回路中的一些辅助小母线和交流电压小母线，除文字符号外，还给予固定的回路标号，以进一步区分。

2. 推荐的二次回路的标号

根据 IEC 标准的规定，导线的文字标号不一定要有，也不一定要统一标号。常用二次回路导线的 IEC 标记见表 8-7。

表 8-7　　　　　　　　　　常用二次回路导线的 IEC 标记

序号	导 线 名 称	IEC 标记	序号	导 线 名 称	IEC 标记
1	交流电源系统 1 相	L1	5	直流电源系统正极	L+或+
2	交流电源系统 2 相	L2	6	直流电源系统负极	L−或−
3	交流电源系统 3 相	L3	7	直流电源系统中间线	M
4	交流电源系统中性线	N	8	接地线	E

目前国内设计图纸对回路标号趋向于简化。以下摘选了《电气工程设计手册》提供的部分二次回路标号，以供参考。

（1）回路标号的构成。回路标号由"约定标号+序数字"构成。其中约定标识见表 8-8。

表 8-8　　　　　　　　　　回路的约定标识表

序号	回路（导线）名称	约定标号	序号	回路（导线）名称	约定标号
1	保护用直流	0	7	其他回路	9
2	直流分路控制回路	1～4	8	交流回路	A、B、C、N(L、Sc)
3	信号回路	7	9	交流电压回路	A_6、A_7、…
4	断路器遥信回路	80	10	交流电流回路（测量及保护）	A_1、A_2、…
5	断路器机构回路	87	11	交流母差电流回路	A_3、…
6	隔离开关闭锁回路	88			

序数字只要起到区别作用即可。如果要约定，建议只约定下面四种。

1）正极导线：序数号约定为 01。

2）负极导线：序数号约定为 02。

3）合闸导线：序数号约定为 03。

4）跳闸导线：序数号约定为 33。

约定的目的主要是引起工作人员的重视，当 01 与 03 导线相碰时，会引起合闸；当 01 与 33 导线相碰时，会引起跳闸；当 01 与 02 导线相碰时，则会引起电源短路。

（2）直流回路的数字标号。直流回路的数字标号由表 8-8 中相应的约定标号后缀序数字组成。直流回路的数字标号组见表 8-9。

表 8-9　　　　　　　　　　　　　　直流回路的数字标号组

序号	回路名称	数字标号组			
		一	二	三	四
1	正电源回路	101	201	301	401
2	负电源回路	102	202	302	402
3	合闸回路	103	203	303	403
4	跳闸回路	133、1133 1233	233、2133 2233	333、3133 3233	433、4133 4233
5	备用电源自动合闸回路	150～169	250～269	350～369	450～469
6	开关设备的位置信号回路	170～189	270～289	370～389	470～489
7	事故跳闸音响信号回路	190～199	290～299	390～399	490～499
8	保护回路	01～099 或 0101～0999			
9	信号及其他回路断路器遥信回路	701～799 或 7011～7999 801～899 或 8011～8999			
10	断路器合闸线圈或操动机构电动机回路	871～879 或 8711～8799			
11	隔离开关操作闭锁回路变压器零序保护共用电源回路	881～889 或 8811～8899 001、002、003			

在没有备有电源自动投入的安装单位接线图中，标号 150～169 可作为其他回路的标号。当断路器或隔离开关为分相操动机构时，序号 3、4、10、11 回路编号后应以 A、B、C 标志区别。

（3）交流回路的数字标号。交流回路的数字标号由表 8-8 中相应的约定标号后缀序数字组成。交流回路数字标号组见表 8-10。

表 8-10　　　　　　　　　　　　　　交流回路数字标号组

回路名称	互感器的文字符号及电压等级	回路标号组				
		A（U）相	B（V）相	C（W）相	中性线	零序
保护装置及测量表计的电流回路	TA	A11～A19	B11～B19	C11～C19	N11～N19	L11～L19
	TA1-1	A111～A119	B111～B119	C111～C119	N111～N119	L111～L119
	TA1-2	A121～A129	B121～B129	C121～C129	N121～N129	L121～L129
	TA1-9	A191～A199	B191～B199	C191～C199	N191～N199	L191～L199
	TA2-1	A211～A219	B211～B219	C211～C219	N211～N219	L211～L219
	TA2-9	A291～A299	B291～B299	C291～C299	N291～N299	L291～L299

回路名称	互感器的文字符号及电压等级	回路标号组				
		A（U）相	B（V）相	C（W）相	中性线	零序
保护装置及测量表计的电流回路	TA11-1 TA11-2	A1111～A1119 A1121～A1129	B1111～B1119 B1121～B1129	C1111～C1119 C1121～C1129	N1111～N1119 N1121～N1129	L1111～L1119 L1121～L1129
保护装置及测量表计的电压回路	TV1 TV2 TV3	A611～A619 A621～A629 A631～A639	B611～B619 B621～B629 B631～B639	C611～C619 C621～C629 C631～C639	N611～N619 N621～N629 N631～N639	L611～L619 L621～L629 L631～L639
在隔离开关辅助触点和隔离开关位置继电器触点后的电压回路	110kV 220kV 35kV 6～10kV 500kV	A（B、C、L、Sc） 710～719，N600 A（B、C、N、L、Sc） 720～729，N600 A（C、N） 730～739，B600 A（C、N） 760～769，B600 A（B、C、L、Sc） 750～759，N600				
绝缘监察电表的公用回路	—	A700	B700	C700	N700	—
母线差动保护公用的电流回路	110kV 220kV 35kV 6～10kV 500kV	A310 A320 A330 A360 A350	B310 B320 B330 B360 B350	C310 C320 C330 C360 C350	N310 N320 N330 N360 N350	—

（4）小母线符号和回路标号。部分小母线的文字符号和新旧回路标号对照表见表 8-11。

表 8-11 部分小母线文字符号和新旧回路标号对照表

序号	小母线名称	原编号	新编号一	新编号二	
		文字符号		文字符号	回路标号
1	控制回路电源	+KM、−KM	L+、L−	+、−	—
2	信号回路电源	+XM、−XM	L+、L−	+700、−700	7001、7002
3	合闸电源	+HM、−HM	L+、L−	+、−	—
4	信号未复归	FM、PM	—	M703、M716	703、716
5	事故音响信号（不发遥信时）	SYM	—	M708	708
6	事故音响信号（发遥信时）	3SYM	—	M808	808
7	预告音响信号（瞬时）	1YBM、2YBM	—	M709、M710	—
8	预告音响信号（延时）	3YBM、4YBM	—	M711、M712	—
9	闪光信号	（+）SM	—	M100	100
10	隔离开关操作闭锁	GBM	—	M880	880
11	第一组母线电压	1YMa、1YMb、1YMc、1YML、YMN	L1、L2、L3、N	L1-630、L2-630、L3-630、N-600	A630、B630、C630、L630、N600
12	第二组母线电压	2YMa、2YMb、2YMc、2YML、YMN	L1、L2、L3、N	L1-640、L2-640、L3-640、N-600	A640、B640、C640、L640、N600
13	6～10kV 备用段电压	9YMa、9YMb、9YMc	L1、L2、L3	L1-690、L2-690、L3-690	A690、B690、C690

上述标号是结合 IEC 标准和我国电力系统传统习惯编制而成，目前并未在国内得到统一应用。

三、阅读二次回路的基本方法

二次回路虽然具有连接导线多、工作电源种类多、二次设备动作程序多的性质，但逻辑性很强。若想熟练地阅读二次回路图，有必要了解相关一次设备的性质、结构以及二次设备的配置原则和动作原理等，特别应着重了解装置需要接入或送出的各类电气模拟量和开关量，它们的用途、性质、作用以及相互之间的连接关系等，然后需要掌握不同类型图纸的设计原则和绘图规律，学会按一定的逻辑顺序识图。

（一）展开式原理图的识绘图

1. 二次回路图的一般绘图规则

（1）将有关电气设备全部用国标规定的图形符号和文字符号表示出来，并按实际的连接顺序绘出设备之间的连接。

（2）图形符号是按非激励或不工作状态或位置、未受外力作用的状态绘制。

（3）多触点控制开关触点的合、分动作状态有不同的表示法，表 8-12 是表格表示法，把控制开关手柄位置与触点的对应关系列表附在展开图上，以供读者对照。其中"—"表示断开，"×"表示接通。

表 8-12   多触点控制开关触点表

手柄位置	触点号	1-2、5-6	3-4、7-8
0	↑	—	—
I	↖	×	—
II	↗	—	×

图 8-28 是用图形符号表示法画出的，在展开图的控制开关触点旁直接画出手柄操作位置线，操作位置线上的黑点表示这对触点接通，无黑点的表示不接通。其优点是直观性强，不需要查看触点表就可知道触点在该位置的通断情况，极方便于现场二次回路上的工作。

2. 展开式原理图的画法特点

展开式原理图是将属于同一个设备（元件）的不同组成部分采用相同的文字符号分别画在各独立回路中。同一回路中的各设备（元件）的基本件，按连接次序从左到右绘制，形成一行，不同的行按动作顺序从上而下垂直排列。逐个画出上述回路时，实际上就是把该回路中各项目的图形符号逐一展开，如图 8-25 所示。

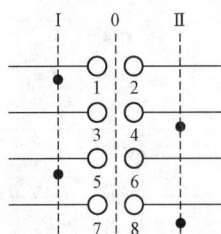

图 8-28 控制开关触点图

（1）各回路的排列顺序一般是交流电流回路、交流电压回路、直流控制回路和直流信号回路。

（2）在每个回路当中，交流回路按 A、B、C 相序排列；直流回路则是每一行中各基本件按实际连接顺序绘制，整个直流回路按各元件动作顺序由上而下逐行排列，这样展开的结果就形成了各自独立的电路，即从电源的"+"极经各元件按通过电流的路径自左向右展开，一直到电源的"−"极。

（3）将各行的正电源和负电源分别连接起来，就形成了展开图。

（4）标出与该图形符号相对应的文字符号，对重点回路进行标号。

（5）在展开图右侧以文字说明框的形式标注每条支路的用途说明，以辅助读图。

（6）在图的恰当位置（左侧）画出被保护设备的一次接线示意图并表明与二次回路有关的电流互感器的位置。

在微机型保护中，由于功能的软件化，上述定时限线路电流保护的二次回路更加简化，直流回路仅为跳闸和信号触点开出两部分。

3. 展开式原理图的阅图要领

展开式原理图的阅图要领可用一个通俗的口诀来归纳：“先交流，后直流；交流看电源，直流找线圈；抓住触点不放松，一个一个全查清”。由于导线、端子都有统一的回路编号和标号便于分类查找，配合图右侧的文字说明，复杂的逻辑关系就显得清晰易懂了。在图 8-25 所示的展开图中，10kV 定时限线路电流保护的交流电流回路清楚地表明电流继电器接在第二组电流互感器 TA2、接线方式为两相两继电器式接线；直流回路工作电源取自代号为 L± 的控制回路电源；信号电源则取自代号为 M703 和 M716 的信号小母线。读图时，结合说明框，很容易得知 KA1 为 A 相过电流继电器、KA2 为 C 相过电流继电器。根据定时限过电流保护动作原理，当流过任一只电流继电器电流超过整定值时，电流继电器 KA1（KA2）启动，装置的整个动作过程由上到下逐个回路按电流流过的途径应为：

（1）“+”→KA1（或 KA2）动合触点闭合→ KT 线圈→“−”，时间继电器 KT 被启动。

（2）“+”→KT 延时闭合的动合触点闭合→KS 线圈→断路器动合辅助触点 QF1 跳闸线圈 YT→“−”，断路器跳闸。

断路器跳闸后由其辅助触点 QF1 打开，切断跳闸线圈中的电流，至此，过电流保护的动作过程完成，将线路从电网中切除。

信号继电器 KS 线圈励磁后，其带掉牌自保持的动合触点闭合发出过电流保护动作信号。

（二）屏背面接线图的识绘图

1. 端子排图的识图

（1）接线端子的用途。连接屏内与屏外的设备；连接同一屏上属于不同安装单位的电气设备；连接屏顶的小母线和低压断路器等在屏后安装的设备。

（2）接线端子的类型。接线端子的种类及用途，见表 8-13。

表 8-13　　　　　　　　　　　　接线端子的种类及用途

序号	种 类	特点及用途
1	一般端子	适用于屏内、外导线或电缆的连接，即供同一回路的两端导线连接之用
2	连接端子	可通过绝缘座上的切口将上、下相邻端子相连，可供各种回路并头或分头
3	试验端子	一般用在交流电流回路，以便接入试验仪器时，不使 TA 开路
4	试验连接端子	既能提供试验，又可供并头或分头用的端子
5	保险端子	用于需要很方便地断开回路的场合，例如接入交流电压回路
6	光隔端子	端子上装有光隔元件，适用于开入回路
7	终端端子	用于固定或分隔不同安装单位的端子排

不同类型的接线端子外形各不相同，可通过外形辨别相关回路。

（3）端子排的排列原则。端子排根据屏内设备布置，按方便接线的原则，布置在屏的左侧或右侧。在同一侧端子排上，不同安装单位端子排的中间用终端端子隔离，每一安装单位的端子排一般按回路分类成组集中布置。

对不同生产厂家的保护屏（柜）规定了端子排的设计原则是：①按照"功能分区，端子分段"的原则，根据继电保护屏（柜）端子排功能不同，分段设置端子排；②端子排按段独立编号，每段应预留备用端子；③公共端、同名出口端采用端子连线；④交流电流和交流电压采用试验端子；⑤跳闸出口采用红色试验端子，并与直流正电源端子适当隔开；⑥一个端子的每一端只能接一根导线。

对不同类型的保护装置规定了统一的装置编号和端子编号，见表 8-14。对不同类型的保护装置用英文字母 n 前缀数字编号，屏（柜）背面端子排的文字符号前缀数字与装置编号中的前缀数字相一致。

表 8-14　　　　　　　　　　　　线路保护及辅助装置编号原则

序号	装 置 类 型	装置编号	屏（柜）端子编号
1	线路保护	1n	1D
2	线路独立后备保护（可选）	2n	2D
3	断路器保护（带重合闸）	3n	3D
4	操作箱	4n	4D
5	交流电压切换箱	7n	7D
6	断路器辅助保护（不带重合闸）	8n	8D
7	过电压及远方跳闸保护	9n	9D
8	短引线保护	10n	10D
9	远方信号传输装置	11n	11D

保护屏（柜）背面端子排设计原则见表 8-15。

在查找某一回路时，要把表 8-14 和表 8-15 合起来读。例如，1UD 就是线路保护的交流电压段端子排，4QD 就是操作箱的强电开入段端子排等，以此类推，在此不一一赘述。

表 8-15　　　　　　　　　　　　保护屏（柜）背面端子排设计原则

自上而下依次排列顺序	左侧端子排		右侧端子排	
	名 称	文字符号	名 称	文字符号
1	直流电源段	ZD	交流电压段	UD
2	强电开入段	QD	交流电流段	ID
3	对时段	OD	信号段	XD
4	弱电开入段	RD	遥信段	YD
5	出口段	CD	录波段	LD
6	与保护配合段	PD	网络通信段	TD
7	集中备用段	1BD	交流电源	JD
8			集中备用段	2BD

（4）端子排的表示方法。在端子排图中，以简化的端子排符号图形来表示，当屏上有不同的安装单位，顶上一格一般标注安装单位名称、安装单位编号和端子排代号。当屏上只有一个安装单位时，可以照此把不同类型的回路分类编组。

端子排图一般分为 4 栏（也有简化为 3 栏的），图 8-29 所示为装于屏背左侧的端子排，各格的含义如下（左侧端子排各格顺序为自右向左，右侧端子排各格顺序为自左向右）。

第一格：表示连接屏内设备的文字符号及该设备的接线端子编号。

第二格：表示接线端子的排列顺序号和端子的类型。

第三格：表示回路标号。

第四格：表示控制电缆或导线走向屏外设备或屏顶设备的符号及该设备的接线端子号。

（5）控制电缆的编号。变电站内控制电缆的特点是数量相当多，每根电缆芯线数目不等，很多电缆经过的路径又很长，有时候会经过过渡端子。为迅速辨明电缆的种类和用途，便于安装和维护，需要对每一根电缆进行唯一编号，并将编号悬挂于电缆根部。控制电缆的编号应符合以下基本要求：①能表明电缆属于哪一个安装单位；②能表明电缆的种类、芯数和用途；③能表明电缆的走向。

控制电缆编号遵循穿越原则：每一条连接导线的两端标以相同的编号。每根电缆芯线都印有阿拉伯数字，知道了电缆的编号，再根据电缆芯号，可方便地查到所要找的回路。电缆编号一般由打头字母和横杠加上三位阿拉伯数字构成。首字母表征电缆的归

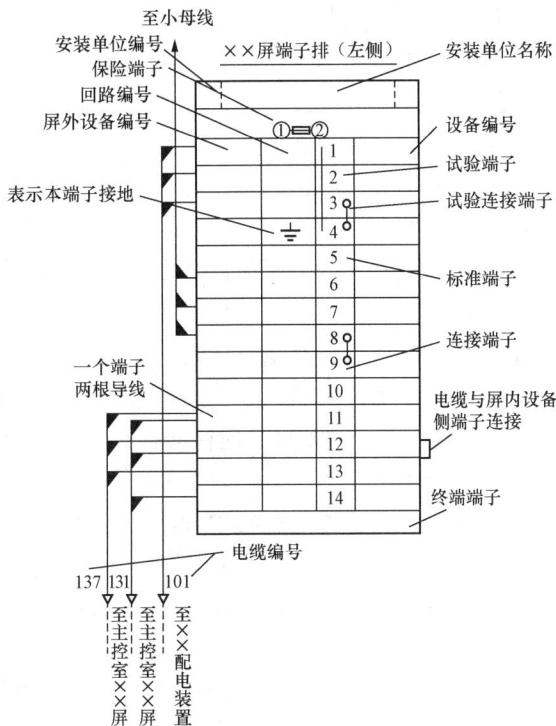

图 8-29 装于屏背左侧的端子排

属，如"Y"表示该电缆归属于 110kV 线路间隔单元、"E"表示 220kV 线路间隔单元等。数字表示电缆走向。表 8-16 列出了部分控制电缆的数字标号组。

表 8-16 　电缆数字标号组

序号	电缆起止点	电缆标号	序号	电缆起止点	电缆标号
1	主控室到 220kV 配电装置	100～110	6	控制室内各个屏柜联系电缆	130～149
2	主控室到 6～10kV 配电装置	111～115	7	35kV 配电装置内联系电缆	160～169
3	主控室到 35kV 配电装置	116～120	8	其他配电装置内联系电缆	170～179
4	主控室到 110kV 配电装置	121～125	9	110kV 配电装置内联系电缆	180～189
5	主控室到变压器	126～129			

2. 屏内设备接线图的识图

（1）屏盘结构的展开。在屏背面接线图中，一般将立体结构向上和左右展开为屏背面、屏左侧、屏右侧和屏顶四个部分。屏背面部分是屏面所装各种保护和控制设备的背视图。屏

顶部分用以装设各种小母线、自动空气开关、熔断器等。屏两侧部分通常用以安装端子排。在一块屏上，可能会安装有两个或两个以上电气单元的设备。通常一个安装单位内的所有设备集中安装在一起，属于同一个安装单位的端子集中连续排列在一起。

（2）二次设备（元件）的表示。屏上所有独立的设备、元件、功能单元等的图形的上方都有标号。屏后图设备（元件）的标志方法和内容如图 8-30 所示。在每一个设备（元件）图形符号上方画一个圆圈，用横线将其分上下两部分，上部分标出安装单位编号和设备（元件）顺序号。安装单位编号是为了区分在同一屏上装有属于不同的电气单元的二次设备，例如，罗马数字 I 表示的是安装单位编号，其后缀的数字，表示该设备在 I 安装单位的顺序号，同一安装单位中所用的设备的顺序编号，应与屏面图一致。

下部分标出设备（元件）的文字符号（包括了用后缀数字表示的同型设备的顺序号），要求文字符号与原理开展图一致。

屏顶的小母线和自动空气开关等应画在图中最上方，屏顶设备的标志方法与屏背面设备的标志方法相同。

（3）电气连接的表示方法。电气连接的表示方法通常采用相对编号法。该方法采用对等原则，即每一条连接导线的任一端标以对侧所接设备的标号和端子号，故同一导线两端的标号是不同的。一个相对编号代表一个接线端头，一对相对编号就代表一根连接线。在图上可清楚地找到所需连接的端子，却看不到线条。图 8-30 所示为 10kV 线路定时限过电流保护安装图，图中 KA1 的①号接线柱旁标有"I2-1"，表示该端子连到 I 号安装单位的 KA2 继电器的①号接线柱。对等的，KA2 的①号接线柱旁标有"I1-1"，即表示该端子接向 KA1 的①号接线柱。同理，继电器 KA1 的③号接线柱与 KA2 的③号接线柱并接，表明 KA1、KA2 的这两对动合触点在回路中是并联的，以此类推。掌握了相对标号法的对等原则，有助于根据原理图查找屏上实际接线，或根据接线图反推原理接线。

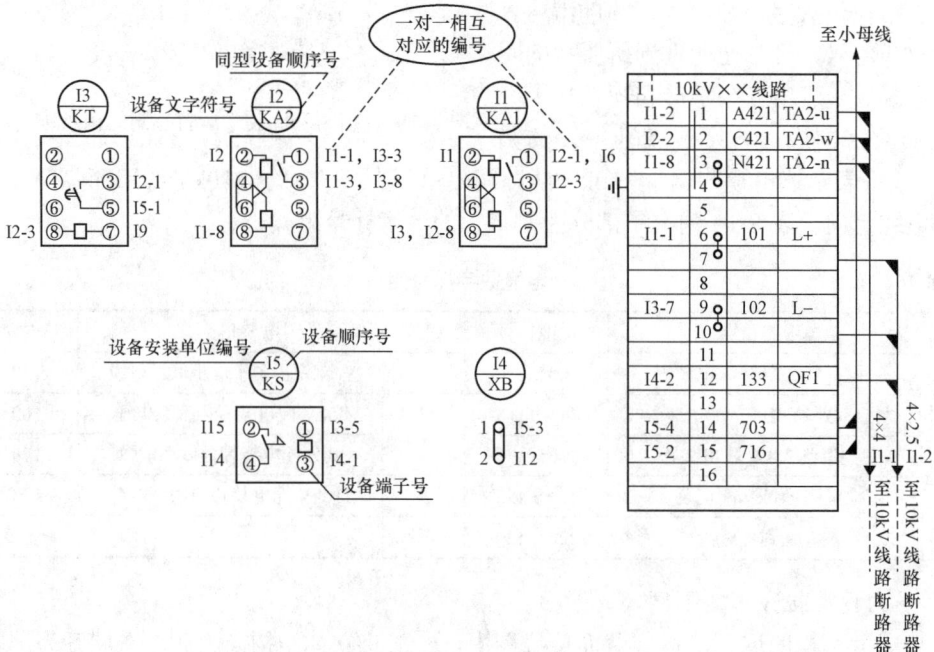

图 8-30 10kV 线路定时限过电流保护安装图

如果在某设备接线端子旁有两个标号，说明该端子上接有两根导线（注意每个端子最多允许接两根导线）。

把屏内设备接线与端子排接线统一起来阅读：电流互感器 TA2 的 A、C 相绕组通过电缆连接到端子排的第 1、2、3 号端子。A 相电流继电器 KA1 的线圈一头接线端子②通过端子排的 1 号端子连接到电流互感器 TA2-A，回路编号为 A421；C 相电流继电器 KA2 的线圈一头接线端子②通过端子排的 2 号端子连接到电流互感器 TA2-C，回路编号 C421。KA1 和 KA2 线圈的另一头接线端子⑧并联后，通过端子排的 3 号端子连接到电流互感器中性点 TA2-n，回路编号 N421。至此完成了交流回路的不完全星形连接。KA1 和 KA2 的动合触点在接线端子并联后，一端①通过端子排的 6 号连接到正电源，回路编号为 101，另一端③连到时间继电器 KT 的线圈端⑧，KT 线圈的另一端⑦去向端子排的⑨号端子，与负电源连接，回路编号 102。至此完成了任一相电流继电器动作启动时间继电器。

时间继电器 KT 的延时闭合的动合触点③号接线柱与 KA1 和 KA2 的①号接线柱共同连接到正电源 101 回路；另一端⑤接信号继电器 KS 线圈①，KS 线圈的另一端③与出口连接片 XB①号接线柱相连，XB②号接线柱经端子排第 12 号端子引出到断路器操动机构。定时限过电流保护经连接片 XB 的"投""退"控制，出口至断路器跳闸线圈。

信号继电器 KS 掉牌触点引出到 703、716 回路，发保护动作信号。

项目总结

配电装置是发电厂和变电站用来接受和分配电能的重要组成部分，其类型很多。同时配电装置的设计和建造应满足安全、可靠、经济等基本要求。为表示配电装置的整体结构、设备的布置和安装情况，常采用配置图、平面图和断面图来加以说明。

二次回路是二次设备相互连接而成的电路，是发电厂和变电站的重要组成部分，是对一次设备进行控制、测量监察和保护等的有效手段。二次接线图主要有原理接线图、展开接线图和安装接线图。安装接线图是提供给厂家制造屏和柜的图纸，也是进行二次接线的主要施工图。安装接线图经过现场安装施工和试运行检验并修改后，成为对电气二次回路进行维护、试验和检修的基本图纸。安装接线图一般包括屏面布置图、端子排图、屏背面接线图。

复习思考

8-1　配电装置有哪些类型？各有什么优缺点？应用在什么条件下？

8-2　什么是最小安全净距？决定最小安全净距的依据是什么？

8-3　表示配电装置结构时，常用的图形有哪几种？各有什么特点？

8-4　能识读图 8-5～图 8-10。

8-5　低压成套装置分为几类？高压成套装置的基本形式有几种？

8-6　试述 SF_6 全封闭组合电器的优、缺点及其应用范围。

8-7　什么是二次回路？它的主要功能有哪些？

8-8　在三相交流电系统中，二次回路的交流电源取自何处？其主要作用是什么？

8-9　数字式测控装置与外部回路的连接主要包括哪几部分子回路？

8-10　二次接线图常见的形式有哪几种？各有什么特点？

8-11　直流回路标号的方法有什么特点？

8-12 试述二次回路标号采用的原则。

8-13 什么是相对编号法？相对编号法采用的"对等原则"的内容和意义是什么？

8-14 根据图 8-25 反推原理接线图，并与图 8-24 相比较。

8-15 请根据反推出的原理接线图，按照各元件动作顺序以及电流从直流电源正极到负极流过的路径，描述装置的整个动作过程。

电气设备选择

项目描述

本项目学习短路电流的热效应与电动力效应分析，选择电气设备的一般原则，断路器及隔离开关选择方法。

教学目标

知识目标：①熟悉电器和载流导体的发热及电动力效应的计算方法；②掌握电气设备选择的一般条件；③掌握高压开关电器等电气设备具体的选择条件、方法与校验的内容。

能力目标：①能计算短路电流的发热效应与电动力效应；②能进行断路器及隔离开关选择。

教学环境

多媒体教室。

任务一　短路电流热效应与电动力效应分析

教学目标

知识目标：①掌握短路电流热效应概念；②掌握短路电流电动力效应概念。

能力目标：①能进行短路电流热效应计算；②能正确分析计算短路电流电动力。

任务描述

该任务主要讲述导体的发热与电动力效应计算方法。研究分析导体长期通过工作电流时的发热过程，目的是计算导体的长期允许电流，以及提高导体载流量应采取的措施。计算导体短时发热量的目的，是确定导体可能出现的最高温度，以判定导体是否满足热稳定。进行电动力计算的目的，是为了校验导体或电器实际所受的电动力是否超过其允许应力，即校验导体或电器的动稳定性。

任务准备

提供实例电站原始资料，结合实例电站电气主接线图以及实例电站短路电流计算结果。

任务实施

①让学生根据提供的资料，进行三相导体短路电流热效应与电动力效应分析；②以小组为单位，各组互相考问；③教师评价。

相关知识

电流的热效应；长期发热；短时发热；热稳定性；电动力；动稳定性。

电气设备工作时，有电流流过设备，将产生各种损耗，主要损耗是由于电器和载流导体存在着电阻，通过电流时产生的电阻损耗；此外，由于交变磁场的作用，会在附近的铁磁材料内产生磁滞和涡流损耗以及在绝缘体中产生介质损耗。这些损耗几乎全部转化成热能，引起电气设备发热，使其温度升高，这就是电流的热效应。发热对电气设备的技术和绝缘介质会产生危害：长期发热温度过高将使金属发生慢性退火，降低金属弹性，使其机械强度下降。若导体的接触连接处温度过高，接触连接表面会强烈氧化并发生蠕变，使得接触电阻增加，温度进一步上升，恶性循环，最终导致可动触头的熔焊或连接点烧断。绝缘材料长期受到高温的作用，将逐渐变脆和老化，以致绝缘材料失去弹性，绝缘性能下降，使用寿命大大缩短。为保证电气设备的运行寿命和安全，应限制电气设备长期发热与短时发热的最高温度。相关设计与制造规范列出了各种电气材料及设备的最高温度允许值，例如，硬铝导体长期发热最高允许温度为 70℃，短时发热最高允许温度为 220℃。各种绝缘材料按不同等级也有各自的最高温度允许值，例如，A 级绝缘材料为 105℃，B 级绝缘材料为 130℃。

电气设备的载流部分通过电流时，若周围有磁场，就要受到电动力的作用。电力系统中的三相导体，每一相导体均位于其他两相导体产生的磁场中，因此在运行过程中它们都会受到电动力的作用。正常工作情况下，电器和载流导体通过的电流相对比较小，所以受到的电动力不大。但当电网发生短路时，三相导体中将流过巨大的短路电流，此时载流导体也将承受巨大的电动力，如果导体本身及其支撑物的机械强度不够，就有可能使导体扭曲变形甚至损坏，引起更严重事故。因此，将电气设备具有承受短路电流的电动力效应而不致于造成机械损坏的能力称为电气设备具有足够的动稳定性。

一、发热和电动力对电气设备的影响

电气设备在运行中有两种工作状态，一是正常工作状态，即运行参数都不超过额定值，电气设备能够长期而稳定地工作的状态；二是短路时工作状态，当电力系统中发生短路故障时，电气设备要流过很大的短路电流，在短路故障被切除前的短时间内，电气设备要承受短路电流产生的发热和电动力的作用。

电流流过导体和电气设备时，将引起发热。发热主要是由于功率损耗产生的，这些损耗包括以下三种：一是铜损，即电流在导体电阻中的损耗；二是铁损，即在导体周围的金属构件中产生的磁滞和涡流损耗；三是介损，即绝缘材料在电场作用下产生的损耗。这些损耗都转换为热能，使电气设备的温度升高，从而产生不良的影响。

（1）机械强度下降。金属材料的温度升高时，会使材料退火软化，机械强度下降。例如，铝导体长期发热超过 100℃ 或短时发热超过 150℃ 时，材料的抗拉强度明显下降。

（2）接触电阻增加。发热导致接触电阻增加的原因主要有两方面：一是发热影响接触导体及其弹性元件的机械性能，能使接触压力下降，导致接触电阻增加，并引起发热进一步加剧；二是温度的升高加剧了接触面的氧化，其氧化层又使接触电阻和发热增大。当接触面的温度过高，可能导致温度升高的恶性循环，最后使接触连接部分迅速遭到破坏，引发事故。

（3）绝缘性能下降。在电场强度和温度的作用下，绝缘材料将逐渐老化。当温度超过材料的允许温度时，将加速其绝缘的老化，缩短电气设备的正常使用年限。严重时，可能会造成绝缘烧损。因此，绝缘部件往往是电气设备中耐热能力最差的部件，成为限制电气设备允许工作温度的重要条件。

为了保证电气设备可靠工作，无论是在长期发热还是在短时发热情况下，其发热温度都不能超过各自规定的最高温度，即长期最高允许温度和短时最高允许温度。

当电气设备通过短路电流时，短路电流所产生的巨大电动力对电气设备具有很大的危害性，具体表现如下：

（1）载流部分可能因为电动力而振动，或者因电动力所产生的应力大于其材料允许应力而变形，甚至使绝缘部件（如绝缘子）或载流部件损坏。

（2）电气设备的电磁绕组受到巨大的电动力作用，可能使绕组变形或损坏。

（3）巨大的电动力可能使开关电器的触头瞬间解除接触压力，甚至发生斥开现象，导致设备故障。

因此，电气设备必须具备足够的动稳定性，以承受短路电流所产生的电动力的作用。

二、导体的发热和散热

1. 发热

导体的发热主要来自导体电阻损耗的热量和太阳日照的热量。

2. 散热

散热的过程实质是热量的传递过程，其形式一般有三种，即导热、对流和辐射，主要为后两种散热形式。

三、提高导体载流量的措施

在工程实践中，为了保证配电装置的安全和提高经济效益，应采取措施提高导体的载流量。常用的措施有以下几个：

（1）减小导体的电阻。因为导体的载流量与导体的电阻成反比，故减小导体的电阻可以有效地提高导体载流量。减小导体电阻的方法有：①采用电阻率 ρ 较小的材料作导体，如铜、铝、铝合金等；②减小导体的接触电阻（R_j）；③增大导体的截面积（S），但随着截面积的增加，往往集肤系数（K_f）也跟着增加，所以单条导体的截面积不宜做得过大，如矩形截面铝导体，单条导体的最大截面积不超过 $1250mm^2$。

（2）增大有效散热面积。导体的载流量与有效散热表面积（F）成正比，所以导体宜采用周边最大的截面形式，如矩形截面、槽形截面等，并采用有利于增大散热面积的方式布置，如矩形导体竖放。

（3）提高换热系数。提高换热系数的方法主要有：①加强冷却。如改善通风条件或采取强制通风，采用专用的冷却介质，如 SF_6 气体、冷却水等；②室内裸导体表面涂漆。利用漆的辐射系数大的特点，提高换热系数，以加强散热，提高导体载流量。表

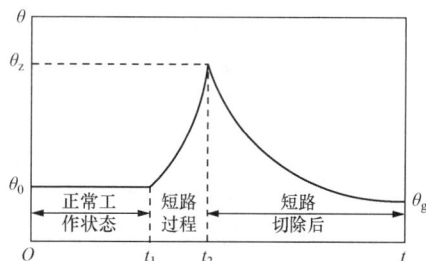

图 9-1 短路前后导体温度的变化

面涂漆还便于识别相序。

四、导体短时发热过程

由于短路时的发热过程很短，发出的热量向外界散热很少，几乎全部用来升高导体自身的温度，即认为是一个绝热过程。同时，由于导体温度的变化范围很大，电阻和比热容也随温度而变，故不能作为常数对待。

图 9-1 所示为导体在短路前后温度的变化曲线。在时间 t_1 以前，导体处于正常工作状态，其温度稳定在工作温度 θ_g。在时间 t_1 时发生短路，导体温度急剧升高，θ_z 是短路后导体的最高温度。时间 t_2 时短路被切除，导体温度逐渐下降，最后接近于周围介质温度（θ_0）。

五、两平行导体间电动力的计算

当两个平行导体通过电流时，由于磁场相互作用而产生电动力，电动力的方向与所通过的电流的方向有关。如图 9-2 所示，当电流的方向相反时，导体间产生斥力；而当电流方向相同时，则产生吸力。

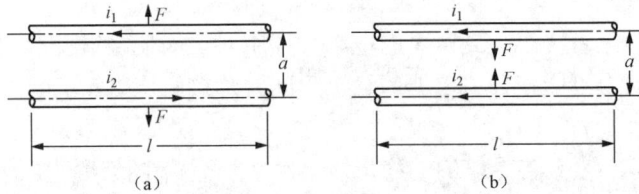

图 9-2　两根平行载流导体间的作用力

（a）电流方向相反；（b）电流方向相同

根据比奥-沙瓦定律，导体间的电动力为

$$F = 2K_\mathrm{x} i_1 i_2 \frac{l}{a} \times 10^{-7} \tag{9-1}$$

式中　i_1、i_2——通过两平行导体的电流，A；

　　　　l——该段导体的长度，m；

　　　　a——两根导体轴线间的距离，m；

　　　　K_x——形状系数。

形状系数表示实际形状导体所受的电动力与细长导体（将电流看作是集中在轴线上）电动力之比。实际上，由于相间距离相对于导体的尺寸要大得多，因此相间母线的 K_x 值取 1，但当一相采用多条母线并联时，条间距离很小，条与条之间的电动力计算时要计及 K_x 的影响，其取值可查阅有关技术手册。

六、三相短路时的电动力计算

发生三相短路时，每相导体所承受的电动力等于该相导体与其他两相之间电动力的矢量和。三相导体布置在同一平面时，由于各相导体所通过的电流不同，故边缘相与中间相所承受的电动力也不同。

图 9-3 所示为对称三相短路时的电动力示意图。作用在中间相（B 相）的电动力为

$$F_\mathrm{B} = F_\mathrm{BA} - F_\mathrm{BC} = 2 \times 10^{-7} \times \frac{l}{a} (i_\mathrm{B} i_\mathrm{A} - i_\mathrm{B} i_\mathrm{C}) \tag{9-2}$$

作用在外边相（A 相或 C 相）的电动力为

$$F_A = F_{AB} + F_{AC} = 2 \times 10^{-7} \times \frac{l}{a}(i_A i_B + 0.5 i_A i_C) \qquad (9\text{-}3)$$

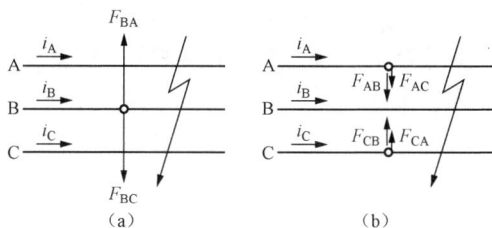

图9-3　对称三相短路时的电动力

（a）作用在中间相（B相）的电动力；（b）作用在外边相（A相或C相）的电动力

将三相对称的短路电流代入式（9-2）和式（9-3），并进行整理化简，然后作出各自的波形图，如图9-4所示。从图中可见，最大冲击力发生在短路后0.1s，而且以中间相受力最大。用三相冲击短路电流 i_{imp}（kA）表示的中间相的最大电动力为

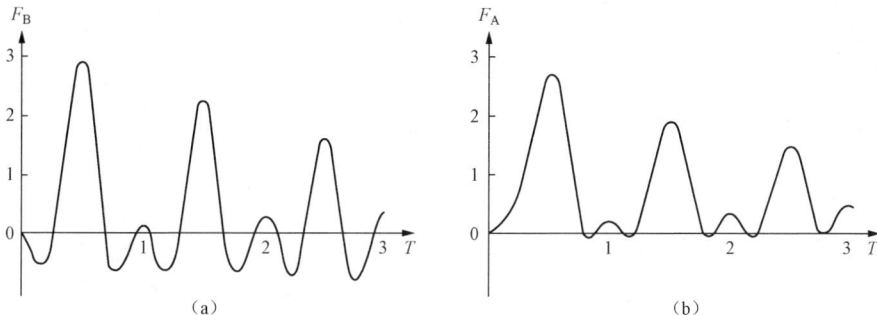

图9-4　对称三相短路时的电动力波形

（a）中间相 F_B；（b）外边相 F_A

$$F_{B\max} = 1.73 \times 10^{-7} \times \frac{l}{a} i_{imp}^2 \qquad (9\text{-}4)$$

根据电力系统短路故障分析的知识 $\dfrac{I''^{(2)}}{I''^{(3)}} = \dfrac{\sqrt{3}}{2}$，故两相短路时的冲击电流为 $i_{imp}^{(2)} = \dfrac{\sqrt{3}}{2} i_{imp}^{(3)}$。发生两相短路时，最大电动力为

$$F_{\max}^{(2)} = 2 \times 10^{-7} \times \frac{l}{a}\left[i_{imp}^{(2)}\right]^2 = 1.5 \times 10^{-7} \times \frac{l}{a}\left[i_{imp}^{(3)}\right]^2 \qquad (9\text{-}5)$$

可见，两相短路时的最大电动力小于同一地点三相短路时的最大电动力，所以，要用三相短路时的最大电动力校验电气设备的动稳定。

任务二　断路器及隔离开关选择

教学目标

知识目标：①掌握电气设备选择的原则及方法；②掌握断路器及隔离开关选择的基本步骤。

能力目标：能正确进行断路器及隔离开关选择。

任务描述

本任务主要介绍电气设备选择的一般原则，即按正常工作条件选择电气设备和载流导体，按短路情况校验选择电气设备和载流导体。学习中应注意把学过的基本理论与工程实践结合起来，在熟悉各种电气设备性能的基础上，结合实例掌握各种电气设备的选择方法。

任务准备

提供实例电站原始资料，结合实例电站电气主接线图以及实例电站短路电流计算结果，进行主接线上一次设备的选择。

任务实施

①让学生根据提供的资料，进行正常工作条件下的计算，短路点的选择和参照短路电流计算结果，选择相应的开关电器；②以小组为单位，各组互相考问；③教师评价。

相关知识

正常工作条件选择；短路校验；热稳定；动稳定。

电气设备选择是发电厂和变电站设计的主要内容之一。正确地选择电气设备是保证电力系统安全、经济运行的重要条件。在进行电气设备选择时，应根据实际情况，在保证安全、可靠地前提下积极稳妥地采用新技术，并注意节省投资，合理选择电气设备。

电气设备的选择是发电厂和变电站规划的主要内容之一，它是工程上的具体应用。各种导体和电气设备，由于其用途和工作条件不同，因此每种电气设备和载流导体选择时都有具体的选择条件和校验项目。

一、电气设备选择的一般条件

正确地选择设备是使电气主系统和配电装置达到安全、经济运行的重要条件。在进行设备选择时，必须执行国家的有关技术经济政策，根据工程实际情况，在保证安全、可靠的前提下，做到技术先进、经济合理、运行方便和留有余地，选择合适的电气设备。

（一）电气设备选择的一般原则

尽管电力系统中各种电气设备的作用和工作条件并不一样，具体选择方法也不完全相同，但它们的基本要求却是相同的。

一般电气设备选择应满足以下原则：

（1）按正常的工作条件选择。

（2）选择导线时应尽量减少品种。

（3）应与工程的建设标准协调一致，使新旧型号一致。

（4）应考虑远景发展。

（5）按短路状态校验其动稳定和热稳定。

（6）必须在正常运行和短路时都能可靠地工作。

微课9.1

电气设备选择的一般条件

（二）按正常工作条件选择电气设备和载流导体

1. 按环境条件选择

选择电气设备时，应在当地环境条件（气温、风速、湿度、污秽、海拔、地震、覆冰等）满足要求的条件下，尽量选用普通型产品。

电气设备的装置地点也影响所选设备的型式。通常装设在户内的设备应选择户内型，也可以选择户外型，但不经济。装设在户外的设备只能选择户外型。

2. 按工作电压选择

导体和电气设备所在电网的运行电压因调压或负荷的变化，常高于电网的额定电压 U_{Nw}，所以所选电气设备和载流导体允许最高工作电压 U_{ymax} 不得低于所接电网的最高运行电压 U_{gmax}，即

$$U_{ymax} \geqslant U_{gmax} \tag{9-6}$$

一般载流导体和电气设备允许的最高工作电压：当额定电压在 220kV 及以下时，为 $1.15U_N$；额定电压为 330～500kV 时，为 $1.1U_N$；而实际电网运行的最高运行电压 U_{gmax} 一般不超过电网额定电压 U_{Nw} 的 1.1 倍，因此在选择设备时，一般可按照电气设备和载流导体的额定电压 U_N 不低于装置地点电网额定电压 U_{Nw} 的条件选择，即

$$U_N \geqslant U_{Nw} \tag{9-7}$$

3. 按工作电流选择

导体和电气设备的额定电流或载流导体的长期允许电流 I_y 应不小于该回路的最大持续工作电流 I_{gmax}，即应满足条件

$$I_y \geqslant I_{gmax} \tag{9-8}$$

其中最大持续工作电流 I_{gmax} 在正常运行条件下，可按以下原则考虑。

（1）由于发电机、调相机和变压器在电压降低 5%时，输出功率保持不变，故其相应回路的 $I_{gmax}=1.05I_N$（I_N 为该设备的额定电流）。

（2）母联断路器回路一般可取母线上最大一台发电机或变压器的 I_{gmax}。

（3）母线分段电抗器的 I_{gmax} 应为母线上最大一台发电机跳闸时，保证该段母线负荷所需的电流；旁路回路则按旁路回路的最大额定电流计算。

（4）出线回路的 I_{gmax} 除考虑线路正常负荷电流（包括线路损耗）外，还应考虑事故时由其他回路转移过来的负荷。

（5）电动机回路按电动机的额定电流计算。

此外，还应按安装的地点、使用条件、检修和运行的要求，选择电气设备和载流导体的种类和型式。

4. 按当地环境条件校核

选择电气设备时，应按当地环境条件进行校核。当气温、风速、温度、海拔、地震、污秽、覆冰等环境条件超出一般电气设备的基本使用条件时，应通过技术经济比较，并向制造部门提出要求或采取相应的措施，如采用加装减震器、设计时考虑屋内配电装置等。

（1）温度、日照及海拔。对于载流导体，当使用在环境温度不等于其额定环境温度（我国目前生产的电气设备的额定环境温度为 40℃，裸导体的额定环境温度为 25℃）时，其长期

允许电流修正式为

$$I'_y = kI_y \qquad\qquad (9\text{-}9)$$

式中　I_y——导体允许温度和基准环境条件下的长期允许电流；

　　　k——综合修正系数（见表 9-1）。

表 9-1　　　　　　　　　裸导体载流量在不同海拔、环境温度下的综合修正系数

导体最高允许温度（℃）	适用范围	海拔（m）	实际环境温度（℃）						
			+20	+25	+30	+35	+40	+45	+50
+70	屋内矩形、槽形、管形导体和不计日照的屋外软导线	—	1.05	1.00	0.94	0.88	0.81	0.74	0.67
+80	计及日照时的屋外软导线	1000 及以下	1.05	1.00	0.95	0.89	0.83	0.76	0.69
		200	1.01	0.96	0.91	0.85	0.79		
		300	0.97	0.92	0.87	0.81	0.75		
		400	0.93	0.89	0.84	0.77	0.71		
	计及日照时的屋外管形导体	1000 及以下	1.05	1.00	0.94	0.87	0.80	0.72	0.63
		200	1.00	0.94	0.88	0.81	0.74		
		300	0.95	0.90	0.84	0.76	0.69		
		400	0.91	0.86	0.80	0.72	0.65		

对于断路器、隔离开关、电抗器等，由于没有连续过载能力，当周围环境温度和电气设备额定环境温度不等时，其长期允许电流要进行校正。当这些设备使用环境温度高于+40℃，但不高于+60℃时，环境温度每增加 1℃，须减少额定电流 1.8%；当这些设备使用环境温度低于+40℃，环境温度每降低 1℃，可增加额定电流 0.5%，但其最大负荷不得超过额定电流的 20%。

普通高压电器一般可在环境最低温度为–30℃时正常运行。

屋外高压电器在日照影响下将产生附加温升。如果制造部门未能提出产品在日照下额定载流量下降的数据，在设计中可暂按电器额定电流的 80%选择设备。

电器的一般使用条件为海拔不大于 1000m。对安装在海拔大于 1000m 地区的电器，外绝缘一般应予加强，可选用高原型产品或选用外绝缘提高一级的产品。由于现有 110kV 及以下电器的外绝缘大多有一定裕度，故可使用在海拔 2000m 以下的地区。

（2）风速。一般高压电器可在风速不大于 35m/s 的环境下使用。在最大设计风速大于 35m/s 的地区，可在屋外配电装置的布置中采取措施，如加强基础固定或降低安装高度等措施。

（3）冰雪。在积雪和覆冰严重的地区，应采取措施防止冰串引起瓷件绝缘对地闪络；重冰区应选破冰厚度大的隔离开关。

（4）湿度。一般高压电器可在+20℃，相对湿度为 90%（电流互感器为 85%）的环境中使用。在长江以南和沿海地区，当相对湿度超过一般产品使用标准时，应选用湿热带型高压电器。

（5）污秽。工厂（如化工厂、冶炼厂、火电厂及盐雾场所等）排出的含有二氧化碳、硫化氢、氨等成分的烟气、粉尘等对电气设备危害较大。在此地区可采用防污型绝缘子或选高一级电压的产品，以及采用屋内配电装置等办法来解决。

（6）地震。选择电器时，应根据当地的地震烈度，选择能够满足地震要求的产品。一般电器产品可以耐受地震烈度为Ⅷ度的地震力。

（三）按短路情况校验选择电气设备和载流导体

1. 短路电流计算条件

为保证电气设备在短路时也能安全稳定地运行，用于校验动稳定和热稳定以及开断的短路电流，必须是实际可能通过设备的最大短路电流。它的计算应考虑以下几个方面：

（1）容量和接线。按工程设计最终容量（施工期长的大型水电厂为本期工程）计算，并考虑电力系统远景发展规划（一般为本期工程建成后 5～10 年）；其接线方式，应采用可能发生最大短路电流的正常接线方式，但不考虑在切换过程中可能并列运行的接线方式。

（2）短路种类。一般按三相短路验算，若其他种类短路比三相短路严重时，应按最严重情况验算。

图 9-5　选择短路计算点的示意图

（3）计算短路点。应使所选择的载流导体和电气设备通过的短路电流是最大的那些点为短路计算点。

现以图 9-5 为例，将短路计算点的选择方法说明如下：

1）发电机、变压器回路的断路器应比较断路器前或后短路时通过断路器的短路电流值，然后选择其中短路电流最大的为短路计算点。例如，选择发电机回路中的断路器，当 k1 点短路时，流过断路器的短路电流为发电机 G2 所提供，而当 k2 点短路时，流过断路器的短路电流为发电机 G1 和系统共同提供。此时如果 G1 和 G2 两台发电机容量相等，则对于发电机回路中的断路器，k1 点短路时流过该断路器的短路电流要小于 k2 点短路时流过该断路器的短路电流，故应选择短路点 k2 作为短路计算点。选择变压器 T1 高压侧断路器，应按低压侧断路器断开时的 k4 点短路作为短路计算点。选择低压侧断路器时，应按高压侧断路器断开时在 k3 点短路作为短路计算点。

2）带电抗器的 6～10kV 出线及厂用分支回路，在母线和母线隔离开关前的母线引线及套管应按电抗器前 k6 点短路选择。由于干式电抗器工作可靠性较高，且电气设备间的连线都很短，故障率小，故隔板后的载流导体和电气设备一般可按电抗器后即 k7 点为计算短路点，这样可选用轻型断路器，节约投资。

3）母线分段断路器，应按变压器 T2 停运时在 k1 点短路作为短路计算点。选择发电机电压母线时，应按 k1 点短路计算。

4）选择母联断路器时，应考虑当用母联向备用母线充电检查时，备用母线故障的最严重情况，此时三个电源点（G1、G2、系统）所提供的短路电流全部流过母联断路器及汇流母线。

（4）短路计算时间。校验短路热稳定和开断电流时，必须合理地确定短路计算时间。验算热稳定的短路计算时间 t 为继电保护动作时间 t_b 和相应断路器的全开断时间 t_{kd} 之和，即

$$t = t_b + t_{kd} \qquad (9\text{-}10)$$

式中　　t_{kd}——固有分闸时间与燃弧时间之和。

当验算裸导体及 3～6kV 厂用馈线电缆短路热稳定时，一般采用主保护动作时间。如主

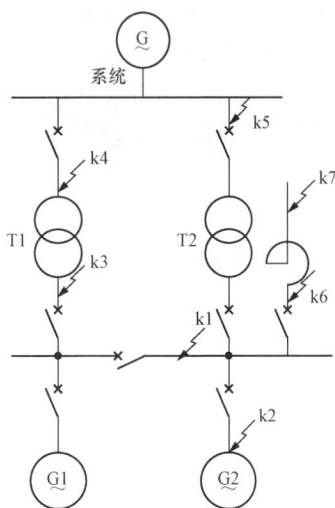

保护有死区时，则应采用能保护该死区的后备保护动作时间，并采用相应处的短路电流值。如验算电气设备和110kV及以上充油电缆的热稳定时，为了可靠，一般采用后备保护动作时间。

开断电气设备应能在最严重的情况下开断短路电流，故电气设备的开断计算时间 t_k 应为主保护时间 t_b 和断路器固有分闸时间 t_{gf} 之和，即

$$t_k = t_b + t_{gf} \tag{9-11}$$

其中断路器固有分闸时间 t_{gf} 为接到分闸信号到触头刚分离这一段时间。

2. 热稳定校验

热稳定是导体和电气设备承受短路电流热效应的能力，一般称为热稳定。短路电流通过时，导体和电气设备各部件温度、热效应应不超过允许值，即应满足热稳定的条件为

$$Q_k \leqslant Q_y \tag{9-12}$$

或

$$I_\infty^2 t_{dz} \leqslant I_t^2 t \tag{9-13}$$

式中　Q_k——短路电流产生的热效应；

　　　Q_y——短路时导体和电气设备允许的热效应；

　　　I_t——t（s）内允许通过的短时热电流。

短路电流热效应 Q_k 是由短路电流周期分量的热效应 Q_p 和短路电流非周期分量热效应 Q_{np} 两部分组成，即

$$Q_k = Q_p + Q_{np} = \frac{I''^2 + 10 I_{p\frac{t}{2}}^2 + I_{pt}^2}{12} t + T I''^2 \tag{9-14}$$

式中　Q_p——短路电流周期分量的热效应；

　　　Q_{np}——短路电流非周期分量热效应；

　　　I''——次暂态电流；

　　　$I_{p\frac{t}{2}}$——$\dfrac{t}{2}$ 时刻短路电流周期分量有效值；

　　　I_{pt}——t 时刻短路电流周期分量有效值；

　　　T——非周期分量等效时间，s，可由表9-2查得。

表9-2　　　　　　　　　　　　　　　非周期分量等效时间　　　　　　　　　　　　　　　　　s

短　路　点	T	
	$T \leqslant 0.1$	$T > 0.1$
发电机出口及母线	0.15	0.2
发电机升高电压母线及出线发电机出线电抗器后	0.08	0.1
变电站各级电压母线及出线	0.05	

如果短路持续时间大于1s时，由于短路电流非周期分量已衰减完毕，导体的发热量由周期分量热效应决定，可以不计非周期分量热效应的影响，此时，式（9-14）可简化为 $Q_k = Q_p$。

3. 电动力稳定校验

电动力稳定是导体和电气设备承受短路电流电动力效应的能力，一般称为动稳定。被选择的电气设备和导体，通过可能最大的短路电流时，不应因短路电流的电动力效应而造成变

$$i_{\text{imp}} \leqslant i_{\text{dw}} \qquad\qquad (9\text{-}15)$$

或 $$I_{\text{imp}} \leqslant I_{\text{dw}} \qquad\qquad (9\text{-}16)$$

式中 i_{imp}、I_{imp}——三相短路冲击电流的幅值及其有效值；

$\quad\quad i_{\text{dw}}$、I_{dw}——设备允许通过动稳定电流（极限电流）峰值和有效值。

由于一些电气设备的运行特点，下列几种情况可不校验热稳定或动稳定。

（1）熔断器保护的电气设备可不校验热稳定。

（2）装有限流熔断器保护的电气设备可不校验动稳定。

（3）装设在电压互感器回路中的裸导体和电气设备可不校验热稳定和动稳定。

高压电气设备选择及校验的项目见表 9-3，对于选择及校验的特殊要求，将在相应内容中介绍。

表 9-3 高压电气设备选择及校验项目

选择校验项目　　　　设备名称	额定电压	额定电流	开断电流	短路电流稳定性		其他检验项目
				热稳定	动稳定	
断路器	√	√	√	√	√	—
隔离开关	√	√	—	√	√	—
熔断器	√	√	√	—	—	选择性
负荷开关	√	√	√	√	√	—
母线	—	√	—	√	√	—
电缆	√	√	—	√	—	—
支柱绝缘子	√	—	—	—	√	—
套管绝缘子	√	√	—	√	√	—
电流互感器	√	√	—	√	√	准确度及二次负荷
电压互感器	√	—	—	—	—	准确度及二次负荷
限流电抗器	√	√	—	√	√	电压损失校验

总的来说，电气设备的选择除了要保证它们安全、可靠地工作外，还必须满足正常运行、检修、短路和过电压情况下的要求，并考虑远景规划，力求技术先进和经济合理，选择导体时尽量减少品种，注意节约投资和运行费用，并顾及与整个工程建设标准协调一致。

二、高压开关电器的选择

高压电气设备种类多，这里以高压开关电器的选择为例，介绍高压开关电器选择的基本方法。其他设备选择请参考其他书籍。

微课9.4

高压电气设备选择和校验项目

（一）高压断路器的选择和校验

高压断路器是发电厂、变电站主要电气设备之一，其选择的好坏，不但直接影响发电厂、变电站的正常运行，而且也影响在故障条件下是否能可靠地分断。

断路器的选择依据额定电压、额定电流、装置种类、构造型式、开断电流或开断容量各技术参数，并进行动稳定和热稳定的校验。

1. 断路器种类和型式的选择

高压断路器应根据断路器安装地点（选择户内式或户外式）、环境和使用技术条件等要求，并考虑其安装调试和运行维护，经技术经济比较后选择其种类和型式。目前，由于油断路器运行维护及可靠性都比真空断路器和 SF_6 断路器差，对其使用越来越少；真空断路器和 SF_6 断路器因其运行维护简单、可靠性高及开断电流大等优点，得到广泛应用。

2. 按额定电压选择

断路器的额定电压，应不小于所在电网的额定电压（或工作电压），即

$$U_N \geqslant U_g \tag{9-17}$$

式中　U_N——所选断路器额定电压；

　　　U_g——电网工作电压。

3. 按额定电流选择

断路器的额定电流，应大于所在回路的最大持续工作电流，即

$$I_N \geqslant I_{gmax} \tag{9-18}$$

式中　I_N——所选断路器额定电流；

　　　I_{gmax}——所在回路的最大持续工作电流。

由于高压断路器没有连续过载的能力，在选择其额定电流时，应满足各种可能运行方式下回路持续工作电流的要求，即取最大持续工作电流 I_{gmax}。当所选断路器使用的环境温度高于或低于设备最高允许温度时，应考虑适当减少或增加额定电流。

4. 按开断电流和关合电流选择

断路器的额定开断电流 I_{Nkd}，应按大于或等于断路器触头刚分开时实际开断的短路电流周期分量有效值 I_{pt} 来选择，即高压断路器的额定开断电流应满足

$$I_{Nkd} \geqslant I_{pt} \tag{9-19}$$

式中　I_{pt}——断路器触头刚分开时实际开断的短路电流周期分量有效值。

当断路器的额定开断电流较系统的短路电流大很多时，为了简化计算，也可用次暂态电流 I'' 进行选择，即 $I_{Nkd} \geqslant I''$。

校验短路应按照最严重的短路类型进行计算，但由于断路器开断单相短路的能力比开断三相短路大 15% 以上，因此只有单相短路比三相短路电流大 15% 以上才作为短路计算条件。装有自动重合闸装置的断路器，当操作循环符合厂家规定时，其额定开断电流不变。

一般对于使用快速保护和高速断路器者，其开断时间小于 0.1s，当在电源附近短路时，短路电流的非周期分量可能超过周期分量的 20%，其开断短路电流应计及非周期分量的影响，如果非周期分量超过周期分量 20% 以上，订货时应向制造部门提出补充要求。对于中、慢速断路器，由于开断时间较长（＞0.1s），短路电流非周期分量衰减较多，能满足国家标准规定的、非周期分量不超过周期分量幅值 20% 的要求，故可用式（9-19）计算。

在断路器合闸之前，若线路上已存在短路故障，则在断路器合闸过程中，触头间在未接触时即有巨大的短路电流通过，容易发生触头损坏。且断路器在关合电流时，不可避免地在接通后又自动跳闸，此时要求能切断短路电流，因此要求断路器的额定关合电流 i_{Ng} 不应小于短路电流最大冲击值 i_{imp}，即满足

$$i_{Ng} \geqslant i_{imp}$$

5. 动稳定校验

所谓动稳定校验是指在冲击电流作用下，断路器的载流部分所产生的电动力是否能导致

断路器的损坏。动稳定应满足的条件是短路冲击电流 i_{imp} 应小于或等于断路器的电动稳定电流（峰值）。断路器的电动稳定电流一般在产品目录中给出的是极限通过电流（峰值）i_{kw}，即应满足

$$i_{kw} \geqslant i_{imp} \tag{9-20}$$

6. 热稳定校验

应满足的条件是短路热效应 Q_k 应不大于断路器在 t 时间内的允许热效应，即

$$I_t^2 t \geqslant Q_k \tag{9-21}$$

式中 I_t ——断路器 t 时间内的允许热稳定电流，A。

根据对断路器操作控制的要求，选择与断路器配用的操动机构。高压断路器的操动机构，大多数是由制造厂配套供应，仅部分少油断路器有电磁式、弹簧式或液压等几种型式的操动机构可供选择。一般电磁式操动机构虽需配有专用的直流合闸电源，但其结构简单可靠；弹簧式的结构比较复杂，调整要求较高；液压操动机构加工精度要求较高，操动机构的型式，可根据安装调试方便和运行可靠性进行选择。

（二）隔离开关的选择

隔离开关的选择方法与断路器相同，但隔离开关没有灭弧装置，不承担接通和断开负荷电流和短路电流的任务，因此，不需要选择额定开断电流和额定关合电流。

隔离开关按下列项目选择和校验：①型式和种类；②额定电压；③额定电流；④动、热稳定校验。

选择时应根据安装地点选用户内式或户外式隔离开关；结合配电装置布置的特点，选择隔离开关的类型，并进行综合技术经济比较后确定。表 9-4 为隔离开关选型参考表。

表 9-4　　　　　　　　　　　　　　　隔离开关选型参考表

	使用场合	特　点	参考型号
屋内	屋内配电装置成套高压开关柜	三极，10kV 及以下	GN2，GN6，GN8，GN19
	发电机回路，大电流回路	单极，大电流 3000～13000A	GN10
		三极，15kV，200～600A	GN11
		三极，10kV，大电流 2000～6000A	GN18，GN22，GN2
		单极，插入式结构，带封闭罩 20kV，大电流 10000～13000A	GN14
屋外	220kV 及以下各型配电装置	双柱式，220kV 以下	GW4
	高型，硬母线布置	V 型，35～110kV	GW5
	硬母线布置	单柱式，220～500kV	GW6
	220kV 及以上中型配电装置	三柱式，220～500kV	GW7

所选隔离开关的额定电压应大于装设电路所在电网的额定电压，额定电流应大于装设电路的最大持续工作电流。

校验只考虑动稳定和热稳定校验，校验方法和断路器类似，这里不再重复。

在选择时，隔离开关宜配用电动机构，接地闸刀可采用手动机构。当有压缩空气系统时，

也可采用气动机构。

【例 9-1】 已知发电机的额定容量为 31.5MVA，额定电压为 10kV，发电机出口短路时，$I''^{(3)}=26.4$kA，$I_\infty^{(3)}=15.5$kA（$I_\infty^{(2)}<I_\infty^{(3)}$），$I_{0.11}=20.8$kA，$I_{1.8}=19.8$kA，$I_{3.6}=19.4$kA，主保护动作时间 $t_{pr1}=0.05$s，后备保护动作时间 $t_{pr2}=3.5$s。试选择该发电机出口的高压断路器及隔离开关。

解　发电机回路的最大持续工作电流为

$$I_{max}=\frac{1.05S_N}{\sqrt{3}U_N}=\frac{1.05\times31.5\times10^6}{\sqrt{3}\times10.5}=1819\ (A)$$

发电机回路的断路器和隔离开关，安装在屋内配电装置中，故选用屋内式。根据额定电压和额定电流，选用 ZN12-10/2000 型户内真空断路器和 GN2-10/2000 型户内隔离开关。其主要参数见表 9-5。该断路器的固有分闸时间 $t_{gf}=0.06$s，全开断时间 $t_{kd}=0.1$s。

表 9-5　　　　　　　　　　　　**断路器和隔离开关选择结果表**

计算数据	ZN12-10/2000	GN2-10/2000
$U_{NS}=10$（kV） $I_{max}=1819$（A） $I_{pr}=20.8$（kA） $i_{imp}=71$（kA） $Q_k=1498$（kA²·s） $i_{imp}=71$（kA）	$U_N=10$（kV） $I_N=2000$（A） $I_{Nbr}=50$（kA） $i_{Ncl}=100$（kA） $I^2t=40^2\times4=6400$（kA²·s） $i_{es}=100$	$U_N=10$（kV） $I_N=2000$（A） $I_t^2t=51^2\times4=10404$（kA²·s） $i_{es}=85$

开断计算时间　　　　　　　$t_{br}=t_{pr1}+t_{gf}=0.05+0.06=0.11$（s）

短路计算时间　　　　　　　$t_k=t_{pr2}+t_{kd}=3.5+0.1=3.6$（s）

因 $t_k=3.6$s>1s，故不计非周期分量热效应

$$Q_p=\frac{I''^2+10I_{1.8}^2+I_{3.6}^2}{12}t_k=\frac{26.4^2+10\times19.8^2+19.4^2}{12}\times3.6=1498\ (kA^2\cdot s)$$

发电机回路冲击系数取 1.9，$i_{imp}=2.69I''=2.69\times26.4=71$（kA）。

项目总结

当系统发生短路时，会出现短路电流的热效应和电动力效应。短路电流的热效应属于短时发热。选择电气设备时，必须遵循设备选择的一般条件。电气设备的选择包括两大部分内容：一是电气设备所必须满足的条件，即按正常工作条件（最高工作电压和最大持续工作电流）选择，并按短路状态校验热稳定性和动稳定性；二是根据不同电气设备的各自特点而提出的选择和校验的项目。

高压断路器、隔离开关的选择要严格按照技术参数确定，并进行热稳定性和动稳定性校验。

复习思考

9-1　短路电流电动力效应对电气设备有何危害？

9-2　短路电流热效应对电气设备有何危害？

9-3　各种高压电气设备具体按哪些条件选择？哪些条件校验？

9-4 如何确定短路计算点？试说明选择母线分段断路器时，其最大持续工作电流和短路计算点应如何确定？

9-5 某降压变电站的变压器容量为 10000kVA，电压变比为 35/10kV，变电站配置的定时限过电流保护装置的动作时间为 1.5s，10kV 母线上最大的短路电流为 $I'' = I_\infty = 7$kA，环境温度为 $\theta_0 = 35℃$，负荷的年最大负荷利用小时为 4500h，试选择变压器 10kV 出线的高压断路器和隔离开关。

参 考 文 献

［1］大唐国际发电股份有限公司. 全能值班员技能提升指导丛书 电气分册［M］. 北京：中国电力出版社，2008.

［2］刘爱忠. 300MW火电机组培训丛书 电气设备及运行［M］. 北京：中国电力出版社，2003.

［3］钱亢木. 大型火力发电厂厂用电系统［M］. 北京：中国电力出版社，2001.

［4］林文孚. 单元机组运行［M］. 北京：中国电力出版社，2007.

［5］姚春球. 发电厂电气部分［M］. 4版. 北京：中国电力出版社，2020.

［6］肖艳萍. 发电厂变电站电气设备［M］. 北京：中国电力出版社，2007.

［7］胡志广. 发电厂电气设备及运行［M］. 北京：中国电力出版社，2008.

［8］刘福玉. 发电厂变电所电气设备［M］. 成都：西南交通大学出版社，2010.

［9］卢文鹏，吴佩雄. 发电厂变电所电气设备［M］. 北京：中国电力出版社，2007.

［10］谢珍贵，汪永华. 发电厂电气设备［M］. 郑州：黄河水利出版社，2009.

［11］阎晓霞，苏小林. 变配电所二次系统［M］. 2版. 北京：中国电力出版社，2007.

［12］国家电网公司人力资源部. 二次回路［M］. 北京：中国电力出版社，2010.

［13］盛国林. 发电厂变电所电气设备［M］. 北京：中国电力出版社，2009.

［14］高翔. 智能变电站技术［M］. 北京：中国电力出版社，2012.

［15］杜文学. 供用电工程［M］. 北京：中国电力出版社，2006.

［16］国家电网公司人力资源部. 变电运行（220kV）. 北京：中国电力出版社，2010.

［17］余建华. 发电厂电气设备及运行. 北京：中国电力出版社，2009.